高职高专"十二五"规划教材
高职高专自动化类专业规划教材

设备电气控制与检修

主　编　陈　斗　刘志东
副主编　何志杰　徐娟　王向东　易　磊
主　审　韩先满

电子工业出版社·

Publishing House of Electronics Industry

北京 · BEIJING

内 容 简 介

　　本书是为适应国家高职高专示范院校建设和电气自动化技术类专业的教学改革即"过程导向、任务驱动"的需要而编写的理论实践一体化教材。

　　全书内容主要包括电气控制与检修基础知识和典型生产机械设备电气控制与检修两大模块，共分 16 个项目 31 个任务。其中，电气控制与检修基础知识包括使用常用电工工具和电工仪表，三相异步电动机的故障分析、维护及拆装，使用与检修常用低压电器，安装与检修三相异步电动机直接启动控制线路、三相异步电动机降压启动控制线路、三相笼型异步电动机制动控制线路、双速异步电动机高低速控制线路；典型生产机械设备电气控制与检修包括安装与检修 C650 型卧式车床电气控制线路、Z3040 型摇臂钻床电气控制线路、X6132 型卧式铣床电气控制线路、T68 型卧式镗床电气控制线路、M7130 型平面磨床电气控制线路、20/5t 桥式起重机的电气控制线路、数控机床电气控制线路、组合机床电气控制线路、电梯的电气控制线路。每个任务包含任务描述、任务分析、任务资讯、任务实施、任务考核、任务拓展、思考与练习等部分，书末附有部分参考答案。本书在内容安排上按由浅入深、由易到难的顺序进行讲授和训练，每个项目自成一个系统。本书通俗易懂，阐述简练，融入了结合实际的举例、实训、应用等实用知识，配有大量的实物图解和图表，既有利于培训讲解，也有利于自学。教材配套有电子课件。

　　本书主要作为高职高专电气自动化技术、电气化铁道技术、机电一体化专业等相关专业的规划教材，可作为中职中专、技校的电气类、机电类及相关专业的教材，也可作为函授教材和工程技术人员参考用书，还可作为企业电工培训部门、职业技能鉴定机构、再就业转岗培训、农民工电工培训等机构的参考用书。

图书在版编目（CIP）数据

设备电气控制与检修 / 陈斗，刘志东主编.--北京：电子工业出版社，2015.6
ISBN 978-7-121-26173-2

Ⅰ．①设…　Ⅱ．①陈…　②刘…　Ⅲ．①机械设备－电气控制－高等学校－教材　②机械设备－检修－高等学校－教材　Ⅳ．①TH-39 ②TH17

中国版本图书馆 CIP 数据核字（2015）第 116076 号

责任编辑：贺志洪　　　　　特约编辑：张晓雪　薛　阳
印　　刷：北京中新伟业印刷有限公司
装　　订：北京中新伟业印刷有限公司
出版发行：电子工业出版社
　　　　　北京市海淀区万寿路 173 信箱　邮编　100036
开　　本：787×1092　1/16　印张：21.25　字数：538 千字
版　　次：2015 年 6 月第 1 版
印　　次：2015 年 6 月第 1 次印刷
印　　数：3000 册
定　　价：45.00 元

凡所购买电子工业出版社图书有缺损问题，请向购买书店调换，若书店售缺，请与本社发行部联系，联系及邮购电话：(010)88254888。

质量投诉请发邮件至 zlts@phei.com.cn，盗版侵权举报请发邮件至 dbqq@phei.com.cn。

服务热线：(010)88258888。

前　言

　　本书是高职高专电气自动化技术、电气化铁道技术、机电一体化专业等相关专业的规划教材,是为适应国家高职高专示范院校建设和电气自动化技术类专业的教学改革即"过程导向、任务驱动"的需要而编写的理论实践一体化教材。

　　全书内容主要包括电气控制与检修基础知识和典型生产机械设备电气控制与检修两大模块,共分 16 个项目 31 个任务。其中,电气控制与检修基础知识包括使用常用电工工具和电工仪表、三相异步电动机的故障分析、维护及拆装,使用与检修常用低压电器,安装与检修三相异步电动机直接启动控制线路、三相异步电动机降压启动控制线路、三相笼型异步电动机制动控制线路、双速异步电动机高低速控制线路;典型生产机械设备电气控制与检修包括安装与检修 C650 型卧式车床电气控制线路、Z3040 型摇臂钻床电气控制线路、X6132 型卧式铣床电气控制线路、T68 型卧式镗床电气控制线路、M7130 型平面磨床电气控制线路、20/5t 桥式起重机的电气控制线路、数控机床电气控制线路、组合机床电气控制线路、电梯的电气控制线路。每个任务包含任务描述、任务分析、任务资讯、任务实施、任务考核、任务拓展、思考与练习等部分,书末附有部分参考答案。本书在内容安排上按由浅入深、由易到难的顺序进行讲授和训练,每个项目自成一个系统。本书通俗易懂,阐述简练,融入了结合实际的举例、实训、应用等实用知识,配有大量的实物图解和图表,既有利于培训讲解,也有利于自学。在使用的过程中,可根据专业需要和自身的实际情况,对内容适当进行删减。教材配套有电子课件。

　　本书编者理论水平较高、教学经验丰富、实践能力强,力求使读者通过学习,掌握设备电气控制与检修的技术与技能,形成综合职业能力,并有助于读者通过相关升学考试和维修电工职业资格证书考试。

　　本书主要作为高职高专电气自动化技术、电气化铁道技术、机电一体化专业等相关专业的规划教材,可作为中职中专、技校的电气类、机电类及相关专业的教材,也可作为函授教材和工程技术人员参考用书,还可作为企业电工培训部门、职业技能鉴定机构、再就业转岗培训、农民工电工培训等机构的参考用书。

　　本书力求在内容、结构等方面有大的创新,并克服以往同类教材中的不足,力争使本书"更科学""更简洁""更实用"。在编写过程中,我们着力体现以下特色:

　　(1) 实现"教、学、做"一体化教学法,采用任务驱动体系,贯穿"资讯、决策、计划、实施、检查、评估"教学六步法。本书以教育部推行的基于工作过程系统化的高职高专教学改革精神为指导,以能力本位教育为指引、以培养技术应用能力为主线,借鉴了德国职业教育理念,融入了新加坡职业教育思想,本着"工学结合、行动导向、任务驱动、学生主体"的学习领域开发思路,贯穿"资讯、决策、计划、实施、检查、评估"教学六步法,更加贴近职业教育的特点。教材注重教学过程的实践性、开放性、职业性和可操作性,将知识能力、专业能力和社会能力融入课程中,实现"教、学、做"一体化教学法,采用基于工作过程系统化的任务驱动体系,以完成一个个工作任务为主线,完全以任务的实施过程来组织内容。任务的组织与安排根据认知规律由易到难,通过任务的实施,完成由实践到理论再到实践的学习过程。

(2)体现职业教育的特色,注重实际应用和时代性。以就业为导向、以适应社会需求为目标,针对课程涉及的职业岗位及其涵盖的职业工种,结合职业资格证选取教材内容,坚持以国家职业技能标准为依据,紧扣国家职业技能鉴定规范进行编写。紧密联系工程实际,突出理论知识的实用性,使学生能学到新颖的、实用的知识,有利于培养学生的实践能力和创新能力。思考与练习中有与岗位贴近、与实际结合的习题,书末附有部分答案,通过这些加强实际应用能力的训练。体现时代特征,更新教材内容,注意删去老化的知识点,尽量多介绍技术领域的有关新知识和新技术,全书的图形符号和文字符号均采用最新国家标准。

(3)简明易学。以"必需够用"为度,根据教学特点,精简教学内容,重点突出。立足于学生角度编写教材,让学生"易于学"。教材中的许多内容都是各位教师在平时教学中所积累的东西,在内容的表述上尽可能避免使用生硬的论述,而是力争深入浅出、通俗易懂,有图片、实物照片,层次分明、条理清晰、循序渐进、结构合理,使学生在学习的过程中不至于产生厌烦心情,从而提高学习的兴趣。

本书教材由湖南铁路科技职业技术学院的陈斗、刘志东担任主编,负责全书内容的组织、定稿、统稿、修改,湖南铁路科技职业技术学院分管教学的韩先满教授担任主审,负责全书的审阅;湖南化工职业技术学院的何志杰,广东环境保护工程职业学院的徐娟,湖南铁路科技职业技术学院的王向东,湖南交通职业技术学院的易磊担任副主编,湖南铁路科技职业技术学院的徐美清、张灵芝、李玲担任参编。陈斗编写了项目3、4,刘志东编写了项目5—11,何志杰编写了项目2,徐娟编写了项目1,王向东编写了项目12,易磊编写了项目15,徐美清编写了项目13,张灵芝编写了项目16,韩雪编写了项目14。本书在编写过程中得到了出版社编辑和有关领导、同行的大力支持与帮助,在此表示深深的谢意。

由于编者水平有限,编写时间仓促,书中难免有疏漏和不妥之处,殷切希望广大读者批评指正,以便修订时改进,并致谢意!

编　者

2015 年 01 月

目　录

模块一　电气控制与检修基础知识

项目 1　使用常用电工工具和电工仪表 ································· 3

任务 1.1　使用常用电工工具 ······························· 3

任务 1.2　使用常用电工仪表 ······························· 9

项目 2　三相异步电动机的故障分析、维护及拆装 ··················· 30

任务 2.1　三相异步电动机的拆装 ··························· 30

任务 2.2　三相异步电动机的故障分析与维护 ··················· 45

项目 3　使用与检修常用低压电器 ···························· 59

任务 3.1　识别常用低压电器 ······························· 59

任务 3.2　安装与检修低压开关 ····························· 64

任务 3.3　使用与检查熔断器 ······························· 75

任务 3.4　使用主令电器 ································· 80

任务 3.5　使用与检查交流接触器 ··························· 87

任务 3.6　检修与校验时间继电器 ··························· 92

项目 4　安装与检修三相异步电动机直接启动控制线路 ··············· 103

任务 4.1　识读电气图 ·································· 103

任务 4.2　安装与检修三相异步电动机点动和连续运行控制线路 ········· 114

任务 4.3　安装与检修三相异步电动机多地控制线路 ··············· 123

任务 4.4　安装与检修三相异步电动机顺序控制线路 ··············· 129

任务 4.5　安装与检修三相异步电动机正反转控制线路 ············· 136

任务 4.6　安装与检修三相异步电动机自动往返控制线路 ············· 143

项目 5　安装与检修三相异步电动机降压启动控制线路 ··············· 150

任务 5.1　安装与检修三相笼型异步电动机的Y－△启动控制线路 ········· 150

任务 5.2　安装与检修绕线电动机转子串电阻启动线路 ············· 156

任务 5.3　安装与检修绕线电动机转子绕组串频敏变阻器启动控制线路 ········ 160

项目 6　安装与检修三相笼型异步电动机制动控制线路 ··············· 167

任务 6.1　安装与检修三相异步电动机反接制动控制线路 ············· 167

任务 6.2 安装与检修三相异步电动机能耗制动控制线路 ……………………… 174

项目 7 安装与检修双速异步电动机高低速控制线路 ……………………………… 182

模块二 典型生产机械设备电气控制与检修

项目 8 安装与检修 C650 型卧式车床电气控制线路 ………………………………… 191

项目 9 安装与检修 Z3040 型摇臂钻床电气控制线路 ………………………………… 199

项目 10 安装与检修 X6132 型卧式铣床电气控制线路 ……………………………… 207

项目 11 安装与检修 T68 型卧式镗床电气控制线路 ………………………………… 218

项目 12 安装与检修 M7130 型平面磨床电气控制线路 ……………………………… 228

项目 13 安装与检修 20/5t 桥式起重机的电气控制线路 ……………………………… 242

项目 14 安装与检修数控机床电气控制线路 ………………………………………… 260

项目 15 安装与检修组合机床电气控制线路 ………………………………………… 274

项目 16 安装与检修电梯电气控制线路 ……………………………………………… 289

任务 16.1 安装电梯电气控制线路 ……………………………………………… 289
任务 16.2 检修电梯电气控制线路 ……………………………………………… 300

参考答案 …………………………………………………………………………………… 310

参考文献 …………………………………………………………………………………… 333

模块一

电气控制与检修基础知识

项目 1　使用常用电工工具和电工仪表

项目 2　三相异步电动机的故障分析、维护及拆装

项目 3　使用与检修常用低压电器

项目 4　安装与检修三相异步电动机直接启动控制线路

项目 5　安装与检修三相异步电动机降压启动控制线路

项目 6　安装与检修三相笼型异步电动机制动控制线路

项目 7　安装与检修双速异步电动机高低速控制线路

项目1 使用常用电工工具和电工仪表

任务1.1 使用常用电工工具

任务描述

电工工具在电气线路的连接和维护中被广泛使用,正确使用常用的电工工具就显得非常重要。常用的电工工具有:试电笔、电工刀、螺丝刀、钢丝钳、尖嘴钳、斜口钳、剥线钳等。

任务分析

- 知识点:了解常用电工工具的作用、基本结构特点,掌握常用电工工具的使用方法。
- 技能点:能识别并正确使用常用的电工工具。

任务资讯

1. 常用电工材料的知识

常用电工材料分为常用导电材料、常用导磁材料和常用绝缘材料。

(1)常用导电材料。铜和铝是目前最常用的导电材料。若按导电材料制成线材(电线或电缆)和使用特点分,导线又有裸线、绝缘电线、电磁线、通信电缆线等。

① 裸线。

特点:只有导线部分,没有绝缘层和保护层。

分类:按其形状和结构分,导线有单线、绞合线、特殊导线等几种。单线主要作为各种电线电缆的线芯,绞合线主要用于电气设备的连接等。

② 绝缘电线。

特点:不仅有导线部分,而且还有绝缘层。

分类:按其线芯使用要求分有硬型、软型、特软型和移动型等几种。主要用于各电力电缆、控制信号电缆、电气设备安装连线或照明敷设等。

③ 电磁线。电磁线是一种涂有绝缘漆或包缠纤维的导线。主要用于电动机、变压器、电器设备及电工仪表等,作为绕组或线圈。

④ 通信电缆线。通信电缆线包括电信系统的各种电缆,电话线和广播线。

⑤ 电热材料。电热材料是用于制造各种电阻加热设备中的发热元件,要求电阻系数高,加工性能好,有足够的机械强度和良好的抗氧化能力,能长期处于高温状态下工作。常用的有镍铬合金,铁铬铝合金等。

(2)常用导磁材料。导磁材料按其特性不同,一般分为软磁材料和硬磁材料两大类。

① 软磁材料。软磁材料一般指电工用纯铁、硅钢板等,主要用于变压器、扼流圈、继电

器和电动机中作为铁芯导磁体。电工用纯铁为 DT 系列。

② 硬磁材料。硬磁材料的特点是在磁场作用下达到磁饱和状态后，即使去掉磁场还能较长时间地保持强而稳定的磁性，硬磁材料主要用来制造磁电式仪表的磁钢，永磁电动机的磁极铁芯等。可分为各向同性系列，热处理各向异性系列，定向结晶各向异性系列等三大系列。

（3）常用绝缘材料。

① 绝缘漆：有浸渍漆、漆包线漆、覆盖漆、硅钢片漆、防电晕漆等。

② 绝缘胶：与无溶胶相似，用于浇注电缆接头、套管、20kV 以下电流互感器、10kV 以下电压互感器。

③ 绝缘油：分为矿物油和合成油，主要用于电力变压器、高压电缆、油浸纸电容器中，以提高这些设备的绝缘能力。

④ 绝缘制品：有绝缘纤维制品，浸渍纤维制品，电工层压制品，绝缘薄膜及其制品等。

2. 常用电工工具的基础知识

（1）常用电工工具的类别。常用电工工具有试电笔、电工刀、螺丝刀、钢丝钳、尖嘴钳、斜口钳、剥线钳等。

（2）常用电工工具的使用方法。

① 试电笔的使用。试电笔是方便实用的验电设备，它可以便捷的检验出设备或线路是否有电。

使用时，人体必须触及笔尾的金属部分，并使氖管小窗背光且朝向自己，以便观测氖管的亮暗程度，同时也可以防止因光线太强造成误判断，其使用方法如图 1.1 所示。试电笔的握法见图 1.1。当用电笔测试带电体时，电流经带电体、电笔、人体及大地形成通电回路，只要带电体与大地之间的电位差超过 60V 时，电笔中的氖管就会发光。低压验电器检测的电压范围的 60～500V。

正确握法　　　　　　正确握法

图 1.1　试电笔的握法

注意事项：

• 使用前，必须在有电源处对验电器进行测试，以证明该验电器确实良好，方可使用。

• 验电时，应使验电器逐渐靠近被测物体，直至氖管发亮，不可直接接触被测体。

• 验电时，手指必须触及笔尾的金属体，否则带电体也会误判为非带电体。

• 验电时，要防止手指触及笔尖的金属部分而造成触电事故。

② 电工刀的使用。电工刀主要用于电线电缆的剖削。电工刀图片见图 1.2。

在使用电工刀时，不得用于带电作业，以免触电。应将刀口朝外剖削，并注意避免伤及手指。剖削导线绝缘层时，应使刀面与导线成较小的锐角，以免割伤导线。使用完毕，随即将刀身折进刀柄。

图 1.2 电工刀

③ 螺丝刀的使用。螺丝刀又称起子、改锥,是电工最常用的基本工具之一,用来拆卸、紧固螺钉。主要有一字(负号)和十字(正号)两种,如图 1.3 所示。常见的还有六角螺丝刀,包括内六角和外六角两种。

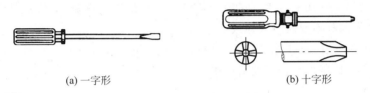

(a) 一字形   (b) 十字形

图 1.3 螺丝刀

当螺丝刀较大时,除大拇指、食指和中指要夹住握柄外,手掌还要顶住柄的末端以防旋转时滑脱。当螺丝刀较小时,用大拇指和中指夹着握柄,同时用食指顶住柄的末端用力旋动。螺丝刀较长时,用右手压紧手柄并转动,同时左手握住螺丝刀的中间部分(不可放在螺钉周围,以免将手划伤),以防止螺丝刀滑脱。

注意事项:

- 螺丝刀拆卸和紧固带电的螺钉时,手不得触及螺丝刀的金属杆,以免发生触电事故。
- 为了避免金属杆触及手部或触及邻近带电体,应在金属杆上套上绝缘管。
- 使用螺丝刀时,应按螺钉的规格选用适合的刀口,以小代大或以大代小均会损坏螺钉或电气元件。
- 为了保护其刀口及绝缘柄,不要把它当凿子使用。木柄起子不要受潮,以免带电作业时发生触电事故。
- 螺丝刀紧固螺钉时,应根据螺钉的大小、长短采用合理的操作方法,短小螺钉可用大拇指和中指夹住握柄,用食指顶住柄的末端捻旋。较大螺钉,使用时除大拇指和中指要夹住握柄外,手掌还要顶住柄的末端,这样可发防止旋转时滑脱。

④ 钢丝钳的使用。钢丝钳在电工作业时,用途广泛。

钳口可用来弯绞或钳夹导线线头,齿口可用来紧固或起松螺母,刀口可用来剪切导线或钳削导线绝缘层,侧口可用来铡切导线线芯、钢丝等较硬线材。钢丝钳各用途的使用方法如图 1.4 所示。

注意事项:使用前,先检查钢丝钳的绝缘性能是否良好,防止带电作业时造成触电事故。在带电剪切导线时,不允许用刀口同时剪切不同电位的两根线(如相线与零线,相线与相线等),防止发生短路事故。

⑤ 尖嘴钳的使用。尖嘴钳因其头部尖细,适用于在狭小的工作空间操作,如图 1.5 所示。

尖嘴钳可用来剪断较细小的导线,也可用来夹持较小的螺钉,螺帽、垫圈、导线等,还可

(a) 构造　(b) 弯纹导线　(c) 紧固螺母　(d) 剪切导线　(e) 铡切钢丝

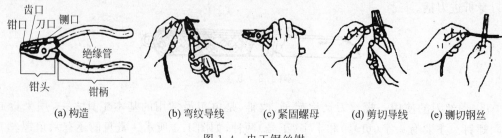

图 1.4　电工钢丝钳

用来对单股导线整形(如平直、弯曲等)。若使用尖嘴钳带电作业,应检查其绝缘是否良好,并在作业时金属部分不要触及人体或邻近的带电体。

⑥ 斜口钳的使用。斜口钳专用于剪断各种电线电缆,如图 1.6 所示。对粗细不同,硬度不同的材料,应选用大小合适的斜口钳。

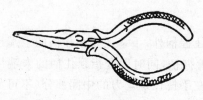

图 1.5　尖嘴钳

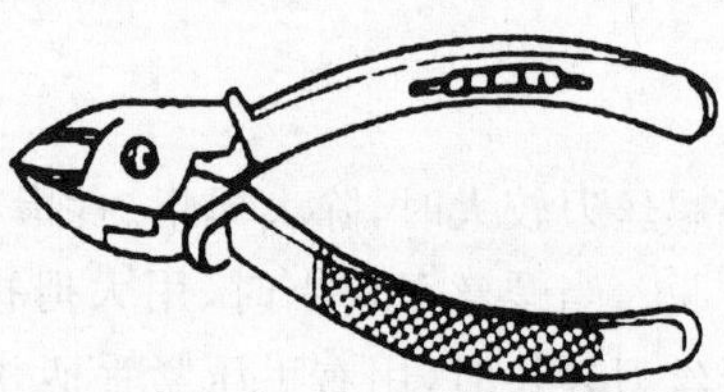

图 1.6　斜口钳

⑦ 剥线钳的使用。剥线钳是专用于剥削较细小导线绝缘层的工具,其外形如图 1.7 所示。使用剥线钳剥削导线绝缘层时,先将要剥削的绝缘长度用标尺定好,然后将导线放入相应的刃口中(比导线直径稍大),再用手将钳柄一握,导线的绝缘层即被剥离。

3. 导线绝缘层的剖削

导线线头的绝缘层必须剖削去除后方可进行连接,常用的工具有电工刀和剥线钳。不同种类的导线应使用不同的剖削方法去除线头的绝缘层。

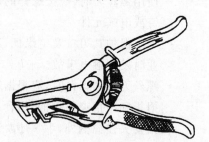

图 1.7　剥线钳

- 塑料硬线绝缘层的剖削,可用剥线钳、钢丝钳、电工刀三种工具。
- 塑料软线绝缘层的剖削,可用剥线钳、钢丝钳。
- 对塑料护套线绝缘层,公共护套层可用电工刀剥削;每根线芯绝缘层可用钢丝钳或电工刀剥削。
- 橡皮线绝缘层的剖削,可用电工刀、钢丝钳、剥线钳剖削;纤维编织保护层或棉纱层可用电工刀。
- 漆包线绝缘层的去除,可用砂纸(布)擦除或专用工具。

要求能正确地使用电工刀、剥线钳、钢丝钳、砂纸等工具,按照正确的操作步骤和方法,去除导线绝缘层,而且不得损伤芯线,芯线无刀痕。

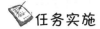**任务实施**

使用电工刀去除导线绝缘层

1. 任务要求

正确使用电工刀,按照正确的操作步骤和方法,去除导线绝缘层,而且不得损伤芯线,芯线无刀痕。

2. 设备、元器件及材料

电工刀、各种不同种类的导线、通用电工实训台。

3. 任务内容及步骤

① 塑料绝缘导线线头的削剥。用电工刀以 45°角倾斜切入塑料层,并向线端推削,削去一部分塑料层,并将另一部分塑料层翻下,将翻下的塑料层切去即可,如图 1.8 所示。

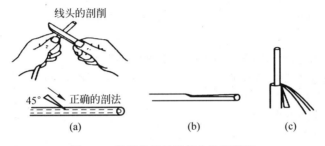

图 1.8　塑料绝缘导线线头的剖削图

② 护套线头的剖削。根据需要长度用电工刀在指定的地方划一圈深痕(不得损伤芯线绝缘层),对准芯线的中间缝隙,用电工刀把保护线层划破,削去线头保护层,露出芯线绝缘层。在距离保护层约 10mm 处,再用电工刀以 45°角倾斜切入芯线绝缘层,再用塑料绝缘导线线头的剖削方法,将护套芯线绝缘层剥去,如图 1.9 所示。

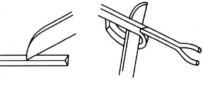

图 1.9　护套线头的剖削

③ 刮去漆包线线头绝缘漆层。可用专用工具刮线刀刮去绝缘漆层,也可用电工刀刮削,把绝缘漆层刮干净,但不得将铜线刮细、刮断。直径在 0.07mm 以下的漆包线不便去绝缘层,只需将待接两线线头并拢后,拧成麻花形,用打火机直接烧焊即可。

4. 注意事项

① 电工刀不用时,注意要把刀片收缩到刀把内,以防止造成不必要的伤害。

② 用电工刀剖削电线绝缘层时,可把刀略微翘起一些,用刀刃的圆角抵住线芯。切忌把刀刃垂直对着导线切割绝缘层,因为这样容易割伤电线线芯。

③ 导线接头之前应把导线上的绝缘剥除。用电工刀切剥时,刀口千万别伤着芯线。常用的剥削方法有级段剥落和斜削法。

④ 电工刀的刀刃部分要磨得锋利才好剥削电线。但不可太锋利,太锋利容易削伤线芯,磨得太钝,则无法剥削绝缘层。磨刀刃一般采用磨刀石或油磨石,磨好后再把底部磨点倒角,即刃口略微圆一些。

⑤ 对双芯护套线的外层绝缘的剥削,可以用刀刃对准两芯线的中间部位,把导线一剖为二。

⑥ 圆木与木槽板或塑料槽板的吻接凹槽,就可采用电工刀在施工现场切削。通常用左手托住圆木,右手持刀切削。

5. 思考题

导线绝缘层的恢复的技术要领是什么?

 任务考核

技能考核任务书如下。

常用电工工具使用任务书

1. 任务名称

常用电工工具的使用。

2. 具体任务

(1) 不同种类的导线应使用不同的剥削方法去除线头的绝缘层。

(2) 使用试电笔检查线路是否带电。

3. 工作规范及要求

(1) 导线没有明显的损伤。

(2) 检查出线路是否带电。

4. 考点准备

考点提供的材料从表 1.1 中选择。

表 1.1 材料清单

材料清单		
材料	数量	备 注
试电笔	若干	数量根据实际分组数量而定
电工刀	若干	数量根据实际分组数量而定
尖嘴钳	若干	数量根据实际分组数量而定
斜口钳	若干	数量根据实际分组数量而定
钢丝钳	若干	数量根据实际分组数量而定
剥线钳	若干	数量根据实际分组数量而定
多股导线	若干	数量根据实际分组数量而定
单股导线	若干	数量根据实际分组数量而定
220V 交流电压源	若干	数量根据实际分组数量而定

5. 时间要求

本模块操作时间为 45min,时间到立即终止任务。

针对考核任务,相应的考核评分细则参见表 1.2。

表 1.2　评分细则

序号	考核内容	考核项目	配分	评分标准	得分
1	电工工具的识别	剖线工具的使用	70 分	(1) 能正确识别(30 分) (2) 功能用法正确(40 分)	
2	试电笔的使用	试电笔	20 分	方法正确、结论正确(20 分)	
3	安全文明生产	安全、文明生产	10 分	违反安全文明生产酌情扣分,重者停止实训	
合计			100 分		

注:每项内容的扣分不得超过该项的配分。

任务结束前,填写、核实制作和维修记录单并存档。

 思考与练习

1. 小明用试电笔接触某导线后,发现试电笔的氖灯不亮,因此,小明认为此导线没有电。小明得出的结论对不对? 为什么?

2. 试电笔的验电原理是什么?

 任务 1.2　使用常用电工仪表

 任务描述

在电工技术中,经常测量的电量主要有电流、电压、电阻、电能和电功率等,测量这些电量所使用的仪器仪表统称为电工仪表。在实际电气测量工作中,要了解电工仪表的分类、基本用途、性能特点,以便合理地选择仪表,还需要掌握电工仪表的使用方法和电气测量的操作技能,以获得正确的测量结果。本项目主要进行电工仪表识别与选用以及万用表、兆欧表、接地电阻表的操作使用等项技能训练。

任务分析

- 知识点:了解常用电工仪表的作用与分类、基本结构组成、主要技术参数、主要技术指标,掌握常用电工仪表的使用方法。
- 技能点:能识别并正确使用常用的电工仪表。

任务资讯

1. 仪表概述

(1) 常用电工仪表的分类。电工仪表按测量对象不同,分为电流表(安培表)、电压表(伏特表)、功率表(瓦特表)、电度表(千瓦时表)、欧姆表等;按仪表工作原理的不同分为磁电式、电磁式、电动式、感应式等;按被测电量种类的不同分为交流表、直流表、交直流两用表等;按使用性质和装置方法的不同分为固定式(开关板式)、携带式;按误差等级不同分为 0.1 级、0.2 级、0.5 级、1.0 级、1.5 级、2.5 级和 4 级共七个等级。

（2）电工仪表的精确度等级。电工仪表的精确度等级是指在规定条件下使用时，可能产生的基本误差占满刻度的百分数。它表示了该仪表基本误差的大小。在前述的七个误差等级中，数字越小者，精确度越高，基本误差越小。0.1 级到 0.5 级仪表精确度较高，多用于实验室作校检仪表；1.5 级以下的仪表精确度较低，多用于工程上的检测与计量。

所谓基本误差，是指仪表在正常使用条件下，由于本身内部结构的特性和质量等方面的缺陷所引起的误差，这是仪表本身的固有误差。例如，0.5 级电流表的基本误差是满刻度的0.5/100。若所测电流为 100A 时，实际电流值在 99.5～100.5A 之间。

2. 万用表的结构和原理

（1）万用表的结构。万用表是一种可测量多种电量的多量程便携式仪表。由于它具有测量种类多、测量范围宽、使用和携带方便、价格低等优点，因此应用十分广泛。

一般的万用表都可以测量交流电压、直流电压、直流电流以及电阻等物理量，有些万用表还可以测量元件的交流电流、电容、电感以及晶体管的 h_{FE} 值等。

万用表的基本原理是建立在欧姆定律和电阻串并联分流、分压规律的基础之上的。万用表主要由表头、测量电路、转换开关三个主要部分组成。在测量不同的电量或使用不同的量程时，可通过转换开关进行切换。

① 表头就是万用表的测量机构。表头是一只磁电式仪表，用以指示被测量的数值，通常为磁电式微安表。万用表的性能很大程度上取决于表头的灵敏度；万用表的灵敏度越高，其内阻也越大，则万用表性能就越好。一般万用表表头灵敏度在 $10～100\mu A$ 左右。

② 测量电路是用来把各种被测电量转换成适合表头测量的微小直流电流。它由内阻、半导体元件及电池组成。测量电路将不同的被测电量经过处理（如整流、分流）后送入表头进行测量。

③ 转换开关的作用是把测量电路转换为所需要的测量种类和量程，以满足不同量程的测量要求。当转换开关处在不同位置时，其相应的固定触点就闭合，万用表就可执行各种不同的量程来测量。万用表的转换开关一般采用多层、多刀、多掷开关。

万用表的面板上装有标度尺、转换开关旋钮、调零旋钮及插孔等。

如图 1.10 所示为 MF-30 型指针式万用表的面板图。

（2）万用表的工作原理。

① 直流电流的测量。万用表的直流电流挡，实质上是一个多量程的磁电式直流电流表，它应用分流电阻与表头并联以扩大测量的电流量程。根据分流电阻值越小，所得的测量量程越大的原理，配以不同的分流电阻，就构成了相应的测量量程。

② 直流电压的测量。万用表的直流电压挡，实质上是一个多量程的直流电压表，它应用分压电阻与表头串联来扩大测量电压的量程。根据分压电阻值越大，所得的测量量程越大的原理，通过配以不同的分压电阻，构成相应的电压测量量程。

③ 交流电压的测量。测量交流电压时，采用整流电路将输入的交流变成直流，然后进行测量。万用表测量的交流电压只能是正弦波。万用表通常采用的是半波整流测量电路。

④ 电阻的测量。万用表测量电阻的工作原理是欧姆定律。

当被测电阻为零，测量工作电路中电流最大，指针偏转角最大，为满偏，所以零刻度值，

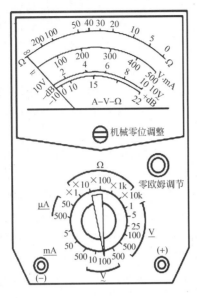

图 1.10　MF-30 型指针式万用表的面板图

一般为表头最右端。

当被测电阻为∞时,测量工作电路中电流为零,指针无偏转,为无穷大刻度值,所以无穷大刻度值一般为表头最左端。

当被测电阻为其他值时,指针在零刻度值和无穷大刻度值间偏转。

欧姆挡的刻度分布是不均匀的,它的刻度值是自右向左递增的,右半部刻度稀疏,左半部刻度紧密。

（3）数字式万用表。数字式万用表,也叫数字多用表,常用 DMM 简称。它是应用模/数转换技术,并可以测量多种电参量并直接以数字形式显示测量结果的仪表。数字万用表外形如图 1.11 所示。

图 1.11　数字万用表的外形图

指针式万用表读取精度较差,但指针摆动的过程比较直观,其摆动速度幅度有时也能比较客观地反映被测量的大小(比如测电视机数据总线(SDL)在传送数据时的轻微抖动);数字万用表读数直观,但数字变化的过程看起来很杂乱,不太容易观看。

3. 绝缘电阻表的结构和原理

绝缘电阻表是一种常用的测量高电阻的直读式仪表,操作简单,一般用来测量电路、电机绕组、电缆、电气设备等的绝缘性能,如图 1.12 所示。其测量单位为 MΩ,通常也叫做兆欧表、摇表。

图 1.12　绝缘电阻表(兆欧表)

绝缘电阻表主要由两部分组成:手摇直流发电机、磁电式流比计测量机构及其接线柱。手摇直流发电机为绝缘电阻表提供电源,常用的有 500V、1000V、2500V 等几种。三个接线柱分别标有 L(线路)、E(接地)、G(保护环或屏蔽端子),使用时应按测量对象的不同来选择。保护环的作用是减小绝缘表面泄漏电流对测量造成的影响。在测量电气设备对地绝缘电阻时,设备的待测部位用单根导线接"L",设备外壳用单根导线接"E";如测电气设备内两绕组之间的绝缘电阻时,两绕组的接线端分别接至"L"和"E";当测量电缆的绝缘电阻时,为消除因表面漏电产生的误差,"L"接线芯,"E"接外壳,"G"接线芯与外壳之间的绝缘层。但当测量表面不干净或潮湿的电缆的绝缘电阻时,就必须使用 G 端口。

绝缘电阻表应按被测电气设备或线路的电压等级选用。一般额定电压在 500V 以下的设备可选用 500V 或 1000V 的绝缘电阻表,若选用过高电压的表可能会损坏被测设备的绝缘。高压设备或线路应选用 2500V 的绝缘电阻表,特殊要求的选用 5000V 的绝缘电阻表。

4. ZC 型接地电阻测量仪的结构和原理

良好的接地装置是设备正常、安全运行的基础。特别是防雷接地,需要在瞬间将几十千安的雷电流泄流到大地,这就要求接地电阻的阻值要非常小,接地电阻越小,散流越快,雷击后高电位保持的时间就越短,危险性就越小。总之接地电阻越小,效果就越好,被保护的对象就越安全。

接地电阻测量仪是一种专门用于直接测量各种接地装置的接地电阻的仪表。它可以精确测量大型接地网接地阻抗、接地电阻,测量接地引下线导通电阻等。

接地电阻测量仪主要由手摇交流发电机、高灵敏度的检流计、电流互感器、调节电位器组成,如图 1.13 所示。附件有接地探针及专用定长的连接导线。

图 1.13　ZC29B-1 型接地电阻测试仪

当手摇发电机的手柄以 120° 转/分的速度转动时,便产生 90～98Hz 的交流电流,电流经电流互感器的一次绕组、接地装置、大地和探针后回到发电机;电流互感器便感应产生二次电流,检流计指针偏转,借助调节电位器使检流计达到平衡(此时指针指在中心线上),即可得到测量结果。

接地电阻测量仪上有 C 接线柱、P 接线柱和两个 E 接线柱。

接地探针有电流探针 C′(电流极)、电位探针 P′(电压极)和被测接地极 E′。

接地电阻测试要求:交流工作接地时,接地电阻不应大于 4Ω;安全工作接地,接地电阻不应大于 4Ω;直流工作接地,接地电阻不应大于 4Ω;防雷保护地的接地电阻不应大于 10Ω;对于屏蔽系统如果采用联合接地时,接地电阻不应大于 1Ω。

5. 电流互感器

电流互感器是一种特殊的变压器,指用以传递信息供给测量仪器、仪表和保护、控制装置的变换器。

(1)互感器的作用

① 用来使仪表、继电器等二次设备与主电路绝缘。既可避免主电路的高电压直接引入仪表、继电器等二次设备,又可防止继电器、仪表等二次设备的故障影响主电路,提高一、二次设备的安全性和可靠性,并有利于人身安全。

② 用来扩大仪表、继电器等二次设备的应用范围。例如用 5A 的电流表或 100V 电压表,通过不同变比的电流、电压互感器可测量任意高的电流或电压,而且可使二次仪表、继电器的规格统一,有利于这些设备的标准化。

(2)互感器的分类

① 电流互感器(缩写 CT,文字符号 TA),可用在交换电流的测量、交换电度的测量和电力拖动线路中的保护,如图 1.14(a)所示。

② 电压互感器(缩写 PT,文字符号 TV),可在高压和超高压的电力系统中用于电压和功率的测量等,如图 1.4(b)所示。

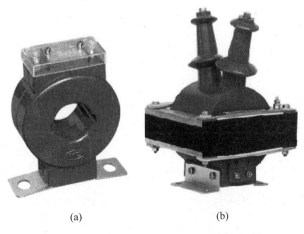

(a)　　　　　　　　(b)

图 1.14　电流互感器和电压互感器实物图

电流互感器和电压互感器的原理图如图 1.15 所示。

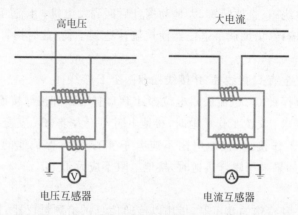

图 1.15　电流互感器和电压互感器的原理图

电力系统中广泛采用的是电磁式电流互感器。它的工作原理和变压器相似。

电流互感器一次、二次电流之比称为电流互感器的额定互感比。

$$I_1 = \frac{N_2}{N_1}I_2 = K_i I_2$$

式中，I_1 为一次线圈的额定电流，单位为 A；I_2 为二次线圈的额定电流，单位为 A。

在大电流的交流电路中，常用电流互感器将大电流转换为一定比例的小电流，以供测量或继电保护电路用。我国生产的电流互感器二次侧额定电流均为 5A。

电流互感器一次线圈匝数少，二次线圈匝数多，而且一次绕组导体相当粗，二次绕组匝数相当多，导体较细。

其一次绕组串接在负载电路中，二次绕组接在测量或继电保护电路中。电流互感器二次绕组与仪表、继电器等的电流线圈串联，形成一个闭合回路。由于这些电流线圈阻抗很小，所以正常情况下，电流互感器在近于短路的状态下运行，如图 1.16 所示。

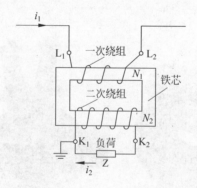

图 1.16　电流互感器原理图

各种类型的电流互感器如图 1.17 所示。

6. 交流电能表

交流电能表是专门用来测量某一段时间内，发电机发出的电能或负载消耗的电能的仪表，电能常用的单位是千瓦时(kW·h)，通常称为"度"，所以电能表俗称电度表。

图 1.17 各种类型的电流互感器

交流电能表是一种感应式仪表,常用的有单相有功电能表、三相三线制有功电能表和三相四线制有功电能表。

单相电能表主要由一个可转动的铝盘和分别绕在不同铁芯上的一个电压线圈和一个电流线圈所组成。电能表接入交流电源,并接通负载后,电压线圈和电流线圈产生交变磁场,穿过转盘,在转盘上产生涡流,涡流和交变磁场作用,产生转矩,驱动转盘转动。转盘转动后在制动磁铁的磁场作用下也产生涡流,该涡流与磁场作用产生与转盘转向相反的制动力矩,使转盘的转速与负载的功率大小成正比。

转速用计数器显示出来,计数器累计的数字即为用户消耗的电能。单相电能表如图 1.18 所示。

图 1.18 单相电能表(单相电度表)

电能表的表盘包括计数器窗口、转盘显示窗口和铭牌数据栏。

① 记数器窗口以数字形式直接显示累积消耗的电能数,如计数器显示"01125"表示该

电能表累积记录的电能为 112.5 度,两次记录数值之差就是这段时间所在电路消耗的电能数。

② 转盘显示窗口显示内部转盘的转动情况,转盘转动表明电路中有电流通过(即耗电),有时也可能出现电路无负载,但是转盘依然有缓慢转动的情况,这种现象称为潜动。

③ 表盘上标有铭牌数据(见图 1.19),"2 500R/kW·h"表示该电路每消耗 1kW·h(千瓦时)的电能,电能表转盘转动 2 500 转,这一数据称为电能表常数;"220V 10A"表示电能表适用的电路电压和电流分别为 220V 和 10A,同时也就表明这只电能表只能适用于 220×10 = 2200W 的电路上。

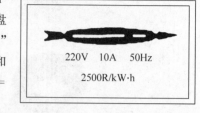

图 1.19 单相电能表的铭牌

三相三线制电能表和三相四线制电能表的结构基本上与单相电度能相同。不同的是三相电能表具有两组或三组电压、电流线圈。在线路中接线略有区别。

7. 钳形电流表

钳形电流表又叫钳表,它是一种用于测量正在运行的电气线路电流大小的仪表,如图 1.20 所示。通常在测量电流前,需将被测线路断开,才能使电流表或互感器的一次侧串联到电路中去。而使用钳表测量电流时,可以在不断开电路的情况下进行。钳表是一种可携带仪表,使用时非常方便。

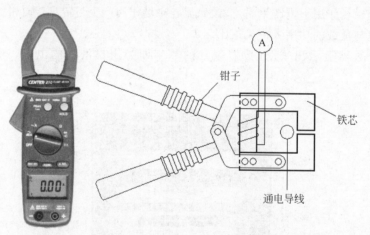

图 1.20 钳形电流表及其结构

钳形电流表的结构由电流互感器和带整流装置的磁电式表头组成。电流互感器的铁芯呈钳口形,当捏紧钳表把手时,其铁芯张开,载流导线可以穿过铁芯张口放入。松开把手,铁芯闭合,通过被测电流的导线成为电流互感器的一次线圈。被测电流在铁芯中产生磁通,使绕在铁芯上的二次绕组中产生感应电动势,测量线路就有电流流过。这个电流按不同的分流比,经整流后经过表头。标尺是按一次电流刻度的,所以表的读数就是被测导线中的电流。量程的改变由转换开关改变分流器的电阻来实现。

任务实施

一、万用表的使用

1. 任务要求

正确使用万用表；正确读出测量数据；正确测试电池电压，以及电路中各工作点的电压、电流等相关数据；撰写测试报告。

2. 仪器、设备、元器件及材料

万用表；9V 电池；测试电路；通用电工实训台。

3. 任务内容及步骤

① 使用指针式万用表前要进行机械调零和欧姆调零。若要测量电流或电压，则应进行机械调零。若要测量电阻，则应进行欧姆调零，以防表内电池电压下降而产生测量误差。

② 测量前一定要选好挡位，即电压挡、电流挡或电阻挡。测电流时万用表的表笔应串入被测电路中。测电压时万用表的表笔与被测电路并联。测电阻时要断开电源。

③ 同时还要选对量程。初选时应从大到小，以免打坏指针。即应先用高量程试测，然后根据试测结果将量程减小到合适的位置。量程的选择原则是"U、I 在上半部分；R 在中间较准"，即测量电压、电流时指针在刻度盘的 1/2 以上处，测量电阻时指针指在刻度盘的中间处，当指针指示于 1/3～2/3 满量程时测量精度最高，读数最准确。测电阻时，每一次变换量程后都需要进行欧姆调零。

④ 读数时也应根据被测物理量选取对应的读数标尺，而且要注意读数时，应三点成一线（眼睛、指针、指针在刻度中的影子）。

⑤ 测量直流时要注意表笔的极性。测量高电压时，应把红、黑表笔插入"2500V"和"－"插孔内，把万用表放在绝缘支架上，然后用绝缘工具将表笔触及被测导体。

⑥ 测量结束，应将转换开关旋到关闭或空挡状态，或交流电压的最大挡。若长时间不用，应取出内部电池。

4. 注意事项

万用表测量电量的种类和量程很多，而且结构形式各异，使用前必须熟悉转换开关、旋钮和插孔的作用，了解标度盘上每条刻度线所对应的被测量，检查表笔所接的位置是否正确。

① 严禁在被测电路带电的情况下测量电阻。因为这样测量既使测量结果不正确，又极易损坏仪表。

② 测量直流电流、电压时应注意正负极性，以免仪表指针反偏、碰弯。

③ 禁止带电切换量程。

④ 带电测量过程中应注意防止发生短路和触电事故。

⑤ 指针式万用表内一般有两块电池，一块低电压的 1.5V，一块是高电压的 9V 或 15V，在电阻挡时其黑表笔相对红表笔来说是正端。数字式万用表一般用 9V 的电池；在电阻挡，表笔极性不变。

⑥ 测电阻时要注意接入方式必须正确，不要将人体电阻接入，以免产生误差，如图 1.21 所示。特别是在用 R×10k 电阻挡测兆欧级的大阻值电阻时，不可将手指捏在电阻两端，这

样人体电阻会使测量结果偏小。

⑦ 指针式万用表的表笔输出电流相对数字表来说要大很多,用 R×1Ω 挡可以使扬声器发出响亮的"哒"声,用 R×10kΩ 挡甚至可以点亮发光二极管(LED)。

⑧ 万用表不用时,切换开关不要停在欧姆挡,以防止表笔短接时将电池放电。

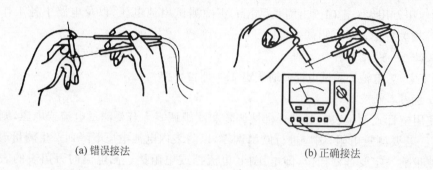

(a) 错误接法   (b) 正确接法

图 1.21 　万用表的正确使用

5. 思考题

① 万用表的调零分为哪几种?

② 每次进行电阻挡的换挡测量时,都必须做的调零是哪一种?

二、绝缘电阻表的使用

1. 任务要求

正确使用绝缘电阻表、读出所测数据;通过测量电动机绝缘电阻值,判断电动机的绝缘是否合格。撰写测试报告。

2. 仪器、设备、元器件及材料

绝缘电阻表、三相异步电动机、通用电工实训台。

3. 任务内容及步骤

在进行测量前要先切断电源,严禁带电测量设备的绝缘,并且要查明线路或电气设备上无人工作后方可进行。

① 测量前必须将被测设备电源切断,并对地短路放电。绝不能让设备带电进行测量,以保证人身和设备的安全。对可能感应出高压电的设备,必须消除这种可能性后,才能进行测量。

② 被测物表面要清洁,减小接触电阻,确保测量结果的正确性。

③ 测量前应将兆欧表进行一次开路和短路试验,检查兆欧表是否良好。即在兆欧表未接上被测物之前,摇动手柄使发电机达到额定转速(120r/min),观察指针是否指在标尺的"∞"位置。将接线柱"线(L)和地(E)"短接,缓慢摇动手柄,观察指针是否指在标尺的"0"位。如指针不能指到该指的位置,表明兆欧表有故障,应检修后再用。

④ 兆欧表使用时应放在平稳、牢固的地方,且远离大的外电流导体和外磁场。

⑤ 必须正确接线。兆欧表上一般有三个接线柱,接地端子"E"接线柱应接在电气设备外壳或地线上,线路端子"L"接线柱接在被测电机绕组或导体上,屏蔽端子"G"接线柱应接到保护环或电缆绝缘护层上,以减小绝缘表面泄漏电流对测量造成的误差。

测量绝缘电阻时,一般只用"L"和"E"端,但在测量电缆对地的绝缘电阻或被测设备的漏电流较严重时,就要使用"G"端,并将"G"端接屏蔽层或外壳。线路接好后,可按顺时针方向转动摇把。摇动的速度应由慢到快,当转速达到每分钟 120 转左右时,保持匀速转动 1 分钟后读数。并且要边摇边读数,不能停下来读数。

⑥ 摇测时将兆欧表置于水平位置,摇把转动时其端钮间不许短路。摇动手柄应由慢渐快,若发现指针指零说明被测绝缘物可能发生了短路,这时就不能继续摇动手柄,以防表内线圈发热损坏。

⑦ 测量完毕,待绝缘电阻表停止转动、被测物接地放电后,方能拆除连接导线。放电方法是将测量时使用的地线从兆欧表上取下来与被测设备短接一下即可(不是兆欧表放电)。

⑧ 低压电动机绕组的绝缘电阻不低于 $0.5M\Omega$,电流互感器的绝缘电阻不低于 $10\sim 20M\Omega$,才算达到合格要求。

4. 注意事项

① 绝缘电阻表测量时要远离大电流导体和外磁场。

② 不能在设备带电情况下测量其绝缘电阻。已用绝缘电阻表测量过的设备如要再次测量,也必须先接地放电。

③ 用绝缘电阻表测试高压设备的绝缘时,应由两人进行。

④ 绝缘电阻表使用的测试导线必须是绝缘线,且不宜采用双股绞合绝缘线,其导线的端部应有绝缘护套。

⑤ 测试过程中两手不得同时接触两根线。

⑥ 测量过程中,如果出现指针指"0",表示被测设备短路,此时不能再继续摇动手柄,以防损坏绝缘电阻表。

⑦ 测试完毕应先拆线,后停止摇动绝缘电阻表,以防止电气设备向绝缘电阻表反充电导致摇表损坏。

5. 思考题

绝缘电阻的值是越大越好,还是越小越好?

三、ZC 型接地电阻测量仪的使用

1. 任务要求

正确使用接地电阻测量仪、撰写测试报告。

2. 仪器、设备、元器件及材料

接地电阻测量仪(含附件)。

3. 任务内容及步骤

使用前应检查测试仪是否完整,备齐测量时所必需的工具及全部仪器附件,并将仪器和接地探针擦拭干净,特别是接地探针,一定要将其表面影响导电能力的污垢及锈渍清理干净。

① 测量前首先将接地探针分别插入地中,使被测接地极 E′、电位探针 P′和电流探针 C′三点在一条直线上。被测接地极 E′至电位探针 P′的距离为 20cm,E′至电流探针 C′的距离

为 40cm。探针插入深度为 400mm，如图 1.22 所示。

② 用专用导线将 E′、P′、C′ 连接到仪表的 E、P、C 接线柱上。

③ 将测量仪水平放置后，检查检流计的指针是否指向中心线，否则调节"零位调整器"使测量仪指针指向中心线。

④ 将仪表的"倍率标度"（或称粗调旋钮）置于最大倍数，并慢慢地转动发电机转柄（指针开始偏移），同时旋动"测量标度盘"（或称细调旋钮）使检流计指针指向中心线。

⑤ 当检流计的指针接近于中心线时，加快摇动转柄，使其转速达到 120r/min 以上，同时调整"测量标度盘"，使指针指向中心线。

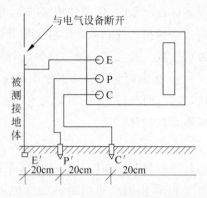

图 1.22　接地电阻测量仪的接线图

⑥ 若"测量标度盘"的读数过小（小于 1）不易读准确时，说明倍率标度倍数过大。此时应将"倍率标度"置于较小的倍数，重新调整"测量标度盘"使指针指向中心线上并读出准确读数。

⑦ 计算测量结果，即接地电阻 R＝"倍率标度"读数×"测量标度盘"读数。

4. 注意事项

① 禁止在有雷电或被测物带电时进行测量。

② 仪表携带、使用时须小心轻放，避免剧烈震动。

③ 当检流计的灵敏度过高时，可将电位探针 P′ 插入土壤中浅一些的位置。当检流计的灵敏度不够高时，可沿电位探针和电流探针注水使其湿润。

④ 测量时，接地线路要与被保护的设备断开，以便得到准确的测量数据。

5. 思考题

连接探针的专用导线分别是多少米？

四、电流互感器的使用

1. 任务要求

了解电流互感器的原理，以及正确的接线方法。

2. 仪器、设备、元器件及材料

通用电工实训台。

3. 任务内容及步骤

电流互感器的接线形式有如下几种。

① 单相式接线，电流线圈通过的电流反映一次电路相应相的电流。通常用于负荷平衡的三相电路如低压动力线路中，供测量电流、电能或接过负荷保护装置之用。

② 两相电流差接线，这种接线适用于中性点不接地的三相三线制电路中供作电流继电保护之用。由向量图可知，互感器公共线上的电流为 i_a-i_c，其量值为相电流的 $\sqrt{3}$ 倍。

③ 三相星型接线，它由三只完全相同的电流互感器构成。此种接线方式适合于高压大电流接地系统、发电机二次回落、低压三相四线制电路。采用此种接线方式，二次回路的电

缆芯数较少。但由于二次绕组流过的电流分别为 I_A、I_B、I_C，当三相负载不平衡时，则公共线中有电流 I_N 流过。此时，总公共线断开就会产生计量误差，因此，公共线是不允许断开的。三相星形接线如图 1.23 所示。

图 1.23 电流互感器的三相星形接线

4. 注意事项

① 电流互感器的额定电压是指其一次线圈所接线路的额定电压。

② 应按照负载电流的大小选择电流互感器的变流比（变流比是指一次线圈额定电流与二次线圈额定电流之比）。

③ 一次侧串接在线路中，二次侧与继电器或测量仪表串接。

④ 电流互感器的二次侧在使用时绝对不可开路。使用过程中拆卸仪表或继电器时，应事先将二次侧短路。安装时，接线应可靠，不允许二次侧安装熔丝。

⑤ 二次侧必须有一端接地。防止一次、二次侧绝缘损坏，高压窜入二次侧，危及人身和设备安全。

⑥ 二次回路接线应采用截面积不小于 $2.5mm^2$ 的绝缘铜导线。

⑦ 接线时要注意其端子的极性。电流互感器一次、二次侧的极性端子，都用字母表明极性。按照规定我国互感器和变压器的绕组端子，均采用"减极性"标号法。当一次侧电流从同名端流入，则二次侧电流从同名端流出。

5. 思考题

① 为什么电流互感器的二次侧在使用时绝对不可开路？

② 二次回路中可以装设熔断器吗？

五、交流电能表的安装

1. 低压单相交流电能表的直接接线方法

（1）任务要求

正确完成低压单相电能表的安装，接线正确，使电路正常运行；正确测试电能表的相关数据；撰写测试报告。

（2）仪器、设备、元器件及材料

低压单相交流电能表；通用电工实训台。

（3）任务内容及步骤

单相电能表的安装如下。单相电能表有四个接线柱，自左向右为1、2、3、4端。按照中国标准产品用的跳入时接线方式，1、3为进线端，进线端分别接电源的火线和零线。2、4为出线端，出线端分别接负载。注意：要求先通过开关再接负载，且使开关位于火线一侧。单相电能表的安装接线图如图1.24所示。按从左到右的顺序：火入火出，零入零出。零、火线可用电笔试一试就能区分了。单相电能表的安装接线实物图如图1.25所示。

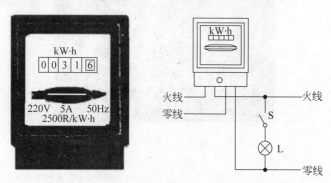

图1.24　单相电能表的安装接线

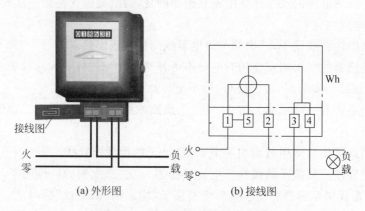

(a) 外形图　　　　　　　　　(b) 接线图

图1.25　单相电能表的安装接线

（4）注意事项
- 选择电能表时应注意其额定电压、额定电流是否合适。
- 电能表的安装场所应选择在干燥、清洁、较明亮、不易损坏、无振动、无腐蚀性气体、不受强磁场影响、及便于装拆表和抄表的地方。
- 接线时可打开电能表的盒盖，背面有接线图，注意接线端顺序不能接错。
- 电能表要安装在能牢靠固定的木板上，并且置于配电装置的左方或下方。
- 表板的下沿一般不低于1.3m，为抄表方便起见，表箱底部对地面的垂直距离一般为1.7～1.9m。若上下两列布置，上列表箱对地面高度不应超过2.1m。
- 要确保电度表在安装后表身与地面保持垂直，否则会影响测量精度。

（5）思考题

某家庭平时常用的主要电器有："220V 60W"荧光灯4盏，"220V 1200W"电饭锅1只，

"220V 250W"电视机 1 台,"220V 1500W"电水壶 1 只,"220V 2000W"电热水器 1 只,试问需要安装的多少额定电压值、额定电流值的电能表?

2. 三相三线制低压电能表的直接接线方法

(1) 任务要求

正确完成三相三线制低压电能表的安装,接线正确,使电路正常运行;正确测试电能表的相关数据;撰写测试报告。

(2) 仪器、设备、元器件及材料

三相三线制低压电能表;通用电工实训台。

(3) 任务内容及步骤

首先认识三相三线制电能表的接线孔布局。它有 8 个接线柱,从左到右编号为 1、2、3、4、5、6、7、8 端子。1、2、3 端是第一组线圈元件的引出端;6、7、8 端是第二组线圈元件的引出端;4、5 为两个相连的端子,它们在电能表内部和左右两边的电压线圈连接,可测量线电压。端子 1、2 有连接片连通,端子 6、7 有连接片连通。

具体接线是这样:将 A 相电源进线接 1,出线接 3;B 相电源进线接 4、出线接 5(其实这 2 个接线柱是短接的);C 相电源进线接 6,出线接 8。接线如图 1.26 所示。

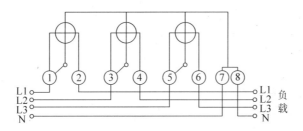

图 1.26　三相三线制低压电能表的直接接线原理图

(4) 注意事项

同低压单相交流电能表的安装中的注意事项。

(5) 思考题

三相三线制电能表的电压线圈测量的是相电压还是线电压?

3. 三相三线制低压电能表接电流互感器时的接线方法

(1) 任务要求

正确完成三相三线制低压电能表的安装,要求接入电流互感器,正确接线,使电路正常运行;正确测试电能表的相关数据;撰写测试报告。

(2) 仪器、设备、元器件及材料

三相三线制低压电能表;配套的电流互感器两个;通用电工实训台。

(3) 任务内容及步骤

接了电流互感器的电能表接法称为间接接法,如图 1.27 所示。

接线方法基本上与直接接法类似,区别在于电流互感器电流线圈的连接,即相线穿过电流互感器,互感器的线圈与电能表的电流线圈串联成回路。凡经互感器接入的电流表,其读数要乘以互感器的变比才是实际读数值。

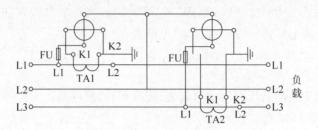

图 1.27　三相三线制电能表接互感器的接线原理图

（4）注意事项

- 三相电能表应按正相序接线，经电流互感器接线，极性必须正确。
- 电流互感器的二次线圈的一端和外壳应当接地。
- 二次线圈回路接线应采用截面积不小于 2.5mm² 的绝缘铜导线。

（5）思考题

接了电流互感器的电能表可用于电流更大的电路还是电流更小的电路上？

4.三相四线制低压电能表的直接接线方法

（1）任务要求

正确完成三相四线制低压电能表的安装，接线正确，使电路正常运行；正确测试电能表的相关数据；撰写测试报告。

（2）仪器、设备、元器件及材料

三相四线制低压电能表；通用电工实训台。

（3）任务内容及步骤

三相四线制电能表有 10 个接线柱，自左向右为 1、2、3、4、5、6、7、8、9、10(11)端，如图 1.28 和图 1.29 所示。

图 1.28　三相四线制电能表的接线端子(实物图)

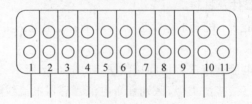

图 1.29　三相四线制电能表的接线端子

三相四线制低压电能表的直接接线原理图如图 1.30 所示。

接线端子从左至右依次为 1、2、3、4、5、6、7、8、9、10。其中 1、2、3 为一组；4、5、6 为一组；7、8、9 为一组。

接线时 A 相相线进 1、2 端；B 相相线进 4、5 端；C 相相线进 7、8 端。3、6、9 端为电流出线端；10、11 是接零端。

三相四线制低压电能表的直接接线实物图如图 1.31 所示。

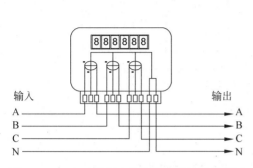 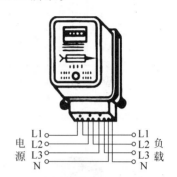

图 1.30 三相四线制电能表的直接接线原理图　图 1.31 三相四线制电能表的直接接线实物图

（4）注意事项

同三相三线制低压电能表的安装中的注意事项。

（5）思考题

三相四线制电能表需要接地吗？

5. 三相四线制低压电能表接电流互感器时的接线方法

（1）任务要求

正确完成三相四线制低压电能表的安装，要求接入电流互感器，正确接线，使电路正常运行；正确测试电能表的相关数据；撰写测试报告。

（2）仪器、设备、元器件及材料

三相四线制低压电能表；配套的电流互感器三个；通用电工实训台。

（3）任务内容及步骤

低压三相四线有功电能表经电流互感器接线需接 10 根线：六根电流线、四根电压线。其中端子 1、4、7 接电流互感器二次侧 S1 端，即电流进线端；3、6、9 接电流互感器二次侧 S2 端，即电流出线端；2、5、8 分别接三相电源；10、11 是接零端。

接线时，被测线路从相应的电流互感器的 P1 端进，P2 端出。

接线的原理图如图 1.32 所示，实物接线图如图 1.33 所示。

（4）注意事项

• 三相电能表应按正相序接线，经电流互感器接线，极性必须正确。

• 电流互感器的二次线圈的一端和外壳应当接地。

• 二次线圈回路接线应采用截面积不小于 2.5mm² 的绝缘铜导线。

• 为了安全，应将电流互感器 S2 端连接后接地。

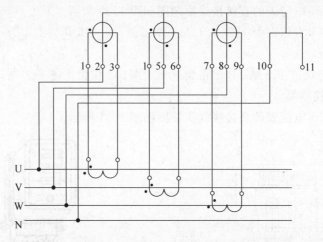

图 1.32 三相四线制电能表接电流互感器的原理接线图

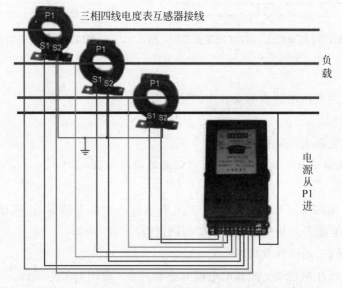

图 1.33 三相四线制电能表接电流互感器的实物接线图

- 各电流互感器的电流测量取样必须与其电压取样保持同相,即 1、2、3 为一组;4、5、6 为一组;7、8、9 为一组。

(5)思考题

被测线路可以从电流互感器的 P2 端进,P1 端出吗?

六、钳形电流表的使用

1. 任务要求

正确使用钳形电流表;正确测试电流等相关数据;撰写测试报告。

2. 仪器、设备、元器件及材料

钳形电流表;通用电工实训台。

3. 任务内容及步骤

钳形电流表分高、低压两种,用于在不拆断线路的情况下直接测量线路中的电流。

① 使用时握紧钳形电流表的把手和扳手,按动扳手打开钳口,将被测线路的一根电线置于钳口内中心位置;再松开扳手,使两钳口表面紧紧贴合,将表放平,然后读取钳形电流表读数,即为被测电流数值。钳形电流表的使用如图 1.34 所示。

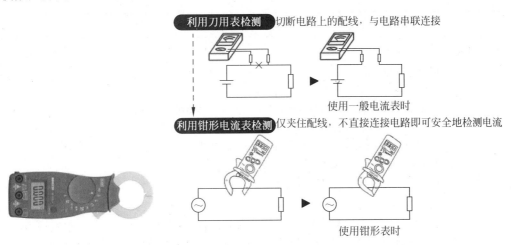

图 1.34　钳形电流表的使用

② 测量前先估计被测电流的大小,再选择量程。若无法估计,可用最大量程试测,然后依次变小挡,直至找到合适的量程。量程不合适时,必须把导线先退出钳口,然后才可换挡。

③ 测量大电流后再测小电流时,要把钳口开合好几次,消除剩磁。

④ 测量完成后,应把量程开关拨到最大量程位置。

使用高压钳形表时应注意钳形电流表的电压等级,严禁用低压钳形表测量高电压回路的电流。用高压钳形表测量时,应由两人操作,测量时应戴绝缘手套,站在绝缘垫上,不得触及其它设备,以防止短路或接地。

4. 注意事项

① 被测电路电压不能超过钳表的额定电压,否则容易造成事故或引起触电危险。

② 钳形电流表在使用前需要进行机械调零、清洁钳口、选择合理的量程挡等工作。

③ 钳口要闭合紧密不能带电换量程。

④ 每次只能测量一相导线的电流,不可以将多相导线同时钳入钳表口内测量。

⑤ 在不使用时,应将量程旋钮置于最大量程挡。

⑥ 使用高压钳表时,要特别注意保持头部与带电部分的安全距离,人体任何部分与带电体的距离不得小于钳形表的整个长度。

⑦ 在高压回路上测量时,禁止用导线从钳形电流表另接表计测量。

⑧ 测量高压电缆各相电流时,要戴绝缘手套,穿绝缘鞋,站在绝缘垫上。电缆头线间距离应在 300mm 以上,且绝缘良好,待认为测量方便时,方能进行。

⑨ 当电缆有一相接地时,严禁测量。防止出现因电缆头的绝缘水平低,发生对地击穿爆炸而危及人身安全。

5. 思考题

在测量过程中可以随意转换量程吗？

任务考核

技能考核任务书如下。

常用仪表使用任务书

1. 任务名称

常用电工仪表的使用

2. 具体任务

(1) 给定直流电压源、交流电压源和电阻，用万用表测量出相对应的数值。

(2) 给定三相异步交流电动机，测量定子绕组相间及相对地的绝缘电阻。

(3) 利用钳形电流表测量出正在运行的三相异步交流电动机的空载电流。

(4) 使用测地电阻仪测量出某建筑物的接地电阻值。

(5) 单相电度表、三相电度表直接式的接线。

3. 工作规范及要求

对于任务(1)、(2)、(3)、(4)分别提供对应的测量环境，测量出对应的数值；对于任务(5)，要求电路的线槽安装布线，导线必须沿线槽内走线，接线端加编码套管。线槽出线应整齐美观，线路连接应符合工艺要求，不损坏电气元件，安装工艺符合相关行业标准，并通电调试。

4. 考点准备

考点提供的材料从表 1.3 中选择。工具清单见表 1.4 所列。

表 1.3　材料清单

材　　料	数量	备　　注
直流电压源	若干	数量根据实际分组数量而定
交流电压源	若干	数量根据实际分组数量而定
变阻箱(电阻)	若干	数量根据实际分组数量而定
指针式万用表	若干	数量根据实际分组数量而定
数字式万用表	若干	数量根据实际分组数量而定
钳形电流表	若干	数量根据实际分组数量而定
地阻仪	若干	数量根据实际分组数量而定
三相异步交流电动机	若干	数量根据实际分组数量而定
单相电度表	若干	数量根据实际分组数量而定
三相电度表	若干	数量根据实际分组数量而定
导线	若干	数量根据实际分组数量而定
自动空气开关	若干	数量根据实际分组数量而定

表 1.4　工具清单

工具清单		
工具	数量	备　注
螺丝刀	若干	数量根据实际分组数量而定
剥线钳	若干	数量根据实际分组数量而定
斜口钳	若干	数量根据实际分组数量而定

5. 时间要求

本模块操作时间为 180min,时间到立即终止任务。

针对考核任务,相应的考核评分细则参见表 1.5。

表 1.5　评分细则

序号	考核内容	考核项目	配分	评分标准	得分
1	电工仪表的使用	万用表、兆欧表、钳形电流表、地阻仪	70 分	(1) 能正确识别(30 分) (2) 功能用法正确(40 分)	
2	电能表的安装	单相电能表、三相电能表线路安装	20 分	(1) 接线正确(10 分) (2) 走线美观(10 分)	
3	安全文明生产	安全、文明生产	10 分	违反安全文明生产酌情扣分,重者停止实训	
	合计		100 分		

注:每项内容的扣分不得超过该的配分。

任务结束前,填写、核实制作和维修记录单并存档。

思考与练习

1. 万用表共分为几种? 在使用方法上有什么不同?

2. 兆欧表的作用是什么? 使用兆欧表时有哪些注意事项?

3. 小明家电能表月初显示的是 246.8 度,月末显示的是 287.3 度,小明家在这段时间内共用了多少度电? 如果一度电 0.6 元,这段时间要交多少钱的电费?

4. 在使用钳形电流表测量电流时,用最小量程测量被测线路,发现钳形电流表的指针偏转仍然很小,在不更换钳形电流表的前提下,应如何操作才能测量到被测线路的电流?

项目 2　三相异步电动机的故障分析、维护及拆装

任务 2.1　三相异步电动机的拆装

任务描述

三相异步电动机是把交流电能转变为机械能的一种动力机械。其结构简单,制造、使用和维护简便,成本低廉,运行可靠,效率高,在工农业生产及日常生活中得以广泛应用。在生产过程自动化装置中,大多数采用电动机拖动各种生产机械,并且使用频率非常高,故障发生率相对较高,因此需要经常对电动机进行检修与维护保养。而进行检修和维护保养时,首先必须熟练地进行电动机的拆卸和组装。

任务分析

- 知识点:三相异步电动机的基本结构与分类、主要技术参数,三相异步电动机的选择、拆装、检测方法。
- 技能点:三相电动机的拆装、检测;三相异步电动机定子绕组首尾端的判别。

任务资讯

1. 三相异步电动机的基础知识

(1)三相异步电动机的基本结构与分类。三相异步电动机主要有定子和转子两部分组成,这两部分之间由气隙隔开。根据转子结构不同,分成三相笼形异步电动机和绕线型异步电动机两种。图 2.1 所示为三相笼形异步电动机的外形和内容结构图。

① 定子。定子由定子铁芯,定子绕组和机座三部分组成。

定子铁芯是电机磁路的一部分,由 0.5mm 厚,两面涂有绝缘漆的硅钢片叠成,在其内圆冲有均匀分布的槽,槽内嵌放三相对称绕组,整个铁芯固定在机座内,如图 2.2 所示。

定子绕组是电机的电路部分,由铜线缠绕而成。它是由若干线圈组成的三相绕组,在定子圆周上均匀分布,按一定的空间角度嵌放在定子铁芯内圆槽内,每相绕组有两个引出线端,一个叫首端,另一个叫尾端。共有 6 个引出端,其中 3 个首端分别为 U1、V1、W1 表示,3 个尾端分别用 U2、V2、W2 表示。

三相绕组根据需要可接成星(丫)形和三角(△)形,如图 2.3 所示,由接线盒的端子板引出,将 U2、V2、W2 连在一起时,U1、V1、W1 接三相交流电源,构成星(丫)形连接,如图 2.3(a)所示;将 U1 与 W2、V1 与 U2、W1 与 V2 连在一起时,U1、V1、W1 接三相交流电源,构成三角(△)形连接,如图 2.3(b)所示。

定子绕组的主要作用是产生磁场,使转子受磁力而转动。

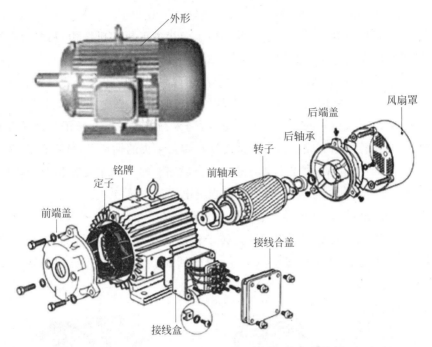

图 2.1　三相笼形异步电动机的外形和内部结构图

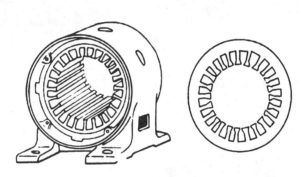

图 2.2　定子铁芯与机座

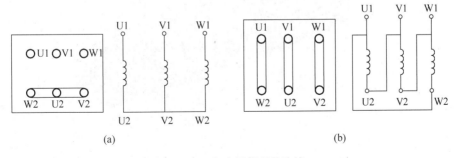

(a)　　　　　　　　　　　　　　　(b)

图 2.3　三相定子绕组的连接

机座是电动机的支架,一般用铸铁或铸钢制成。

机座的作用是固定和支撑定子铁芯及端盖。中小型电机的机座由铸铁制成,其上有加强散热功能的散热筋片。底部有用于固定的地脚螺钉孔。

② 转子。转子由转子铁芯、转子绕组和转轴三部分组成,转子铁芯也由 0.5mm 厚、两面涂有绝缘漆的硅钢片叠成,在其外圆冲有均匀分布的槽,如图 2.4 所示。

铁芯槽内有铝质或铜质的笼形转子绕组,两端铸有端环。整个转子靠端盖和轴承支撑着。整个转子套在转轴上形成紧配合。被支撑在端盖中央的轴承上,这样有定子铁芯、转子铁芯和两者之间的空气间隙构成了电动机的完整磁路。转子的主要作用是产生感应电流,形成电磁转矩,通过转轴带动负载转动,以实现机电能量的转换。

根据转子绕组的结构不同,异步电动机分为笼形转子和绕线转子两种。

笼形转子绕组结构与定子绕组不同,转子铁芯各槽内都嵌有铸铝导条(个别电机有用铜导条的),端部有短路环短接,形成一个短接回路。去掉铁芯,形如一笼子,如图 2.4 所示。

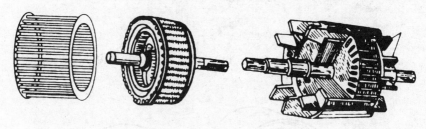

图 2.4 笼形转子

绕线型转子绕组结构与定子绕组相似,在槽内嵌放三相绕组,通常为星(Y)形连接,绕组的三个端线接到装在轴上一端的三个滑环上,再通过一套电刷引出,以便与外电路相连,如图 2.5 所示。

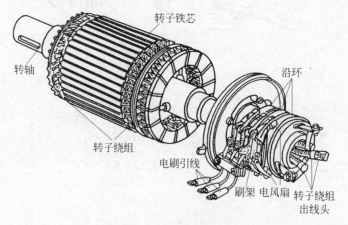

图 2.5 绕线式转子

转轴由中碳钢制成,其两端由轴承支撑着,用来输出转矩。

(2) 三相异步电动机的主要参数。为了适应不同用途和不同工作环境的需要,电动机制成不同的系列,每种系列用各种型号表示。

在三相异步电动机的机座上都装有一块铭牌,如图 2.6 所示。铭牌上标出了该电动机的一些数据,要正确使用电动机,必须看懂铭牌。铭牌上的数据含义如下。

<table>
<tr><td colspan="3">三相异步电动机</td></tr>
<tr><td>型号　Y112M-4</td><td>功率　7.5KW</td><td>频率　50Hz</td></tr>
<tr><td>电压　380V</td><td>电流　15.4A</td><td>接法　△</td></tr>
<tr><td>转速　1440r/min</td><td>绝缘等级　B</td><td>工作方式　连续</td></tr>
<tr><td>标准编号</td><td>工作制　S1</td><td>B级绝缘</td></tr>
<tr><td colspan="3">年　　月　　编号　　　　××电机厂</td></tr>
</table>

图 2.6　三相电动机的铭牌数据

① 型号。为了适应不同用途和环境的需要,电动机制成不同系列,各种系列用各种型号表示。由测评拼音、国际通用符号和阿拉伯数字三部分组成。例如

Y112M—4

Y——异步电动机;

112——中心高度(毫米);

M——机座类别(L 表示长机座、M 表示中机座、S 表示短机座);

4——磁极数。

② 额定功率 P_N:指电动机在额定状态下运行时,电动机转子轴上输出的机械功率,单位为 kW。

③ 额定电压 U_N:指电动机在额定运行时,三相定子绕组应接的线电压值,单位为 V 或 kV。

④ 额定电流 I_N:指电动机在额定运行时,三相定子绕组的线电流值,单位为 A。

三相异步电动机的额定功率、额定电流、额定电压之间的关系为:

$$P_N = \sqrt{3} U_N I_N \cos\varphi_N \eta_N$$

⑤ 额定转速 n_N:指电动机在额定运行时的转速,单位为 r/min。

⑥ 额定频率 f_N:指电动机正常工作时定子所接电源的频率,在我国均为 50Hz。

⑦ 接法:指电动机正常工作时定子绕组的连接方式,有 Y 形和△形两种类型。

⑧ 绝缘等级:指电动机定子绕组所用的绝缘材料的等级。绝缘材料按耐热性能可分为 7 个等级,如表 2.1 所示。采用哪种绝缘等级的材料,决定于电动机的最高温度。如环境温度规定为 40℃,电动机的温升为 90℃,则最高允许温度为 130℃,需要 B 级绝缘材料。

表 2.1　电动机绝缘等级与温度的关系

绝缘等级	Y	A	E	B	F	H	C
最高允许温度/℃	90	105	120	130	155	180	大于 180

⑨ 工作方式：为了适应不同的负载需要，电动机所采用的工作方式。按负载持续时间的不同，分为连续工作制、短时工作制和断续周期工作制。

2. 三相笼形异步电动机的拆、装步骤与方法

（1）三相笼形异步电动机的拆卸。

① 拆卸步骤（见图 2.7 至图 2.9）。

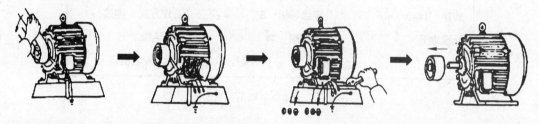

图 2.7　三相电动机的拆卸步骤

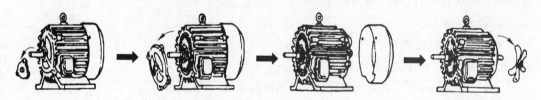

图 2.8　三相电动机的拆卸步骤

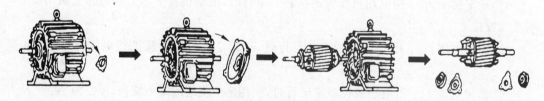

图 2.9　三相电动机的拆卸步骤

第一步：切断电源，卸下皮带。

第二步：拆去接线盒内的电源接线和接地线。

第三步：卸下地脚螺母、弹簧垫圈和平垫片。

第四步：卸下皮带轮。

第五步：卸下前轴承外盖。

第六步：卸下前端盖；可用大小适宜的扁凿，插在端盖突出的耳朵处，按端盖对角线依次向外撬，直至卸下前端盖。

第七步：卸下风叶罩，卸下风叶。

第八步：卸下后轴承外盖。卸下后端盖。

第九步：卸下转子。在抽出转子之前，应在转子下面和定子绕组端部之间垫上厚纸板，以免抽出转子时碰伤铁芯和绕组。

第十步：最后用拉具拆卸前后轴承及轴承内盖。

② 主要部件的拆卸方法（见图 2.10 至图 2.11）。

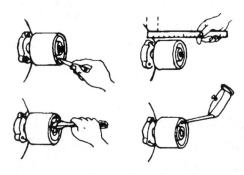

图 2.10　带轮或联轴器的拆卸方法

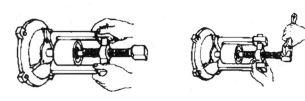

图 2.11　带轮或联轴器的拆卸方法

• 带轮或联轴器的拆卸方法。其步骤介绍如下：

第一步：用粉笔标示皮带轮或联轴器的正反面，以免安装时装反。

第二步：用尺子量一下皮带轮或联轴器在轴上的位置，记住皮带轮或联轴器与前端盖之间的距离。

第三步：旋下压紧螺丝或取下销子。

第四步：在螺丝孔内注入煤油。

第五步：装上拉具，拉具有两脚和三脚之分，各脚之间的距离要调整好。

第六步：拉具的丝杆顶端要对准电动机轴的中心，转动丝杆，使皮带轮或联轴器慢慢地脱离转轴。

注意事项：如果皮带轮或联轴器一时拉不下来，切忌硬卸，可在定位螺丝孔内注入煤油，等待几小时以后再拉。若还拉不下来，可用喷灯将皮带轮或联轴器四周加热，加热的温度不宜太高，要防止轴变形。

拆卸过程中，不能用手锤直接敲出皮带轮或联轴器，以免皮带轮或联轴器碎裂、轴变形、端盖等受损。

③ 轴承盖和端盖的拆卸方法（见图 2.12 至图 2.13）。其操作步骤如下：

第一步：拆卸轴承外盖的方法比较简单，只要旋下固定轴承盖的螺丝，就可把外盖取下。但要注意，前后两个外盖拆下后要标上记号，以免将来安装时前后装错。

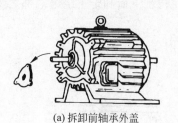
(a) 拆卸前轴承外盖

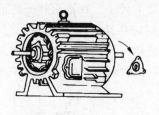
(b) 拆卸后轴承外盖

图 2.12　轴承盖和端盖的拆卸方法

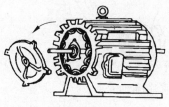
(a) 拆卸前端盖

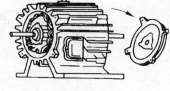
(b) 拆卸后端盖

图 2.13　轴承盖和端盖的拆卸方法

　　第二步：拆卸端盖前，应在机壳与端盖接缝处做好标记，然后旋下固定端盖的螺丝。通常端盖上都有两个拆卸螺孔，用从端盖上拆下的螺丝旋进拆卸螺孔，就能将端盖逐步顶出来。

　　若没有拆卸螺孔，可用大小适宜的扁凿，插在端盖突出的耳朵处，按端盖对角线依次向外撬，直至卸下端盖。

　　但要注意，前后两个端盖拆下后要标上记号，以免将来安装时前后装错。

　　④ 风罩和扇叶的拆卸（见图 2.14）。首先，把外风罩螺栓松脱，取下风罩，然后把转轴尾部风叶上的定位螺栓或销子松脱、取下。用紫铜棒或手锤在风叶四周均匀地轻敲，风叶就可松脱下来。小型异步电动机的风叶一般不用卸下，可随转子一起抽出。对于采用塑料风叶的电动机，可用热水使塑料风叶膨胀后卸下。

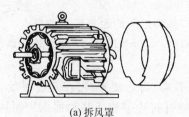
(a) 拆风罩

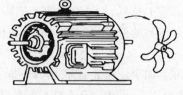
(b) 拆风叶

图 2.14　风罩和扇叶的拆卸方法

　　⑤ 转子的拆卸。
* 拆卸小型电动机的转子时，要一手握住转子，把转子拉出一些，随后用另一只手托住转子铁芯渐渐往外移，如图 2.15 所示。要注意，不能碰伤定子绕组。
* 拆卸中型电动机的转子时，要一人抬住转轴的一端，另一人抬住转轴的另一端，渐渐地把转子往外移，如图 2.16 所示。

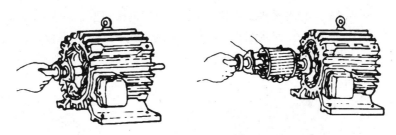

图 2.15　转子的拆卸方法

图 2.16　转子的拆卸方法

- 拆卸大型电动机的转子时,要用起重设备分段吊出转子。具体方法如下:首先用钢丝绳套住转子两端的轴颈,并在钢丝绳与轴颈之间衬一层纸板或棉纱头。然后起吊转子,当转子的重心移出定子时,在定子与转子的间隙中塞入纸板垫衬,并在转子移出的轴端垫支架或木块搁住转子。最后将钢丝绳改吊转子,在钢丝绳与转子之间塞入纸板垫衬,如图 2.17 所示,就可以把转子全部吊出。

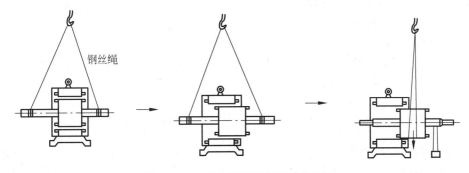

钢丝绳

图 2.17　大型电动机转子的拆卸方法

　　注意:支架、床块或绳子不要吊在铁芯风道上。

　　⑥ 轴承的拆卸。在拆卸轴承时,因轴颈、轴承内环配合度会受到不同程度的削弱。除非必要,一般情况下都不能随意拆卸轴承。轴承的拆卸可以在两个部位上进行,一种是在转轴上拆卸,另一种是在端盖内拆卸。

　　轴承拆卸的常用方法如下。

- 用拉具拆卸:应根据轴承的大小,选好适宜的拉力器,夹住轴承。拉力器的脚爪应紧扣在轴承的内圈上,拉力器的丝杆顶点要对准转子轴的中心,扳转丝杆要慢,用力要均,如图 2.18 所示。

- 用铜棒拆卸：轴承的内圈垫上铜棒，用手锤敲打铜棒，把轴承敲出，如图 2.19 所示。敲打时，要在轴承内圈四周的相对两侧轮流均匀敲打，不可偏敲一边，用力不要过猛。

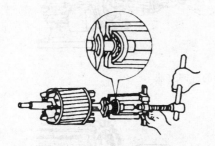 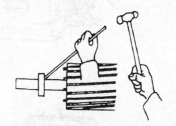

图 2.18　三相电动机的拆卸　　　　　图 2.19　三相电动机的拆卸

- 搁在圆桶上拆卸：在轴承的内圆下面用两块铁板夹住，搁在一只内径略大于转子外径的圆桶上面，在轴的端面垫上铜块，用手锤敲打，着力点对准轴的中心，如图 2.20 所示。圆桶内放一些棉纱头，以防轴承脱下时摔坏转子。当敲到轴承逐渐松动时，用力要减弱。

- 轴承在端盖内的拆卸。在拆卸电动机时，若遇到轴承留在端盖的轴承孔内时，如图 2.21 所示。把端盖止口面朝上，平滑地搁在两块铁板上，垫上一段直径小于轴承外径的金属棒，用手锤沿轴承外圈敲打金属棒，将轴承敲出。

 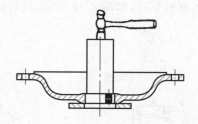

图 2.20　三相电动机的拆卸　　　　　图 2.21　三相电动机的拆卸

- 加热拆卸。因轴承装配过紧或轴承氧化不易拆卸时，可用 100℃ 左右的机油淋浇在轴承内圈上，趁热用上述方法拆卸。

（2）三相笼形异步电动机的装配。三相异步电动机修理后的装配顺序与拆卸时相反。装配时要注意拆卸时的一些标记，尽量按原记号复位。装配前应检查轴承滚动件是否转动灵活而又不松动。再检查轴承内与轴颈、外圈与端盖、轴承座孔之间的配合情况和光洁度是否符合要求。

① 安装前的准备工作。

- 将轴承和轴承盖用煤油清洗后，检查轴承有无裂纹，滚道内有无锈迹等。

- 再用手旋转轴承外圈，观察其转动是否灵活、均匀，然后来决定轴承是否要更换。

- 如不需要更换，再将轴承用汽油洗干净，用清洁的布擦干待装。更换新轴承时，应将其放在 70～80℃ 的变压器油中，加热 5min 左右，待全部防锈油溶去后，再用汽油洗净,用洁净的布擦干待装。

② 几种常用的安装方法。

• 敲打法。把轴承套到轴上,对准轴颈,用一段铁管,其内径略大于轴颈直径,外径略大于轴承内圈的外径,铁管的一端顶在轴承的内圈上,用手锤敲铁管的另一端,把轴承敲进去,如图 2.22(a)所示。如果没有铁管,也可用铁条顶住轴承的内圈,对称地、轻轻地敲,轴承也能水平地套入转轴,如图 2.22(b)所示。

(a) 用铁管轻敲轴承　　　　　　　　(b) 用铁片轻敲轴承

图 2.22　敲打法安装轴承

• 热装法。如配合度较紧,为了避免把轴承内环涨裂或损伤配合面,可采用热装法。首先将轴承放在油锅(或油槽内)里加热,油的温度保持在 100℃左右,轴承必须浸没在油中,但不能和锅底接触,可用铁丝将轴承吊起架空,如图 2.23(a)所示。加热要均匀,30~40min 后,把轴承取出,趁热迅速地将轴承一直推到轴颈。在农村可将轴承放在 100W 灯泡上烤热,1h 后即可套在轴上,如图 2.23(b)所示。

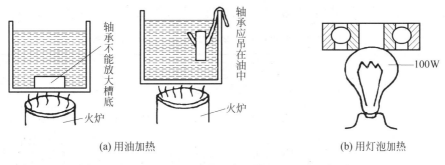

(a) 用油加热　　　　　　　　　　　(b) 用灯泡加热

图 2.23　热装法安装轴承

③ 装配时注意事项。

• 装配地点一定要严格地保持清洁。所有零部件、绕组端部、转子表面和各接触面都必须干净。不得有油污和斑点。风道和定子膛内不得有杂物或遗留物。

• 将轴承内盖、滚动轴承、风扇等装到转子上后,再装入定子,装上端盖。

• 装端盖时,可用木锤均匀敲击四周。按对角线均匀对称的轮番拧紧螺栓(不可一次拧到底,一次拧半圈)。装上的端盖应符合拆卸时的标记。

• 装好端盖后,用手盘动转子,转子应转动灵活、均匀,无停滞或偏重现象。确认装配正确后,再装上轴承外盖和联轴器。

• 在装胶带轮前,用砂纸将机轴和胶带轮轴孔打磨光滑,然后将胶带轮套在轴上并对准键槽位置,垫着硬木块用锤子将键轻轻打入槽内。

- 再次用手盘动转子,如果转动部分没触及固定部分,并且转子的偏移值正常,则装配工作即告完成。

(3) 三相笼形异步电动机装配后的检验。电动机装配完成后,应做如下的检验。

① 检查电动机的转子转动是否轻便灵活,如转子转动比较沉重,可用紫铜棒轻敲端盖,同时调整端盖紧固螺栓的松紧程度,使转子转动灵活。

② 检查电动机的绝缘电阻值,用兆欧表摇测电动机定子绕组相与相之间、各相对机壳之间的绝缘电阻。其绝缘电阻值不能小于 $0.5\text{M}\Omega$。

③ 根据电动机的铭牌标示检查电源电压接线是否正确,并在电动机外壳上安装好接地线,用钳形电流表分别检测三相电流是否平衡。

④ 用转速表测量电动机的转速。

⑤ 让电动机空转运行半个小时后,检测机壳和轴承处的温度,观察振动和噪声。

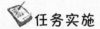 **任务实施**

1. 任务要求

通过本任务的实施,了解电动机的电动机的基本构造、铭牌、主要参数和性能,熟练地使用常用电工工具,完成一台电动机的拆卸和装配,并对装配好的电动机进行检验。提交拆卸与装配的相关情况记录表。

2. 仪器、设备、元器件及材料

完成本任务所需要的仪器、设备、工具拉材料清单见表 2.2。

表 2.2 三相异步电动机拆装仪器、设备、工具拉材料清单

材 料 名 称	材料规格与型号	数量	备注
电工常用工具	测电笔、螺钉旋具、尖嘴钳、剥线钳和电工刀等	1 套	自备
兆欧表	ZC25 型、500V	1 块	
钳形电流表	MG24	1 只	
拆装工具	拉具、纯铜棒、木锤、钢套筒、毛刷	1 套	
三相笼形异步电动机	Y112M-4	1 只	
清洗油和润滑油		若干	
万用表	MF-47 型	1 块	

3. 任务原理与说明

(1) 拆卸顺序。根据三相笼形电动机的结构,其拆卸应该按如下的顺序进行:切断电源→拆掉连接线→卸下地脚螺栓→卸下前轴承外盖和前端盖→卸下风罩和风扇→卸下后轴承外盖和端盖→抽出或吊出转子。

装配则按相反的顺序进行。

（2）拆装过程中的注意事项。

① 拆、装转子时，一定要遵守要点的要求，不得损伤绕组，拆前、装后均应测试绕组绝缘及绕组通路。

② 拆、装时不能用手锤直接敲击零件，应垫铜、铝棒或硬木，对称敲。

③ 装端盖前应用粗铜丝，从轴承装配孔伸入勾住内轴承盖，以便于装配外轴承盖。

④ 用热套法装轴承时，只要温度超过 100℃，应停止加热，工作现场应放置 1211 灭火器。

⑤ 清洗电机及轴承的清洗剂（汽、煤油）不准随使乱倒，必须倒入污油井。

4. 任务内容及步骤

（1）读三相异步电动机铭牌上的数据，熟悉异步电动机的外形结构及各引线端，并做好数据记录（见表 2.3）。

表 2.3　三相异步笼形电动机铭牌数据记录表

名称	数据或说明	名称	数据或说明
型号		皎洁	
功率		转速	
电压		频率	
电流		温升	
工作方式		绝缘等级	
重量			

（2）拆装三相交流异步电动机，并记录相应步骤。

① 准备好拆卸工具，特别是拉具、套筒等专用工具。

② 选择和清理拆卸现场。

③ 熟悉待拆电动机结构及故障情况。

④ 做好标记。

• 标出电源线在接线盒中的相序。

• 标出联轴器或皮带轮在轴上的位置。

• 标出机座在基础上的位置，整理并记录好机座垫片。

• 拆卸端盖、轴承、轴承盖时，记录好哪些属负荷端，哪些在非负荷端。

⑤ 拆除电源线和保护接地线，测定并记录绕组对地绝缘电阻。

⑥ 拆下电动机机座地脚螺母，将电动机搬至修理拆卸现场。

⑦ 进行拆装，将拆装的相关情况记录在表 2.4 中。

表 2.4 三相异步电动机折、装及检验情况记录表

步骤	拆装内容	工艺要点	结 论
1	准备工作	拆卸前记录： (1) 拆卸前通电运行是否正常 (2) 拆卸记号 1) 带轮的正面记号_____，反面记号_____。 2) 联轴器或带轮的轴伸端尺寸_____mm 3) 前轴承记号_____，后轴承记号_____。	
2	拆装顺序	(1) _____ (2) _____ (3) _____ (4) _____ (5) _____ (6) _____	
3	拆卸联轴器或带轮	(1) 使用工具： (2) 工艺要点：	
4	轴承的拆装	(1) 使用工具： (2) 工艺要点：	
5	端盖的拆装	(1) 使用工具： (2) 工艺要点：	
6	装配后的检验	(1) 转子转动是否轻便灵活 (2) 摇测电动机定子绕组相间和相地间绝缘电阻 $R_{UV}=$_____，R_{VW}_____，$R_{WU}=$_____， $R_U=$_____，$R_V=$_____，$R_W=$_____ (3) 通电运行：转速是否均匀_____，转速=_____ r/min，检查机壳是否过热_____，轴承有无异常声音	

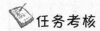

任务考核

技能考核任务书如下。

三相异步电动机拆卸与装配任务书

1. 任务名称

三相异步电动机的拆卸与装配。

2. 具体任务

有一台机三相笼形异步电动机发生机械故障，需要进行拆卸检修，请按规范对该电动机进行拆卸（拆下转子为止，不需要拆下线圈），并在完成检修后，按规范进行组装。

3. 工作规范及要求

(1) 做好拆卸前的准备工作，读出并记录电动机的铭牌数据。

(2) 按正确顺序进行拆卸。

要求正确使用各种工具，按顺序拆卸电动机的各部件，不损伤电动机的任何部分。

(3) 按正确顺序进行装配。

(4) 装配完成后，对电动机进行检验。

(5) 提交拆、装情况记录表。

4. 考点准备

考点提供的材料、工具清单见表 1.1。

5. 时间要求

本任务操作时间为 120min，时间到立即终止任务。

针对考核任务，相应的考核评分细则参见表 2.5。

表 2.5　评分细则

序号	考核内容	考核项目	配分	评分标准	得分
1	电动机拆卸	正确使用拆卸工具，按正确顺序和方法，对三相笼形电动机进行拆卸。	25	1）拆卸步骤不正确，每次扣 5 分 2）拆卸方法不正确，每次扣 5 分 3）工具使用不正确，每处扣 5 分	
2	电动机组装	正确使用拆卸工具，按正确顺序和方法，对三相笼形电动机进行拆卸。	25	1）装配步骤不正确，每次扣 5 分 2）装配方法不正确，每处扣 5 分 3）一次装配后不符合要求，重装。扣 10 分	
3	清洗与检查	合理选用材料对电动机的各部件进行清洗与检查	20	1）轴承清洗不干净扣 5 分 2）润滑脂油量过多或过少扣 5 分 3）定子内腔和端盖处未做除尘处理或清洗扣 5 分	
4	通电试转	检查无误后，正确接线进行通电试机。	10	1）未作装配后的检验扣 10 分 2）一次试转不成功扣 5 分 3）二次通电不成功扣 10 分	
5	拆装情况记录表	正确填写折半情况记录表	10	没有按照要求完成或内容不正确扣 5 分	
3	安全文明生产	材料摆放零乱；违反安全文明生产规程扣 5 分	10	违反安全文明生产酌情扣分。	
	合计		100 分		

注：每项内容的扣分不得超过该项的配分。

任务拓展

1. 三相异步电动机的选择

（1）类型的选择。三相异步电动机有笼形和绕线型两种。笼形电动机结构简单，价格便宜，运行可靠，使用维护方便，如果没有特殊要求，一般应用场合应尽可能选用鼠笼式电动机。例如水泵、风机、运输机、压缩机以及各种机床的主轴和辅助机构，绝大部分都可用三相笼形异步电动机来拖动。绕线型异步电动机启动转矩大，启动小，并可在一定范围内平滑调速，但结构复杂，价格较高，使用和维护不便。所以只有在启动负载大和有一定调速要求，不能采用笼形电动机推动的场合，才采用绕线型电动机。例如某些起重机、卷扬机、轧钢机、锻压机等，可选用绕线型异步电动机。

（2）功率的选择。电动机的额定功率是由生产机械所需的功率决定的。如果额定功率选得过大，不但电动机没有充分利用，浪费了设备成本，而且电动机在轻载下工作，其运行效率和功率因数都较低，也不经济；但如果额定功率选得太小，将引起电动机过载，甚至堵转，不仅不能保证生产机械的正常运转，还会使电动机温升超过允许值，过早损坏。

电动机的额定功率是和一定的工作制相对应的。在选用电动机时，应考虑电动机的实际工作方式。基本的工作制有"连续 S_1"、"短时 S_2"和"断续 S_3"三种。专门用于断续工作的异步电动机为 YZ 和 YZR 系列。

对于连续运行的电动机,所选功率应等于或略大于生产机械的功率。

对于短时工作的电动机,允许在运行中有短暂的过载,故所选功率可等于或略小于生产机械的功率。

(3)额定电压的选择。电动机的额定电压应根据使用场所的电源电压和电动机的功率来决定。一般三相电动机都选用额定电压为 380V,单相电动机都选用额定电压为 220V。根据电动机的类型、功率以及使用地点的电源电压来决定。

Y 系列鼠笼电动机的额定电压只有 380V 一个等级。大功率电动机才采用 3000V 和 6000V。

(4)额定转速的选择。额定功率相同的电动机,电动机和传动机构额定转速越高,则额定转矩越小,且转速高的电动机体积也小,价格低。但是电动机是用来拖动机械负载的,生产机械的转速一般是由生产工艺的要求所决定的。如果生产机械的运行速度很低,选用的电动机转速很高,则必然增加减速传动机构的体积和成本,机械效率因此而降低。因此,必须全面考虑电动机和传动机构各方面因素,才能确定最合适的额定转速。通常采用较多的是同步转速为 1500r/min 的异步电动机(四极)。

(5)结构型式的选择。根据工作环境的条件选择不同的结构形式,如开启式、防护式、封闭式、防爆式电动机。

- 开启式:在结构上无特殊防护装置,通风散热好,价格便宜,适用于干燥无灰尘的场所。
- 防护式:在机壳或端盖处有通风孔,一般可防雨、防溅及防止铁屑等杂物排入电机内部,但不能防尘、防潮,适用于多且较干燥的场所。
- 封闭式:外壳严密封闭,能防止潮气和灰尘进入,适用于潮湿、多尘或含有酸性气体的场所。
- 防爆式:整个电机(包括接线端)全部密封,适用于有爆炸性气体的场所。例如在石油、化工企业及矿井中。

2. 三相异步电动机定子绕组首尾端的判别

当三相定子绕组重绕以后或将三相定子绕组的连接片拆开以后,此时定子绕组的六个出线头往往不易分清,则首先必须正确判定三相绕组的六个出线头的首末端,才能将电动机正确接线并投入运行。

对装配好的三相异步电动机定子绕组,用 36V 交流电源法和剩磁感应法判别出定子绕组的首尾端。

(1)36V 交流电源法判别绕组首尾端

① 用万用表欧姆挡(R×10 或 R×1)分别找出电动机三相绕组的两个线头,做好标记。

② 先给三相绕组的线头做假设编号 U1、U2;V1、V2;W1、W2,并把 V1、U2 按图 2.24 所示连接起来,构成两相绕组串联。

③ 将 U1、V2 线头上接万用表交流电压挡。

④ 在 W1、W2 上接 36V 交流电源,如果电压表有读数,说明线头 U1、U2 和 V1、V2 的编号正确。如果无读数,则把 U1、U2 或 V1、V2 中任意两个线头的编号对调一下即可。

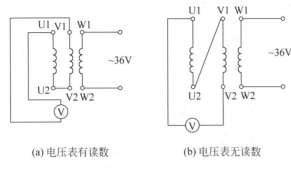

(a) 电压表有读数　　　　　(b) 电压表无读数

图 2.24　交流电源法判别首尾端

⑤ 再按上述方法对 W1、W2 两个线头进行判别。

（2）用剩磁感应法判别绕组首尾端

① 用万用表欧姆挡分别找出电动机三相绕组的两个
线头，做好标记。

② 先给三相绕组的线头做假设编号 U1、U2；V1、
V2；W1、W2。

③ 按图 2.25 所示接线，用手转动电动机转子。由于
电动机定子及转子铁芯中通常均有少量的剩磁，当磁场
变化时，在三相定子绕组中将有微弱的感应电动势产生。

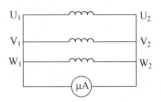

图 2.25　剩磁法法判别首尾端

此时若并接在绕组两段的微安表（或万用表微安挡）指针不动，则说明假设的编号是正确的；
若指针有偏转，说明其中有一相绕组的首尾端假设标号不对。应逐一相对调重测，直至正确
为止。

 思考与练习

1. 三相异步电动机主要由哪几个部分组成？各部分的主要作用是什么？

2. 电动机的接线方式有哪几种？怎样进行在接线盒中的接线？

3. 拆卸电动机前应该怎样做好标记？

4. 简述三相异步电动机的拆卸步骤。

5. 如何拆卸带轮或联轴器？

6. 怎样拆卸电动机的转子？

7. 轴承的拆卸方法有哪些？

8. 装配电动机前应做好哪些准备工作？

9. 电动机装配完成后应该怎样检验？

任务 2.2　三相异步电动机的故障分析与维护

任务描述

三相异步电动机应用广泛，使用频繁，而且有的电动机需要长期运行，这必然会导致发

生各种故障,及时分析故障原因,判断故障部位,并进行相应处理,是防止故障扩大,保证设备正常运行的一项重要的工作。因此,必须掌握三相异步电动机的故障分析与维修的基本知识与技能。

 任务分析

- 知识点:三相异步电动机的工作原理、三相电动机的故障故障分析、检修与维护方法。
- 技能点:三相电动机的故障分析、检修与维护。

任务资讯

1. 三相异步电动机的工作原理

(1)定子绕组产生旋转磁场。设三相异步电动机的三相定子绕组用三个线圈 U1－U2、V1－V2、W1－W2 表示,在空间互差 120°电角度,并接成 Y 形连接,如图 2.26(a)所示,图(a)为对称三相绕组。把三相绕组接到三相交流电源上,三相绕组便有三相对称电流流过。假定电流的正方向由线圈的始端流向末端,流过三相线圈的电流分别为:

$$i_U = I_m \sin\omega t$$
$$i_V = I_m \sin(\omega t - 120°)$$
$$i_W = I_m \sin(\omega t + 120°)$$

其波形如图 2.27(b)所示。

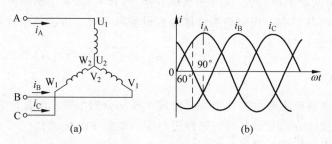

图 2.26 三相对称电流

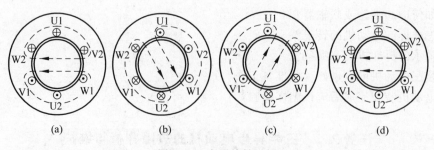

图 2.27 定子旋转磁场

由于电流随时间作周期性变化,所以电流流过线圈产生的磁场分布情况也随时间作周期性变化。

① 当 $\omega t = 0°$ 瞬间,由图 2.26(b)可知, $i_U = 0$,U 相没有电流流过, Q_2 为负,表示电流由末端流向首端(即 V_2 端为 $\otimes$, V_1 端为 $\odot$); i_W 为正,表示电流由首端流入(即 W_1 端为 $\otimes$, W_2 端为 $\odot$),如图 2.27(a)所示。这时三相电流所产生的合成磁场方向由"右手螺旋定则"判得为水平向右。

② 当 $\omega t = 120°$ 瞬间,由图 2.26(b)可知: i_U 为正, $Q_2 = 0$, i_W 为负,用同样方式可判得三相合成磁场顺相序方向旋转了 120°,如图 2.27(b)所示。

③ 当 $\omega t = 240°$ 瞬间, i_U 为负, Q_2 为正, $i_W = 0$,合成磁场又顺相序方向旋转了 120°,如图 2.27(c)所示。

④ 当 $\omega t = 360°$ (即为 0°)瞬间,又转回到①的情况,如图 2.27(d)所示。

旋转磁场的转速:

$$n_1 = \frac{60 f_1}{p}$$

式中, f_1 为电网频率, p 为磁极对数(n_1 单位为 r/min)。对已制成的电机, p 为常数,则 n_1 与 f_1 成正比,即决定旋转磁场转速的唯一因素是频率,故有时亦称 n_1 为电网频率所对应的同步转速。我国电网频率为 50Hz,故 n_1 与 p 具有如表 2.6 所示关系。

表 2.6　同步转速与磁极对数的关系

p	1	2	3	4	4	6
Q_2 (r/min)	3000	1500	1000	750	600	500

(2)转子绕组在旋转磁场中产生感应电流。转子绕组在旋转磁场切割磁力线,产生感应电动势,由于转子绕组自身闭合,便有电流流过,其方向由"右手螺旋定则"确定。电流方向与电动势方向相同,如图 2.28 所示。

(3)转子绕组中的感应电流受旋转磁场作用产生电磁转矩。转子绕组感应电流在定子旋转磁场作用下,产生电磁力,其方向由"左手定则"判断,如图 2.28 所示。该力对转轴形成转矩(称电磁转矩),电磁转矩的大小与电源电压的平方成正比,方向与定子旋转磁场(即电流相序)一致,在电磁转矩的驱动下,电动机(转子)以 n 的速度顺着旋转磁场的方向旋转。

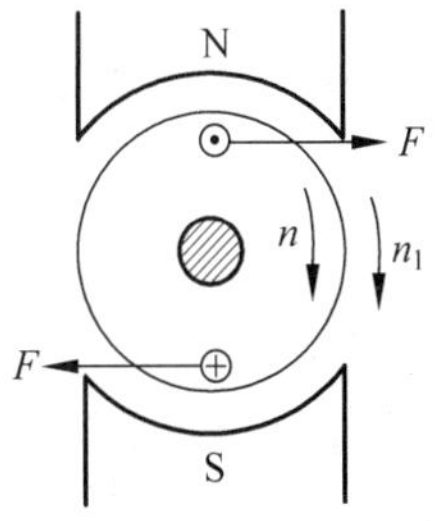

图 2.28　转子转动的原理图

在额定功率时,输出的额定转矩与转速之间有如下关系:

$$T_N \approx 9550 \frac{P_N}{n_N}$$

异步电动机转速 n 恒小于定子旋转磁场转速 n_1 ,只有这样,转子绕组与定子旋转磁场之间才有相对运动(转速差),转子绕组才能感应电动势和电流,从而产生电磁转矩。因而 $n \leq n_1$ (有转速差)是异步电动机旋转的必要条件,异步的名称也由此而来。

异步电动机的转速差 $(n_1 - n)$ 与旋转磁场转速 n_1 的比率,称为转差率,用 s 表示。

$$s = \frac{n_1 - n}{n_1}$$

转差率是分析异步电动机运行的一个重要参数,他与负载情况有关。当转子尚未转动

（启动瞬间）时，$n_1=0$，$s=1$；当转子转速接近于同步转速（空载运行）时，$n_1 \approx n$，$s \approx 0$。因此对异步电动机来说，s 是在 $1 \sim 0$ 范围内变化。异步电动机负载越大，转速越慢，转差率就越大。负载越小，转速越快，转差率就越小。

正常运行范围内，异步电动机的转差率很小，仅在 $0.01 \sim 0.06$ 之间，异步电动机转速很接近旋转磁场转速。

（4）三相异步电动机的换向与转速。

① 三相异步电动机的换向。三相异步电动机的旋转方向取决于定于旋转磁场的旋转方向，并且两者的方向相同。只要改变旋转磁场的方向，就能使三相异步电动机反转。因此，将三相接线端中的任意两相接线端对调，改变三相顺序，就改变了旋转磁场的方向，从而实现三相异步电动机换向。

② 三相异步电动机的转速

根据 $n_1 = \dfrac{60 f_1}{p}$ 和 $T_N \approx 9550 \dfrac{P_N}{n_N}$ 可知三相异步电动机的转速为：

$$n = (1-s)n_1 = (1-s)\frac{60 f_1}{p}$$

2. 三相异步电动机的常见故障分析

三相异步电动机的故障一般可分为电气故障和机械故障。电气故障主要是指带电体及其附属机构，包括定子绕组、转子绕组、电刷等故障；机械故障主要指非带电体的故障，包括轴承、风扇、端盖、转轴、机壳等故障。

三相异步电动机常见故障分析与处理方法如下。

（1）电动机不能启动的主要原因。有三个方面：一是负载方面的故障，二是电机本身的故障，三是启动方法或电气接线错误。具体原因如下。

① 负载过重。对常用的三相笼形异步电动机，启动转矩通常只有额定转矩的 $1.5 \sim 2$ 倍，如果负载所需的启动转矩超过了电动机的启动转矩，那就不能启动了，可能是电动机容量选择过小。选择合理的情况下，应从以下几方面去查找。

- 被拖动的机械有卡阻故障：水泵的轴弯曲、叶轮与泵壳摩擦、填料压的过紧、叶轮中堵有杂物或者水中泥沙过多等。风机的轴弯曲、风轮与外壳摩擦、叶片被杂物堵塞等，都可能使电动机严重过载而不能启动。

- 传动装置安装合理：电动机与工作机械经常用联轴器、传动带、齿轮的传动装置。如果传动装置安装合理，就会发生一个很大的附加阻力矩，使电动机不能启动，对不同的传动方式，安装技术要求是不同的，对联轴器传动，要求电动机转子轴与工作机械轴的中心尽量在一条直线上；对带传动，应使两轴尽量平行；对齿轮传动，应使齿轮啮合良好。

② 电机机械故障：电机自身如有卡阻等机械故障，也可能使电动机无法启动。如电动机轴承磨损、烧毁，润滑脂冻结、灰尘杂物堵塞等，都会使摩擦阻力增加转动不灵活，尤其是使用 Y—△ 换接启动时，启动转矩只有直接启动的 1/3，遇到这种机械卡阻就更不容易启动了，更严重的转子与定子相摩擦时接通电源后，电动机发出强烈的"嗡嗡"声响，转子根本不能启动，如不立即断开电源电机就会烧毁。

造成这种故障的原因如下：

- 轴承内套与电动机转轴临时磨损不保养，使间隙加大。
- 定子绕组的某一局部发生短路或断路，使气隙中的磁场严重不对称，转子受力也不对称，转子被拉向一侧，这样，气隙磁场更不对称，加剧了转子被拉向一侧的力量。久而久之，使转子与定子相碰。

③ 电动机一相断线：电动机一相断线包括两种情况，一是外部断线或断一相电源，二是电动机内部绕组一相断线，电动机一相断线后，变成了单相运行，单相电流产生的磁场是大小变化空间方向不变的磁场，无法使电动机启动。

如果电动机在运行过程中一相断线，电动机仍能运转但转速将明显降低。因为单相电流产生大小变化，空间方向不变的磁场，可以认为是两个旋转方向相反、大小相等的旋转磁场。当电动机已在旋转，由于惯性力加强了正方向的旋转磁场，从而使电动机仍能按原来的旋转方向继续运行。但电动机的功率已大大下降。三相异步电动机断相运行时只能承担额定负载的 60%～70%，所以若电动机在断相过载运行，时间稍长将使电动机发热严重。断相运行故障表现为定子三相电流严重不平衡，运行声音异常，电动机显得没有"力气"。电动机停车后再接通电源时，不能启动并发出嗡嗡声。

④ 电源电压低：电源电压降低后，电动机的电磁转矩按电压平方值的比例下降，转速也降低。电磁转矩与电压的平方成正比。因此电压过低将使电机输出机械转矩大大降低。当这一转矩小于工作机械的启动转矩时，电机将不能启动。因此应提高电源电压。

⑤ 电源容量缺乏：电机启动时会产生很大的启动电流。此电流一方面使供电线路的电压损失加大，另一方面使电源设备输出电压下降。常用的电源，一是来自电网，经配电变压器供电；二是自备柴油发电机供电。对变压器来说，大电流将使得其内部压降加大，输出电压下降，导致断路器跳闸，熔丝熔断，电机不能启动。对发电机来说，大电流使得去磁作用增加，在励磁电流供不上的情况下，发电机输出电压也将大大降低，导致电机不能启动。为了保证电机的正常启动，一般来说，允许直接启动的单台发电机的容量不能超越变压器容量的 20%：30%，不能超越发电机容量的 10%：15%，否则应采用减压启动。

⑥ 启动方式的选择或接线不正确。

- 减压启动的基本出发点是降低启动电流，但使得启动转矩降低。如果启动电压过低，（例如丫-△启动），但使得启动转矩降低了 1/3；自耦减压启动器抽头位置选择不合适，启动电压过低。
- 启动器内部接线错误或者触头接触不良，都有可能使电动机不能启动。

⑦ 电动机控制线路有故障。用接触器、继电器、断路器等类开关直接启动的电动机，一般都是通过自控线路控制开关的电磁铁使开关动作的，如果控制线路有故障，开关合不上，则电动机也不能启动。

（2）电动机转速低。

① 电源频率偏低。电源频率降低，将直接影响到电动机的转速。

根据 $n_1 = 60f_1/p$ 和 $S = \dfrac{n_1 - n}{n_1}$ 可知三相异步电动机的转速为：

$$n = (1-s)n_1 = (1-s)\frac{60f_1}{p}$$

当电源频率降低时,转速下降。

② 负载过重。当负载过重时,要求输出转矩增大,为了满足功率的平衡,电动机转速必然下降。

③ 运行中一相断线。一相断线后,除三角形连接绕组内部一相断线外,电动机不能启动,但如果在运行过程中一相断线,电动机仍能转动,只是转速明显降低。这是因为:电动机一相断线后,变成了单相运行,单相电流产生的磁场是一个大小变化空间方向不变的磁场,可以认为是两个旋转方向相反、大小相等的旋转磁场。当电动机已经在转动,由于惯性力加强了正方向的旋转磁场,从而使电动机仍能按原来的旋转旋转方向继续运行。但因为是单相运行,电动机的功率大大下降,转速必然下降。

④ 电源电压降低。电动机的电磁转矩按电压平方的比例下降,电源电压降低后,转速降低。

⑤ 接线错误。如果将三角形连接的电动机错误地接成星形连接,则加在每相绕组上的电压只有额定值的1/3,在轻负载时可以启动,但启动后转速将大大降低。

⑥ 定子绕组存在匝间短路。这种情况将使电动机不能工作。但多数情况是绕组中有一局部线匝短路称为匝间短路短路线不能工作。虽然电机能启动,但输出功率下降了,电机的转速将因匝间短路的严重水平不同而相应降低。

引起匝间短路的原因有:

- 绝缘受潮。对于那些临时备用的电动机,以及那些临时工作在地下坑道、水泵房等潮湿场所的电动机,容易受潮,使层间绝缘性能降低,造成匝间短路。
- 绝缘老化。电机使用时间较久或者临时过载,在热及电场作用下,使绝缘逐渐老化,如分层、枯焦、龟裂、酥脆等都属于老化现象,这种劣化的绝缘资料在很低的过电压下就容易被击穿。
- 长期运行时聚集灰尘过多,加上潮气的侵入,引起外表爬电而造成匝间短路。

⑦ 定子绕组单相接地:三相四线制供电系统中,零线是接地的,有些 Y 形连接电动机的中性点也是接地的。因此,绕组的接地,相当于一局部线匝短接了,这与前述匝间短路情况是一样的,同样造成转速的降低。特别是接地处的电弧,线路没有可靠维护时,可能迅速发展为匝间短路,造成绕组接地的原因与匝间短路基本一致。此外,由于电动机内部残留的铁粉末没有清扫干净,这些铁粉在磁场的作用下,会受到一种向绕组内部的钻孔作用,使其绝缘击穿。如果铁粉末颗粒过大,还会在其中发生涡流发热,致使电动机全部损坏。所以一定要将电动机内部清扫干净。

⑧ 定子绕组内部断线:异步电机的每相绕组一般由多个绕组并联而成,如果其中的并联绕组断线,使这一绕组不能工作,则电机的速也会降低。绕组断线的原因是由于其焊接质量不高,经多次弯折而断线,多数情况是由于短路、接地等故障产生的高热、大电流电动力增加而造成的。

⑨ 笼形转子断条:笼形转子比较坚固,故障很少,但有时也呈现断条现象。断条以后转子导体内感应的总电流小了并且不对称,使得电磁转矩下降转速降低。同时定子电流波动,电机出现振动等现象。

断条故障一般发生在笼条与短路端环连接处,其原因有:电机频繁启动或重载启动、冲击性负载的影响、制造质量不高、笼条与端环焊接不牢等。

⑩ 定子绕组一相接反：定子三相绕组首尾连接正确时，随着各相电流大小、方向依次变化，发生的磁场是以同步转速旋转的，如果一相绕组的头尾接反了，就会使磁场不能规则地旋转，大大削弱了旋转磁场拖动转子的力，使其转速下降。与此同时，转子在不规则力的作用下，将发生剧烈振动，并在转子中产生很大的附加电流，使电动机过热。首尾接反的故障现象明显，通常发生在新投入使用或经过修理后第一次使用时，比较容易判别。寻找首尾是否接反相可利用检查极性的原理进行。首先将三相绕组的六个头分开，找出三个绕组，然后处置。查找方法有交流电压法、直流电压法及剩磁法等。

（3）电动机过热甚至冒烟。

① 造成电动机过热的内部原因。使电动机发生过热的内部原因，主要有三相定子绕组的短路、断路；三相定子绕组接错；轴承及定子与转子铁芯相摩擦等。

• 三相定子绕组发生短路或断路。

a）三相定子绕组匝间短路及对地（机壳）短路或漏电。长期运行的三相异步电动机，由于其定子绕组受电流热效应的影响及受潮等因素，使其绕组的绝缘性能降低或损坏，容易发生绕组的匝间，或对其铁芯的短路与漏电现象。匝间短路会使绕组的直流电阻与交流阻抗减小，在电压不变的情况下导致定子绕组中电流的增大，从而引起电动机过热现象的发生。同时还会进一步地降低绕组的绝缘性能，扩大匝间短路范围，使定子绕组电流再度增加，直至电动机产生严重过热而烧坏。

三相定子绕组对地短路或漏电现象的出现，使三相定子绕组在额定电流的基础上又增加了一个对地电流，同样会造成电动机的过热或损坏，与此同时还会造成工作人员的间接触电危险。

如果出现前述的匝间或对地短路现象，还会使三相定子绕组中的电流出现不平衡。

对于因绕组绝缘性能下降而造成的匝间或对地短路、漏电现象等，若出现在绕组内部较轻微的，可以通过重新浸漆后烘干的方式来恢复电动机定子绕组绝缘性能的方法。而在绕组端部的可以采用适当的绝缘材料，用包缠或衬垫的方式恢复绝缘。

对于定子绕组匝间短路较多且严重的，采用上述方法又无法恢复其绝缘性能的，则必须采取更换绕组的措施修复电动机。

b）定子绕组断路。在启动或运行中的三相异步电动机，如果因某种原因造成一相定子绕组断路的现象，在很短的时间内就可以使剩余的两相定子绕组的电流迅速增加而过热，将电动机烧坏。尤其是带额定负载启动或运行的电动机更是如此，这是因为在额定负载情况下，由于电动机缺少了一相电源形成的单相启动或单相运行（又称缺相），使其两相定子绕组中的电流迅速增大所致。

造成一相定子绕组（或电源）断路的原因有：在电动机内部主要是接线盒中电源线或绕组线端，因紧固不牢等造成松脱或脱落，或线圈连接处脱焊等，更多的是电动机外部原因所造成的，例如：主回路中的一相熔断器熔体熔断或接触器主取决于头一对接触不良等。

对于定子绕组的可见部分或接线盒等部位出现的断路及熔体熔断，触点接触不良等，发现的可以立即接好、紧固牢或者更换元件等进行修复。而线圈内部断路通常采用更换线圈的大修办法。如果发生两相定子绕组断路的情况，短时内虽不能损坏电动机，但不能使电动机启动或运行。

* 三相定子绕组连接错误。

a) 若将三相定子绕组为星形（Y）接法的电动机误接为三角形使用，则使三相定子绕组实际承受的电压超过其额定电压，结果使三相定子绕组中的电流也相应增大，造成电动机的过热损坏。

b) 如将三相定子绕组中的一相绕组接反时，会造成三相定子绕组的电压和电流出现严重不平衡，接反的一相绕组首先损坏。

对于两种错接三相定子绕组的情况是不允许出现的。这种情况主要发生于检修之后对三相定子绕组进行重新连接的过程中。对此，一般应经过认真的检查或试验，防止上述情况的发生。

c) 轴承故障引起的过热，电动机轴承内的润滑油太多或太少，不仅影响电动机的润滑作用，还会造成一定程度的电动机发热。如果长期连续运行的电动机轴承中润滑油干涸，会引起电动机端部的较为严重的过热现象。轴承的滚珠磨损或破裂不仅会引起电动机的发热，还伴随着出现不正常的响声。由轴承故障造成电动机的过热，一般首先从故障轴承的一端发热开始，因此也较容易查找，通过对电动机的小修即可排除，例如通过清洗轴承重新换润滑油或更换新轴承的方法。

d) 定子与转子铁芯相摩擦。通常将定子与转子铁芯相摩擦的现象称之为扫膛。由于高速旋转的转子铁芯与定子铁芯相摩擦，使电动机发生过热。其原因主要有：转子轴因某种原因发生弯曲；轴承盖松动或上下、左右位移引起，与此同时也会因定子与转子铁芯之间的气隙不均匀使电动机发热。对此可以通过电动机的小修加以解决，如转轴弯曲应通过校直的方法等。

e) 造成电动机过热的其他内部原因。除上述几种使电动机发热或过热的原因之外，还有电动机通风散热不良、铁芯材料质量等因素等都会引起电动机过热现象。

② 电动机外部因素引起的过热。使电动机发生过热的外部因素很多，这里仅就常见的主要因素进行分析。

* 电动机的过载运行。长期连续运行的电动机所带负载超过其额定值时，使其三相定子绕组的实际电流长期超过额定电流值，从而造成电动机的过热，甚至烧坏电动机；严重过载运行的电动机转速降低，或发生堵转造成电动机迅速烧坏。电动机过载运行的原因，一是选用的电动机功率（或容量）过小，二是电动机运行中发生机械传动部分的卡阻等情况，对此应查清具体原因，采取适当的措施，使电动机恢复正常运行。

* 电源电压过高或过低。如果电动机三相实际电源电压高于该电动机的额定电压值或超过其允许的波动范围，在电动机其它参数不变的情况下，三相定子绕组中的电流势必增大，造成电动机的温升过高。在实际生产中已出现过由于三相电源电压过高经常损坏电动机的事例。若电动机的三相电源电压过低，并低于其允许的范围时，会造成电动机电磁转矩的下降，转差率增大。在此情况下要维持电动机的正常运行，必须以增大电动机定子绕组的电流来提高转子的输出转矩。结果造成电动机的过热或损坏。

总之，无论是三相异步电动机的电源电压过高或过低，对电动机长期安全可靠运行都是不利的。而在实际运行中,对电动机的过热原因的分析与检查时,在无其他明显的现象或原因的情况下,首先要检测电动机三相电源电压的高低或三相定子电流的大小。在确定电源电压或电流均为正常后,再查找其他的致热原因。而对于电动机电源电压过高或过低的情况,一般都是通过调整电力变压器调压开关的方法解决。

- 缺相启动或缺相运行。缺相(或称为单相)启动或运行的三相异步电动机,都会出现不正常的嗡嗡声,使电动机不能启动,或使运行中的电动机转速迅速下降,直至停转(又称堵转),与此同时造成电动机迅速发热或冒烟烧坏。造成这种故障的原因除前面所述的电动机内部故障之外,更多的是由电动机外原因所造成的,如电源导线断裂、过载保护的热继电器的热元件一相脱焊等。
- 引起电动机过热的其他原因。造成三相异步电动机过热的原因除上述外还有:全压启动的电动机的频繁启动或较多的正反转操作、三相定子绕组的电压或电流严重不平衡、转子断路(绕组)或断条等都会引起电动机的过热现象的发生。

(4) 电动机响声异常和剧烈振动。电动机运行时会产生轻微的振动和均匀的响声。如果振动剧烈,声音极大,并忽高忽低,噪杂无章,就属于不正常。这种现象是前面叙述的种类故障的一种直观表现形式,但也有一部分是属于另外的原因,归纳起来有以下几方面。

① 负载及安装方面的原因。
- 负载机械有故障或不正常;如有卡阻、负载不平衡、冲击性负载等,振动大,传给负载,使负载也随之振动。
- 电动机与工作机的中心校准不精确,使电动机振动。
- 电动机与负载机械之间的联轴器螺栓上的橡胶圈磨损较严重或者压力不平衡时,也使电动机振动。
- 基础的惯量小,强度低,电动机与基础一起振动。
- 地脚螺栓强度不够而破裂;地脚螺栓未拧紧,使电动机振动。
- 电动机在找平校正时,一般都在底座与基础间加上适当的垫片,对所加的垫片的基本要求是:每一垫片组的垫片数应尽量少,不宜超过五块,总厚度应小于 10mm,并放置整齐平整,如果不符合要求,就会使电动机推动平衡而振动。
- 电动机的端盖螺栓未拧紧,风扇安装不好,也产生不正常的响声。
② 电动机本身机械方面的原因。
- 电动机风叶损坏或紧固风叶的螺丝松动,造成风叶与风叶盖相碰,它所产生的声音随着碰击声的轻重,时大时小。
- 由于轴承磨损或装配不当,造成电动机转子偏心严重时将使定、转子相擦,使电动机产生剧烈的振动和不均匀的碰擦声。
- 电动机因长期使用致使地脚螺丝松动或基础不牢,因而电动机在电磁转矩作用下产生不正常的振动。
- 长期使用的电动机因轴承内缺乏润滑油形成干磨运行或轴承中钢珠损坏,因而使电动机轴承室内发出异常的哑哑声或咕噜声。
- 从轴承处传出连续或时隐时现的清脆响声,可能的原因是轴承滚珠定位架损坏或进入沙粒。这时应检查轴承,并进行清洗、修理或更换。

- 气隙不均使电动机发出周期性的嗡嗡声,甚至使电动机震动,严重时会发出急促的撞击声。此时应检查大盖止口与机座,轴承与轴、大盖的配合是否太松,气隙不均匀度和轴承磨损量是否超过规定要求,轴是否弯曲,大小盖螺丝是否均匀地拧紧,铁芯有无凸出部分。

③ 电动机本身电磁方面的原因。

- 正常运行的电动机突然出现异常音响,在带负载运行时转速明显下降,发出低沉的吼声,可能的原因是三相电流不平衡,负载过重或单相运行。
- 正常运行的电动机,如果定子、转子绕组发生短路故障或鼠笼转子断条,造成受力不均匀,则电动机会发出时高时低的翁翁声。机身也随之振动。当电动机为轻载时,这种振动与响声表现不明显,随着负载的加大,响声愈加明显。
- 电动机运行中一相断线,电动机明显拖不动负载,发出极沉闷的响声,伴随有异常的振动。
- 电动机绕组有一相首尾接反,如前所述,此时三相电流产生的磁场不是正常的旋转磁场,因而电动机剧烈振动并有很大的噪杂声。
- 由于转子不圆、轴承间隙偏大等原因,造成空气隙不均匀。运转中气隙不均匀地变化,导致气隙中的磁场不断变化,使转子受力不均匀,引起电动机不正常的振动与响声。
- 绕组匝间短路、接地等故障,使电动机输出功率下降,带不动负载,也会产生不正常的响声。

异常的振动与响声,一时也许对电动机并不严重的损害,但时间一长,将会产生严重恶果。因此,一定要及时找出原因,及时处理。首先应检查周围部件对电动机的影响,然后解开传动装置(联轴器,传动带等),使电动机空载,如果空载时不振动,则振动的原因可能是传动装置不好,或电动机与工作机械中心校准不好,也可能是工作机械不正常。如果空载时,振动与响声并未消除,则故障在电动机本身,这时,应切断电源,在惯性力的作用下,电动机继续旋转。如果不正常的振动立即消失,则属于电磁性振动,应按上面叙述的原因一一查找,然后消除。

3. 三相异步电动机的维护

(1) 日常检查维护

① 值班工作人员必须做好巡回检查,监视电机运行情况,及早发现问题,减少或避免故障的发生。

② 检测电机温度,外壳温度一般不应超过 75℃。

③ 检测电动机电流、电压,电动机各相电流与平均值的误差不应超过 10%。

④ 检查轴承的工作情况,有无左右窜动现象或不正常响声,两端轴承是否有漏油等现象,检测轴承温度,一般不应超过 65℃。

⑤ 认真观察电动机的运行状况,注意观测电动机的振动、响声和气味是否异常。

⑥ 电动机停止运行时,及时清除电机外部灰尘、油泥,保持电动机清洁,防止油、水等污物进入电动机内部,清洁时严禁用水直接喷冲。

⑦ 电机停止运行后,必须检查加热器的工作状况,确保加热器工作良好。长期不运行的电动机不得关掉加热器。

⑧ 指导岗位操作人员正确操作电器,在维护保养过程中,应注意用电安全及机械传动安全,严禁违章操作。

⑨ 每班巡回检查不得少于两次,并准确、详细记录巡检情况。

（2）每月检查维护

① 清除电动机外部灰尘、油泥,保持电动机清洁。

② 检查接线盒状况,检查有无损坏、锈蚀等,检查内部是否潮湿,接线螺丝是否松动或烧灼现象。

③ 检查控制设备,看触头和接线有无烧伤、氧化,接触是否良好等。

④ 检查电动机外壳接地是否良好,接地线是否断路,接地螺栓是否松动、脱落。

⑤ 检查轴承的工作情况,严格按照使用说明书的要求加注润滑油脂。

⑥ 测量电动机的绝缘电阻,若使用环境比较潮湿必须加密测量。停用5天以上的电动机启动前必须检测绝缘电阻,通常在测定380V电动机时使用500V兆欧表,而600V电动机则使用1000V的兆欧表(测量前必须将逆变模块脱开),测得绝缘电阻值不应小于1MΩ。凡是运行中的电动机停车检修或停用时间超过规定的限度,绝缘电阻低于1MΩ时,必须进行干燥处理,待正常后方可使用。

⑦ 检查安装基础、密封件、传动轴等是否正常。

⑧ 检查地脚螺丝、端盖螺丝等各固定螺丝是否紧固。

⑨ 在维护保养过程中,应注意用电安全及机械传动安全,严禁违章操作。

（3）每年检查维护

① 电动机运行一年必须进行一次大修对电动机进行全面拆检和修理。

② 大修包含月度检查维护的全部内容。

③ 检查轴承,更换润滑油脂。

④ 检查清扫电动机内部,对零部件进行清洗、防腐等工作。清扫内部时严禁使用金属工具,使用压缩空气时,空气要清洁,不能含有油和水。

⑤ 检查定子、转子情况,是否有松动、摩擦、局部过热或绝缘漆龟裂等现象,必要时进行回厂处理。

⑥ 检查风扇等附件情况,必要时更换。

⑦ 组装后进行试运转。

（4）启动前的准备和检查

① 检查电动及启动设备接地是否可靠和完整,接线是否正确与良好。

② 检查电动机铭牌所示电压、频率与电源电压、频率是否相符。

③ 新安装或长期停用的电动机启动前应检查绕组相对相、相对地绝缘电阻。绝缘地那组应大于 $0.5\mu\Omega$,如果低于此值,须将绕组烘干。

④ 对绕线型转子应检查其集电环上的电刷装置是否能正常工作,电刷压力是否符合要求。

⑤ 检查电动机转动是否灵活,滑动轴承内的油是否达到规定油位。

⑥ 检查电动机所用熔断器的额定电流是否符合要求。

⑦ 检查电动机各紧固螺栓及安装螺栓是否拧紧。

上述各检查全部达到要求后,可启动电动机。电动机启动后,空载运行 30 分钟左右,注意观察电动机是否有异常现象,如发现噪声、震动、发热等不正常情况,应采取措施,待情况消除后,才能投入运行。

(5) 运行中的维护

① 电动机应经常保持清洁,不允许有杂物进入电动机内部;进风口和出风口必须保持畅通。

② 用仪表监视电源电压、频率及电动机的负载电流。电源电压、频率要符合电动机铭牌数据,电动机负载电流不得超过铭牌上的规定值,否则要查明原因,采取措施,不良情况消除后方能继续运行。

③ 采取必要手段检测电动机各部位温升。

④ 对于绕相型转子电动机,应经常注意电刷与集电环间的接触压力、磨损及火花情况。电动机停转时,应断开定子电路内的开关,然后将电刷提升机构扳到启动位置,断开短路装置。

⑤ 电动机运行后定期维修,一般分小修、大修两种。小修属一般检修,对电动机启动设备及整体不做大的拆卸,约一季度一次,大修要将所有传动装置及电动机的所有零部件都拆卸下来,并将拆卸的零部件作全面的检查及清洗,一般一年一次。

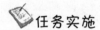 **任务实施**

1. 任务要求

能根据三相异步电动机的结构和工作原理,对三相异步电动机出现的机械方面、电气方面(非电气控制系统)的故障进行分析,分析故障原因,拟定检修方案。

2. 工具、设备及技术资料

三相异步、电动机故障分析与维护工具设备清单如表 2.7 所示。

表 2.7　三相异步电动机故障分析与维护工具设备清单

材 料 名 称	材料规格与型号	数量	备注
电工常用工具	测电笔、螺钉旋具、尖嘴钳、剥线钳和电工刀等	1 套	自备
兆欧表	ZC25 型、500V	1 块	
钳形电流表	MG24	1 只	
拆装工具	拉具、纯铜棒、木锤、钢套筒、毛刷	1 套	
三相笼形异步电动机	Y112M-4	1 只	
万用表	MF-47 型	1 块	

3. 任务原理与说明

三相异步电动机的故障有机械和电气控制两个方面的原因,机械方面有:轴承故障、机械不平衡、紧固螺钉松动、联轴器连接不符要求、定转子铁芯相擦等;电气方面有:电压不平衡、单相运行、绕组有断路或击穿故障、启动性能不好、控制电路故障等。

三相异步电动机主要有下面几种故障情况:

① 滚动轴承安装不正确或润滑脂不合适,造成轴和轴承发生磨擦,使轴磨损严重而损坏。

② 三相异步电动机断相运行。

③ 定子绕组损坏。主要原因是电动机过载、匝间、相间、短路、对地击穿等造成定子绕

组损坏。

④ 电动机过热,超过允许温度

4. 任务内容及步骤

① 根据三相异步电动机的结构和工作原理,对三相异步电动机出现的如表 2.8 所列故障进行分析,指出故障处理方法并进行检修。

表 2.8　三相异步电动机故障分析与处理表

故　障　现　象	故　障　原　因	处　理　方　法
通电后电动机不能转动,但无异响,也无异味和冒烟		
通电后电动机不转,然后熔丝烧断		
通电后电动机不转,但有嗡嗡声		
启动困难,启动后转速严重低于正常值		
电动机过热甚至冒烟		
运行中发出异响		

② 完成一台故障电动机的检修与维护。填写故障检修与维护报告(见表 2.9)。

表 2.9　三相异步电动机故障检修与维护报告表

项　　　目	检修报告栏	备　　　注
故障现象		
故障分析		
故障检修过程		

 任务考核

技能考核任务书如下。

三相异步电动机故障排分析与检修任务书
1. 任务名称 三相笼形异步电动机故障分析维护。 2. 具体任务 对三相笼形异步电动机出现的常见故障进行分析,分析故障原因与故障部位,并就任一实际故障(可人为设置)电动机的进行检修和维护。 3. 考核要求 (1)准确对电动机常见故障进行分析,并提出处理方法。 (2)填写故障分析与处理表。 (3)正确拆卸三相异步电动机。 (4)对故障电动机进行检修与维护。 (5)正确装配电动机并进行检测。

续表

三相异步电动机故障排分析与检修任务书
（6）提交电动机检修维护报告表。
4. 考点准备
见表 2.2.2。
5. 时间要求
本模块操作时间为 180min，时间到立即终止任务。

针对考核任务，相应的考核评分细则参见表 2.10。

表 2.10　评分细则

序号	考核内容	考核要求	配分	评分标准	评分
1	常见故障原因分析与处理	分析故障原理，提出处理方法	40	故障原因和处理方法中每少一处扣 2 分	
2	实际电动机故障分析	在故障电动机上分析故障可能的原因，思路正确	10	每少分析一个故障点扣 5 分	
3	实际电动机故障排除	正确作用工具和仪表，找出故障点并排除故障	40	1. 不能正确使用工具拆卸电动机，每错一处扣 5 分	
				2. 排除故障方法不正确，每处扣 10 分	
				3. 不能正确使用工具装配电动机，每错一处扣 5 分	
				4. 检修完成后，没有正常的维护与检查，每项扣 5 分	
4	安全文明生产	材料摆放整齐；遵守安全文明生产规程	10	违反安全文明生产酌情扣分	
合计			100		

注：每项内容的扣分不得超过该项的配分。

任务结束前，填写、核实制作和维修记录单并存档。

 思考与练习

1. 简述三相异步电动机的工作原理。

2. 三相异步电动机的常见故障有哪些？

3. 电动机不能启动或加上负载就急剧变慢的原因是什么？

4. 电动机运行过程中出现不正常声响的原因是什么？

5. 电动机强烈振动的原因是什么？

6. 电动机过热甚至冒烟的原因是什么？

7. 电动机轴承过热的原因是什么？

8. 电动机的日常检查和维护包含哪些内容？

9. 怎样对运行中的电动机进行维护？

项目3 使用与检修常用低压电器

任务 3.1 识别常用低压电器

任务描述

在生产过程自动化装置中,大多数采用电动机拖动各种生产机械,这种拖动的形式称为电力拖动。为提高生产效率,就必须在生产过程中对电动机进行自动控制,即控制电动机的启动、正反转、调速以及制动等。实现控制的手段较多,在先进的自控装置中采用可编程控制器(PLC)、单片机、变频器及计算机控制系统,但使用更广泛的仍是按钮、接触器、继电器组成的继电接触器控制电路。通过对低压电器的学习,为后续三相异步电动机的控制线路安装奠定基础。

任务分析

- 知识点:了解低压电器的作用与分类、基本结构组成、主要技术参数、主要技术指标,掌握常用低压电器的选配、故障及排除方法。
- 技能点:能识别常用低压电器,能选配常用低压电器,能排除低压电器的故障。

任务资讯

1. 低压电器的基础知识

(1) 低压电器的作用与分类。低压电器是指工作在交流额定电压 1200V 及以下、直流额定电压 1500V 及以下的电路中起保护、控制、调节、转换和通断作用的电器设备。低压电器作为基本元器件,广泛用于发电厂、变电所、工矿企业、交通运输和国防工业等的电力输配电系统和电力拖动控制系统中。

低压电器的种类繁多,按其结构用途及所控制的对象不同,可以有不同的分类方式。根据它在电气线路中所处的地位和作用,通常按以下 3 种方式分类。

1) 按低压电器的作用分类,可以分为如下几种。

① 控制电器。这类电器主要用于电力传动系统中。主要有启动器、接触器、控制继电器、控制器、主令电器、电阻器、变阻器、电压调整器及电磁铁等。

② 配电电器。这类电器主要用于低压配电系统和动力设备中,主要有刀开关和转换开关、熔断器、断路器等。

2) 按低压电器的动作方式分类,可以分为手控电器和自控电器。

① 手控电器。这类电器是指依靠人力直接操作来进行切换等动作的电器,如刀开关、负荷开关、按钮、转换开关等。

② 自控电器。这类电器是指按本身参数(如电流、电压、时间、速度等)的变化或外来信号变化而自动工作的电器,如各种形式的接触器、继电器等。

3) 按低压电器有无触点分类,可以分为有触点电器和无触点电器。

① 有触点电器。前述各种电器都是有触点的,由有触点的电器组成的控制电路又称为继电—接触控制电路。

② 无触点电器。用晶体管或晶闸管做成的无触点开关、无触点逻辑元件等属于无触点电器。

(2) 低压电器的基本结构组成。低压电器的基本结构由电磁机构和触头系统组成。

1) 电磁机构由电磁线圈、铁芯和衔铁三部分组成。电磁线圈分为直流线圈和交流线圈两种。直流线圈需通入直流电,交流线圈需通入交流电。

2) 触头系统。触头的形式主要有:点接触式,常用于小电流电器中;线接触式,用于通电次数多、电流大的场合;面接触形式,用于较大电流的场合。

(3) 电弧的产生和灭弧方法。

① 电弧的产生。当触头在分断时,若触头之间的电压超过12V,电流超过0.25A时,触头间隙内就会产生电弧。

② 常用的灭弧方法。常用的灭弧方法包括双断口灭弧、磁吹灭弧、栅片灭弧、灭弧罩灭弧。

(4) 低压电器的主要技术参数。

① 额定电压。额定电压分额定工作电压、额定绝缘电压和额定脉冲耐受电压三种。

② 额定电流。额定电流分额定工作电流、约定发热电流、约定封闭发热电流及额定不间断电流四种。

③ 操作频率和通电持续率。

④ 通断能力和短路通断能力。

⑤ 机械寿命和电寿命。

(5) 低压电器的主要技术指标。低压电器的主要技术指标有以下几项。

① 绝缘强度。指电气元件的触头处于分断状态时,动、静触头之间耐受的电压值(无击穿或闪络现象)。

② 耐潮湿性能。指保证电器可靠工作的允许环境潮湿条件。

③ 极限允许温升。电器的导电部件,通过电流时将引起发热和温升,极限允许温升指为防止过度氧化和烧熔而规定的最高温升值。

④ 操作频率。电气元件在单位时间(1h)内允许操作的最高次数。

⑤ 寿命。电器寿命包括电寿命和机械寿命两项指标。电寿命是指电气元件的触头在规定的电路条件下,正常操作($I \leqslant$额定负荷电流)的总次数。机械寿命是指电器元件在规定的使用条件下,正常操作的总次数。

⑥ 正常工作条件。环境温度:$-5° \sim 40°$;安装地点:不超过海拔2000m;相对湿度:不超过50%;污染等级:共分4级。

(6) 常用低压电器的选配。对低压电器进行合理的选配,可实现设备和能源利用的最优化,节约成本,创造价值。

人们在工作实践中总结出了根据负载选择熔断器、熔体、接触器、热继电器、铜导线截面积等低压电器的经验数据,如表 3.1 所示。

表 3.1　负载(电动机)与低压电器的选配

电动机/kW		电机额定电流/A	断路器额定电流/A	熔体额定电流/A	接触器额定电流/A	热继电器		铜导线截面积/mm²
220V	380V					额定电流/A	整定电流/A	
1.1	3.2	4.4	6	10	10	20	4.4	3.5
1.5	3	6	10	10、15	10	20	6	3.5
2	4	8	10、16	15、20	16	20	8	3.5
3.5	5.5	11	16	20、25	16	20	11	3.5
3.5	7.5	15	25	30、35	25	20	15	4
5	10	20	30	40	40	60	20	6
6.5	13	26	40	50、60	40	60	26	6、10
8.5	17	34	50	80	60	60	34	10、16
11	22	44	60	80、100	63	60	44	16、25
14	28	56	80	120	100	150	56	25
15	30	60	100	120	100	150	60	25
17.5	35	70	100	150	100	150	70	35
18.5	37	74	100	150	160	150	74	35
22	40	80	120	160	160	150	80	35
27.5	55	110	150	200	160	150	110	50
40	80	160	225	300、350	250	180	160	70
45	90	180	250	350	250	400	180	95

(7) 常用低压电器的故障及排除。各种低压电器元件经长期使用,由于自然磨损或频繁动作或者日常维护不及时,特别是用于多灰尘、潮气大、有化学气体等场合,容易引起故障。其故障现象常常表现为触头发热、触头磨损或烧损、触头熔焊、触头失灵、衔铁噪声大、线圈过热或烧毁、活动部件卡住等。检修时,必须根据故障特征,仔细检查和分析,及时排除故障。

由于低压电器种类很多,结构繁简程度不一,产生故障的原因也是多方面的,主要集中在触头和电磁系统。本节仅对一般低压电器所共有的触头和电磁系统的常见故障与维修进行分析。

1) 触头的故障与维修。触头是接触器、继电器及主令电器等设备的主要部件,起着接通和断开电路电流的作用,所以它是电器中比较容易损坏的部件。触头的故障一般有触头过热、磨损和熔焊等现象。

① 触头过热。触头通过电流会发热,其发热的程度与触头的接触电阻有关。动、静触头之间的接触电阻越大,触头发热越厉害,有时甚至将动、静触头熔在一起,从而影响电器的使用,因此,对于触头发热必须查明原因,及时处理,维护电器的正常工作。造成触头发热的原因主要有以下几个方面:

• 触头接触压力不足,造成过热。电器由于使用时间长,或由于受到机械损伤和高温电弧的影响,使弹簧产生变形、变软而失去弹性,造成触头压力不足。当触头磨损后变薄,使动、静触头完全闭合后触头间的压力减小。这两种情况都会使动、静触头接触不良,接触电阻增大,引起触头过热。处理的方法是调整触头上的弹簧压力,用以增加触头间的接触压力。如调整后仍达不到要求,则应更换弹簧或触头。

- 触头表面接触不良,触头表面氧化或积有污垢,也会造成触头过热。对于银触头氧化后,影响不大;对于铜触头,需用小刀将其表面的氧化层刮去。触头表面的污垢,可用汽油或四氯化碳清洗。
- 触头接触表面被电弧灼伤烧毛,使触头过热。此时要用小刀或什锦锉修整表面,修整时不宜将触头表面锉得过分光滑,因为过分光滑会使触头接触面减小,接触电阻反而增大,同时触头表面锉得过分光滑也影响了其使用寿命。不允许用砂布或砂纸来修整触头的毛面。此外由于用电设备或线路产生过电流故障,也会引起触头过热,此时应从用电设备和线路中查找故障并排除,避免触头过热。

② 触头磨损。触头的磨损有两种:一是电磨损。由于触头间电弧或电火花的高温使触头产生磨损;另一种是机械磨损,是由于触头闭合时的撞击、触头接触面的相对滑动摩擦等造成的。触头在使用过程中,由于磨损其厚度越来越薄。若发现触头磨损过快,则应查明原因,及时排除。如果触头磨损到原厚度的 $1/2 \sim 2/3$ 时,则需要更换触头。

③ 触头熔焊。触头熔焊是指动、静触头表面被熔化后焊在一起而断不开的现象。熔焊是由于触头闭合时,撞击和产生的振动在动、静触头间的小间隙中产生短电弧,电弧的温度很高,可使触头表面被灼伤以致烧熔,熔化后的金属使动、静触头焊在一起。当发生触头熔焊时,要及时更换触头,否则会造成人身或设备的事故。产生触头熔焊的原因大都是触头弹簧损坏,触头的初压力太小,此时应调整触头压力或更换弹簧。有时因为触头容量过小或因电路发生过载,当触头闭合时通过的电流太大,而使触头熔焊。

2) 电磁系统的故障与维修。许多电器触头的闭合或断开是靠电磁系统的作用而完成的,电磁系统一般由铁芯、衔铁和吸引线圈等组成。电磁系统的常见故障有衔铁噪声大、线圈故障及衔铁吸不上等。

① 衔铁噪声大。电磁系统在工作时发出一种轻微的嗡嗡声,这是正常的。若声音过大或异常,这说明电磁系统出现了故障,其原因一般有以下几种情况:

- 衔铁与铁芯的接触面接触不良或衔铁歪斜。电磁系统在工作过程中,衔铁与铁芯经过多次碰撞后,接触面变形或磨损,以及接触面上操作有锈蚀、油污,都会造成相互间接触不良,产生振动及噪声。衔铁的振动将导致衔铁和铁芯的加速损坏,同时还会使线圈过热,严重的甚至烧毁线圈。通过清洗接触面的油污及杂质,修整衔铁端面,来保持接触良好,排除故障。
- 短路环损坏。铁芯经过多次碰撞后,短路环会出现断裂而使铁芯发出较大的噪声,此时应更换短路环。
- 机械方面的原因。如果触头弹簧压力过大,或因活动部分受到卡阻,而使衔铁不能完全吸合,都会产生强烈的振动和噪声。此时应调整弹簧压力,排除机械卡阻等故障。

② 线圈的故障与维修。线圈主要的故障是由于所通过的电流过大,使线圈发热,甚至

烧毁。如果线圈发生匝间短路,应重新绕制线圈或更换;如果衔铁和铁芯间不能完全闭合,有间隙,也会造成线圈过热。电源电压过低或电器的操作超过额定操作频率,也会使线圈过热。

③ 衔铁吸不上。当线圈接通电源后,衔铁不能被铁芯吸合时,应立即切断电源,以免线圈被烧毁。导致衔铁吸不上的原因有线圈的引出线连接处发生脱落;线圈有断线或烧毁的现象,此时衔铁没有振动和噪声。活动部分有卡阻现象、电源电压过低等也会造成衔铁吸不上,但此时衔铁有振动和噪声。应通过检查,分别采取措施,保证衔铁正常吸合。

任务实施

1. 任务要求

通过对不同类型低压电器的识别,掌握其型号意义及用途。对按钮进行简单拆装、结构认识,以加深对触头的了解,并做好记录。

2. 仪器、设备、元器件及材料

胶盖式刀开关、铁壳开关、转换开关、低压断路器、交流接触器、瓷插式熔断器、螺旋式熔断器、组合按钮、热继电器、速度继电器、时间继电器、行程开关。万用表、螺丝刀(一字型和十字型)。

3. 任务内容及步骤

① 仔细观察所给定的低压电器,学习低压电器的分类方法,了解其图形及文字符号,掌握其型号意义及用途,并填入表 3.2 中。

表 3.2　常用低压电器的识别

名称	图形及文字符号	型号及意义	(保护)作用简述

② 对组合按钮先进行拆卸,仔细观察其触头结构,并用万用表电阻挡对各对触头进行测试,以了解触头的分类。了解清楚后再对按钮进行复原装配。

任务考核

针对考核任务,相应的考核评分细则参见表 3.3。

表 3.3　评分细则

序号	考核内容	考核项目	配分	评分标准	得分
1	低压电器的识别	外形识别;功能作用	70 分	(1) 能正确识别(40 分) (2) 功能用法正确(30 分)	
2	组合按钮拆卸、装配	拆卸步骤正确;工艺熟练;了解触头的结构特点;爱护公物器件;操作严谨细致	30 分	(1) 拆装方法、步骤正确,未遗失零件和损坏元件,能装配复原(10 分) (2) 观察和检测触头仔细、正确,并能简述触头的特点(20 分)	
3	安全文明生产	安全、文明生产		违反安全文明生产酌情扣分,重者停止实训	
合计			100 分		

注:每项内容的扣分不得超过该项的配分。

任务结束前,填写、核实制作和维修记录单并存档。

思考与练习

1. 什么是低压电器? 其主要作用是什么? 并简述其基本结构组成。
2. 简述低压电器常见故障现象、故障原因及如何修理这些故障。
3. 简述常用低压电器的主要分类方法及意义? 并举例说明。

任务 3.2　安装与检修低压开关

任务描述

低压开关广泛应用于配电系统和电力拖动控制系统,用来接通和开断正常工作电流、过负荷电流或短路电流,用以电源的隔离、电气设备的控制。通过对低压开关的学习,为后续电气控制线路中正确选用低压开关打下基础。

任务分析

- 知识点:了解低压开关的外形符号、结构、主要技术参数和动作原理,掌握安装方法和检修方法。
- 技能点:能安装、检修低压开关。

任务资讯

低压开关主要作隔离、转换、接通和分断电路用,多数用做机床电路的电源开关和局部照明电路的控制开关,有时也可用于直接控制小容量电动机的启动、停止和正反转。

低压开关一般为非自动切换电器,常用的主要类型有刀开关、转换开关和低压断路器。

1. 刀开关

刀开关又称闸刀开关,它是结构最简单、应用最广泛的一种低压手动电器。它适用于交流 50 Hz、500 V 以下小电流电路中,主要作为一般电灯、电阻和电热等回路的控制开关用,三相开关适当降低容量后,可作为容量小于 7.5 kW 异步电动机的手动不频繁操作控制开关,并具有短路保护作用。

如图 3.1 所示,刀开关由闸刀(动触点)、静插座(静触点)、手柄和绝缘底板等组成。依靠手动来完成闸刀插入静插座或脱离静插座的操作。刀开关的种类很多。按极数(刀片数)分为单极、双极和三极;按结构分为平板式和条架式;按操作方式分为直接手柄操作式、杠杆操作机构式和电动操作机构式;按转换方向分为单投和双投等。

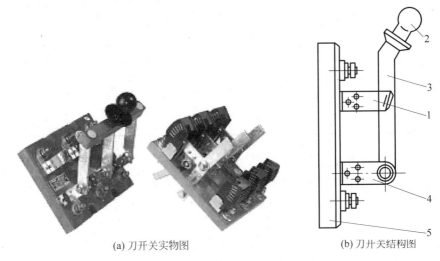

(a) 刀开关实物图　　　　　　　　(b) 刀升关结构图

1—静插座;2—手柄;3—闸刀;4—铰链支座;5—绝缘底板

图 3.1　刀开关

刀开关常用的产品有:HK 系列开启式负荷开关(又称瓷底胶盖刀开关);HH 系列封闭式负荷开关(又称铁壳开关),HH 系列开关附有熔断器。刀开关额定电压为 500 V,额定电流为 10、15、30、60、100、200、400、600、1000A 等。

(1) 胶盖刀开关。胶盖刀开关又叫开启式负荷开关,其结构简单,价格低廉,应用维修方便。常用做照明电路的电源开关,也可用于 5.5 kW 以下电动机作不频繁启动和停止控制。图 3.2 所示为胶盖刀开关外形、结构及图形符号和文字符号。

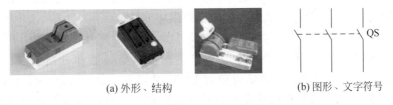

(a) 外形、结构　　　　　　　　(b) 图形、文字符号

图 3.2　胶盖刀开关外形、结构及符号

① 胶盖刀开关的型号和技术参数。应用较广泛的胶盖刀开关为 HK 系列,其型号含义如下所示:

表 3.4 所示为 HK1 系列开启式负荷开关的基本技术参数。

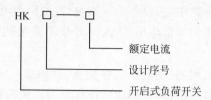

表 3.4　HK1 系列开启式负荷开关基本技术参数

型号	极数	额定电流/A	额定电压/V	可控制电动机最大容量/kW		熔丝线径 φ/mm
				220V	380V	
HK1—15	2	15	220	—	—	1.45～1.59
HK1—30	2	30	220	—	—	2.30～2.52
HK1—60	2	60	220	—	—	3.36～4.00
HK1—15	3	15	380	1.5	2.2	1.45～1.59
HK1—30	3	30	380	3.0	4.0	2.30～2.52
HK1—60	3	60	380	4.5	5.5	3.36～4.00

② 胶盖刀开关的选用。

* 对于普通负载,选用的额定电压为 220V 或 250V,额定电流不小于电路最大工作电流。对于电动机,选用的额定电压为 380V 或 500V,额定电流为电动机额定电流的 3 倍。

* 在一般照明线路中,瓷底胶盖开关的额定电压大于或等于线路的额定电压,常选用 220V、250V。而额定电流等于或稍大于线路的额定电流,常选用 10A、15A、30A。

③ 胶盖刀开关的安装和使用注意事项。

* 胶盖刀开关必须垂直安装在控制屏或开关板上,不能倒装,即接通状态时手柄(瓷柄)朝上,否则有可能在分断状态时闸刀开关松动落下,造成误接通。

* 安装接线时,刀闸上桩头接电源,下桩头接负载。接线时进线和出线不能接反,否则在更换熔断丝时会发生触电事故。

* 操作胶盖刀开关时,不能带重负载,因为 HK 系列瓷底胶盖刀开关不设专门的灭弧装置,它仅利用胶盖的遮护防止电弧灼伤。

* 如果要带一般性负载操作,动作应迅速,使电弧较快熄灭,一方面不易灼伤人身,另一方面也减少电弧对动触头和静插座的损坏。

(2) 铁壳开关。铁壳开关又叫封闭式负荷开关,具有通断性能好、操作方便、使用安全等优点。铁壳开关主要用于各种配电设备中手动不频繁接通和分断负载的电路。交流 380V、60A 及以下等级的铁壳开关还可用做 15kW 及以下三相交流电动机的不频繁接通和分断控制。它的基本结构是在铸铁壳内装有由刀片和夹座组成的触点系统、熔断器和速断弹簧,30A 以上的还装有灭弧罩。铁壳开关的外形及结构如图 3.3 所示。

① 铁壳开关的型号。常用铁壳开关为 HH 系列,其型号含义如下所示:

② 铁壳开关的选用。

* 铁壳开关用来控制感应电动机时,应使开关的额定电流为电动机满载电流的 3 倍以上。用来控制启动不频繁的小型电动机时,可按表 3.5 进行选择。

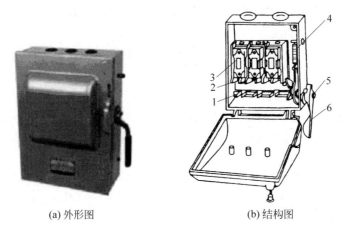

(a) 外形图　　　　　　　　　　(b) 结构图

1—刀式触头；2—夹座；3—熔断器；4—速断弹簧；5—手柄

图 3.3　铁壳开关

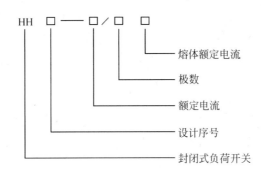

表 3.5　HH 系列封闭式负荷开关与可控电动机容量的配合

额定电流/A	可控电动机最大容量/kW		
	220V	380V	500V
10	1.5	2.7	3.5
15	2.0	3.0	4.5
20	3.5	5.0	7.0
30	4.5	7.0	10
60	9.5	15	20

- 选择熔断丝时,要使熔断丝的额定电流为电动机额定电流的 1.5～3.5 倍。更换熔丝时,管内石英砂应重新调整再使用。
③ 铁壳开关的安装和使用注意事项。
- 为了保障安全,开关外壳必须连接良好的接地线。
- 接开关时,要把接线压紧,以防烧坏开关内部的绝缘。
- HH 系列开关装有速动弹簧,弹力使闸刀快速从夹座拉开或嵌入夹座,提高灭弧效果。为了保证用电安全,在铁壳开关铁质外壳上装有机构联锁装置,当壳盖打开时,不能合闸;合闸后,壳盖不能打开。

- 安装时,先预埋固定件,将木质配电板用紧固件固定在墙壁或柱子上,再将铁壳开关固定在木质配电板上。
- 铁壳开关应垂直于地面安装,其安装高度以手动操作方便为宜,通常在 1.3～1.5m 左右。
- 铁壳开关的电源进线和开关的输出线,都必须经过铁壳开关的进出线孔。100A 以下的铁壳开关,电源进线应接开关的下接线桩,出线接开关上接线桩。100A 以上的铁壳开关接线则与此相反。安装接线时应在进出线孔处加装橡皮垫圈,以防尘土落入铁壳内。
- 操作时,必须注意不得面对铁壳开关拉闸或合闸,一般用左手操作合闸。若更换熔丝,必须在拉闸后进行。

2. 转换开关

转换开关又称组合开关,属于刀开关类型,其结构特点是用动触片的左右旋转代替闸刀上下分合操作,有单极、双极和多极之分。

转换开关多用于不频繁接通和断开的电路,或无电切换电路。如用作机床照明电路的控制开关,或 5kW 以下小容量电动机的启动、停止和正反转控制。

转换开关有许多系列,常用的型号有 HZ 等系列,如 HZ1、HZ2、HZ4、HZ5 和 HZ10 等。其中 HZ1～HZ5 是淘汰产品,HZ10 系列是全国统一设计产品,具有寿命长、使用可靠、结构简单等优点。

(1) 结构及工作原理。图 3.4 所示的是转换开关的外形、图形符号。如图 3.5 所示的是 HZ10-10/3 型转换开关的结构图。

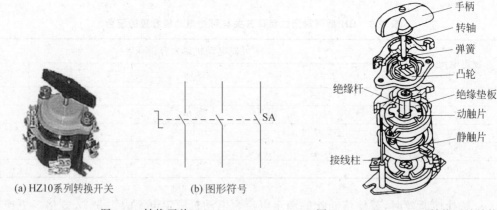

(a) HZ10系列转换开关   (b) 图形符号

图 3.4　转换开关

图 3.5　HZ10-10/3 型转换开关结构图

手柄
转轴
弹簧
凸轮
绝缘杆
绝缘垫板
动触片
静触片
接线柱

转换开关有三对触头,手柄每次转动 90°,带动三对触头接通或者断开,即手柄转动的同时带动触片转动,使触头接通或断开,如图 3.5 所示。它共有三副静触片,每一静触片的一边固定在绝缘垫板上,另一边伸出盒外并附有接线柱,供电源和用电设备接线。三个动触片装在另外的绝缘垫板上,垫板套在附有手柄的绝缘杆上。手柄每次能沿任一方向旋转 90°,并带动三个动触片分别与之对应的三副静触片保持接通或断开。在开关转轴上也装有扭簧储能装置,使开关的分合速度与手柄动作速度无关,有效地抑制了电弧过大。

（2）型号及技术参数。HZ10 系列转换开关额定电压为直流 220V、交流 380V，额定电流有 6、10、25、60、100A 等 5 个等级，极数有 1～4 极。表 3.6 给出了 HZ10 系列转换开关的额定电压及额定电流。

表 3.6　HZ10 系列转换开关的额定电压及额定电流

型号	极数	额定电流/A	额定电压/V	
			直流	交流
HZ10-10	2,3	5,10	220	380
HZ10-25	2,3	25		
HZ10-60	2,3	60		
HZ10-100	2,3	100		

（3）转换开关的选用。

① 转换开关应要根据电源种类、电压等级、所需触头数、电动机的容量进行选择。

② 用于照明或电热负载，转换开关的额定电流应等于或大于被控制电路中各负载额定电流之和。

③ 用于电动机负载，转换开关的额定电流一般取电动机额定电流的 1.5～3.5 倍。

（4）转换开关的安装和使用注意事项。

① 转换开关应固定安装在绝缘板上，周围要留一定的空间便于接线。

② 操作时频度不要过高，一般每小时的转换次数不宜超过 15～20 次。

③ 用于控制电动机正反转时，必须使电动机完全停止转动后，才能接通电动机反转的电路。

④ 由于转换开关本身不带过载保护和短路保护，使用时必须另设其他保护电器。

⑤ 当负载的功率因数较低时，应降低转换开关的容量使用，否则会影响开关的寿命。

3. 低压断路器

低压断路器又称自动空气开关或自动空气断路器，主要用于低压动力线路中起过载、短路、失压保护等作用，当电路发生短路故障时，它的电磁脱扣器自动脱扣进行短路保护，直接将三相电源同时切断，保护电路和用电设备的安全。在正常情况下也可用做不频繁地接通和断开电路或控制电动机。

低压断路器按结构型式可分为塑壳式（又称装置式）和框架式（又称万能式）两大类，常用的塑壳式低压断路器有 DZ5、DZ10、DZ20 等系列，其中 DZ20 为统一设计的新产品；框架式有 DW10、DW15 两个系列。如图 3.6 所示为几种常见的低压断路器的外形图。塑壳式低压断路器的特点是外壳用绝缘材料制作，具有良好的安全性，广泛用于电气控制设备及建筑物内作电源线路保护及对电动机进行过载和短路保护。框架式低压断路器为敞开式结构，适用于大容量配电装置。

（1）低压断路器的结构及工作原理。低压断路器主要由三个基本部分组成：触头、灭弧系统和各种脱扣器。脱扣器包括过电流脱扣器、失压（欠电压）脱扣器、热脱扣器、分励脱扣器和自由脱扣器。图 3.7 是低压断路器的工作原理示意图。低压断路器是靠操动机构手动或电动合闸的，触头闭合后，自由脱扣器机构将触头锁在合闸位置上。当电路发生故障

(a) 微型断路器　　　　(b) 塑壳式断路器　　　　(c) 万能式断路器

图 3.6　低压断路器

时,通过各自的脱扣器使自由脱扣机构动作,自动跳闸,实现保护作用。

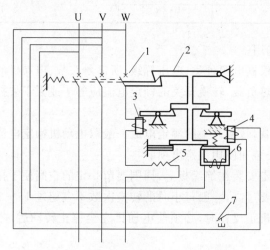

1—主触头;2—自由脱扣器;3—过电流脱扣器;

4—分励脱扣器;5—热脱扣器;6—失压脱扣器;7—按钮

图 3.7　低压断路器的工作原理示意图

① 过电流脱扣器。当流过断路器的电流在整定值以内时,过电流脱扣器所产生的吸力不足以吸动衔铁。当电流超过整定值时,磁场的吸力克服弹簧的拉力,拉动衔铁,使自由脱扣机构动作,断路器跳闸,实现过电流保护。

② 失压脱扣器。失压脱扣器的工作原理与过电流脱扣器恰恰相反。当电源电压为额定电压时,失压脱扣器产生的磁力足以将衔铁吸合,使断路器保持在合闸状态。当电压下降到低于整定值或降到零时,在弹簧的作用下衔铁释放,自由脱扣机构动作而切断电源。

③ 热脱扣器。热脱扣器的作用与热继电器相同。

④ 分励脱扣器。分励脱扣器用于远距离操作。在正常工作时,其线圈是断电的,在需要远方操作时,按下按钮(见图 3.7 中的7),使线圈通电,其电磁机构使自由脱扣机构动作,断路器跳闸。

低压断路器的图形符号和文字符号如图 3.8 所示。

(2) 低压断路器的选用。选用低压断路器,一般应遵循以下原则:

QF

图 3.8　低压断路器的图形符号和文字符号

① 额定电压和额定电流应不小于线路的额定电压和计算负载电流。

② 低压断路器的极限通断能力不小于线路中最大的短路电流。

③ 线路末端单相对地短路电流÷低压断路器瞬时(或短延时)脱扣整定电流≥1.25。

④ 脱扣器的额定电流不小于线路的计算电流。

⑤ 欠压脱扣器的额定电压等于线路的额定电压。

(3) DZ47-60 小型断路器的使用。

① 用途。DZ47-60 小型断路器(简称断路器)主要用于交流 50Hz/60Hz,单极 230V,二、三、四极 400V,电流至 60A 的线路中起过载、短路保护之用,同时也可以在正常情况下不频繁地通断电器装置和照明线路。尤其适用于工业和商业的照明配电系统。目前在工厂和家庭中得到了广泛的应用。

② 产品型号规格及分类。

• 产品型号规格及含义如下所示:

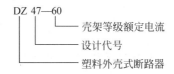

• 分类。按额定电流分:1、2、3、4、5、6、10、15、16、20、25、32、40、50、60A 共 15 种;按极数分:单极、二极、三极、四极 4 种;按瞬时脱扣器的型式分:B 型,照明保护型;C 型,照明保护型;D 型,动力保护型。

③ 主要结构及工作原理。

• 断路器主要由外壳、操作机构、瞬时脱扣器、灭弧装置等组成。断路器动触头只能停留在闭合或断开位置;多极断路器的动触头应机械联动,各极能基本同时闭合或断开;垂直安装时,手柄向上运动时,触头向闭合方向运动。

• 断路器的工作原理:当断路器手柄扳向指示 ON 位置时,通过机械机构带动动触头靠向静触头并可靠接触,使电路接通;当被保护线路发生过载故障时,故障电流使热双金属元件弯曲变形,推动杠杆使得锁定机械复位,动触头移离静触头,从而实现分断线路的功能;当被保护线路发生短路故障时,故障电流使得瞬时脱扣机构动作,铁芯组件中的顶杆迅速顶动杠杆使锁定机构复位,实现分断线路的功能。

④ 主要技术参数。DZ47-60 小型断路器的主要参数如表 3.7 所示。

表 3.7　DZ47-60 小型断路器的主要技术参数

额定电流/A	极　数	额定电压/V	额定短路通断能力	
			预期电流/A	功率因数
C1~C40	单极	230/400	6000	0.65~0.70
	二极、三极、四极	400		
C50~C60	单极	230/400	4000	0.75~0.80
D1~D60	二极、三极、四极	400		

⑤ 安装注意事项。

- 严禁在断路器出线端进行短路测试。
- 断路器安装时应使手柄在下方(标志正面朝上),使得手柄向上运动时,触头向闭合方向运动。
- 与断路器额定电流相匹配应连接铜导线标称截面积如表 3.8 所示。

表 3.8　连接铜导线标称截面积

额定电流 I_n/A	1、2、3、4、5、6	10	15、16、20	25	32	40、50	60
标称铜导线截面积/mm^2	1	1.5	3.5	4	6	10	16

⑥ 订货规范。订购断路器时需标明下列内容。

- 产品型号和名称,如 DZ47-60 小型断路器。
- 瞬时脱扣器型式和额定电流,如 C25(照明保护型,额定电流 25A)。
- 断路器极数,如 2 极。
- 订货数量。
- 订货举例:DZ47-60,C10,小型断路器,2 极,80 台。

任务实施

1. 任务要求

能正确掌握刀开关的安装与检修方法;学会低压断路器的安装方法。

2. 仪器、设备、元器件及材料

元件见表 3.9 所示。

表 3.9　元件表

序号	名　称	型号与规格	数量	备　注
1	刀开关	HK 系列	1 只	胶盖式
2	开关箱		1 个	
3	万用表	MF-47 或其他	1 个	
4	低压断路器	DZ5-20 或其他	1 只	

3. 任务原理与说明

刀开关起着分合电路、开断电流的作用,有明显的断开点,以保证电气设备检修人员的安全。

低压断路器在正常条件下,用于不频繁的接通和断开电路以及控制电动机。当发生严重的过载、短路或欠电压等故障时能自动切断电路。它是低压配电线路应用非常广泛的一种开关电器。

4. 任务内容及步骤

(1) 刀开关的安装

① 在安装开启式负荷开关时,必须将开关垂直安装在控制屏或开关箱(板)上,手柄向上为合闸,向下为断闸,不得倒装,如图 3.9 所示。否则,在分断状态下,若刀开关松动脱落,

造成误接通,会引起安全事故。

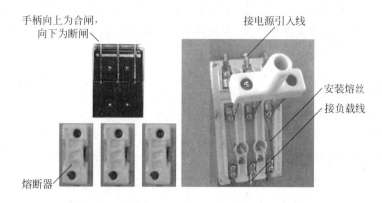

图 3.9　胶盖式刀开关的安装

② 刀开关接线时,电源进线应接在刀座上端,负载引线接在下方,熔断器接在负荷侧,否则,在更换熔丝时容易发生触电事故。

③ 接线应拧紧,否则会引起过热,影响正常运行。开关距离地面的高度为 1.3～1.5m,在有行人通过的地方,应加装防护罩。同时,刀开关在接、拆线时,应首先断电。

④ 封闭式负荷开关装有灭弧装置,有一定的灭弧能力。因此,应进行保护接零或接地。

(2)刀开关的检修

① 检查刀开关导电部分有无发热、动静触头有无烧损及导线(体)连接情况,遇有以上情况时,应及时修复。

② 用万用表欧姆挡检查动静触头有无接触不良,对为金属外壳的开关,要检查每个触头与外壳的绝缘电阻。

③ 检查绝缘连杆、底座等绝缘部件有无烧伤和放电现象。

④ 检查开关操动机构各部件是否完好,动作是否灵活,断开、合闸时三相是否同时,是否准确到位。

⑤ 检查外壳内、底座等处有无熔丝熔断后造成的金属粉尘,若有,应清扫干净,以免降低绝缘性能。

(3)低压断路器的安装

① 低压断路器一般应垂直安装,如图 3.10 所示。其操作手柄及传动杠杆的开、合位置应准确。对于有半导体脱扣器的低压断路器,其接线应符合相序要求,脱扣装置动作应可靠。直流快速低压断路器的极间中心距离及开关与相邻设备或建筑物的距离不应该小于 500mm,若小于 500mm,要加隔弧板,

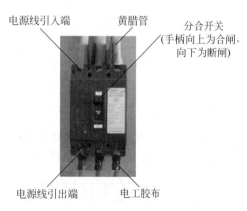

图 3.10　垂直安装低压断路器

隔弧板高度不小于单极开关的总高度。

② 安装时,应对触点的压力、开距及分断时间等进行检查,并要符合出厂技术条件。对脱扣装置必须按照设计要求进行校验,在短路或者模拟短路的情况下,合闸时脱扣装置应能立即自动脱扣。

 任务考核

针对考核任务,相应的考核评分细则参见表 3.10。

表 3.10 评分细则

序号	考核内容	考核项目	配分	评分标准	得分
1	开启式负荷开关、封闭式负荷开关的结构	(1) 刀开关的符号 (2) 开启式负荷开关的结构 (3) 封闭式负荷开关的结构	15分	(1) 能够正确写出刀开关的图形符号文字符号(10分) (2) 能够简述开启式负荷开关的结构(5分) (3) 能够简述封闭式负荷开关的结构(5分)	
2	转换开关的结构	转换开关的结构	10分	能够简述转换开关的结构及正确写出转换开关的图形符号和文字符号(10分)	
3	低压断路器的结构与作用	(1) 低压断路器的结构 (2) 低压断路器的工作原理 (3) 低压断路器的作用	20分	(1) 能够简述低压断路器的结构(5分) (2) 能够描述低压断路器的工作原理(10分) (3) 能够说明低压断路器的作用(5分)	
4	刀开关的选用、安装及维修	(1) 刀开关的选用 (2) 刀开关的安装 (3) 刀开关的维修	30分	(1) 能够简述刀开关的选用原则(10分) (2) 能够阐述刀开关的安装方法(10分) (3) 能够简述刀开关的维修方法(10分)	
5	转换开关的选用及安装	(1) 转换开关的选用 (2) 转换开关的安装	10分	(1) 能够简述转换开关的选用原则(5分) (2) 能够阐述转换开关的安装方法(5分)	
6	低压断路器的选用及安装	(1) 低压断路器的选用 (2) 低压断路器的安装	15分	(1) 能够简述低压断路器的选用原则(10分) (2) 能够阐述低压断路器的安装方法(5分)	
7	安全文明生产			违反安全文明操作规程酌情扣分	
合计			100分		

注:每项内容的扣分不得超过该项的配分。

任务结束前,填写、核实制作和维修记录单并存档。

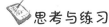 **思考与练习**

1. 常用的刀开关有哪几种? 它们的主要作用是什么?
2. 试说出转换开关的特点。如果用转换开关来控制电动机时,应注意什么问题?
3. 自动开关具有哪些保护功能? 如何选用?
4. 刀开关合闸后,一相或两相没电,试分析可能产生的原因?
5. 有人发现封闭式负荷开关的操作手柄带电,试分析其产生的原因?
6. 电源合闸时,手动操作断路器而不能合闸,试分析其可能产生的原因?

任务 3.3　使用与检查熔断器

任务描述

　　熔断器是基于电流热效应原理和发热元件热熔断原理而设计的,具有一定的瞬动特性,主要用做电路的短路保护。通过对熔断器知识的学习,为后续电气控制线路中正确选择短路保护器件奠定基础。

任务分析

- 知识点:了解熔断器的外形符号、结构、主要技术参数和动作原理,掌握使用方法和检查方法。
- 技能点:能使用、检查熔断器。

任务资讯

　　熔断器是基于电流热效应原理和发热元件热熔断原理而设计的,它串联在电路中。当电路或电气设备发生过载和短路故障时,熔断器的熔体首先熔断,切断电源,起到保护线路或电气设备的作用,它属于保护电器。

　　1. 熔断器的结构

　　熔断器在结构上主要由熔断管(或盖、座)、熔体及导电部分等组成。其中熔体是主要部分,它既是感测元件又是执行元件。熔断管一般由硬质纤维或瓷质绝缘材料制成半封闭式或封闭式管状外壳,熔体则装于其内。熔断管的作用是便于安装熔体和有利于熔体熔断时熄灭电弧。熔体由不同金属材料(铅锡合金、锌、铜或银等)制成丝状、带状、片状或笼状。常见的熔断器外形如图 3.11 所示。结构及图形符号如图 3.12 所示。

图 3.11　常见熔断器外形

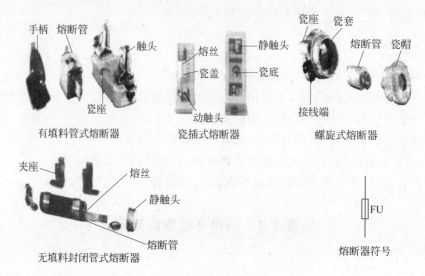

图 3.12　常见熔断器的结构及图形符号

2. 熔断器的分类

熔断器的种类很多,按结构来分,有半封闭插入式、螺旋式、无填料密封管式和有填料密封管式;按用途来分,有快速熔断器和特殊熔断器(如具有两段保护特性的快慢动作熔断器、自复式熔断器等)。

① 瓷插式熔断器。瓷插式熔断器结构简单、价格低廉、更换熔丝方便,广泛用做照明和小容量电动机的短路保护。常用的产品有 RC1A 系列。

② 螺旋式熔断器。螺旋式熔断器主要由瓷帽、熔断管(熔芯)、瓷套、上下接线桩及底座等组成。常用的产品有 RL1、RL6、RL7、RLS2 等系列。该系列产品的熔管内装有石英砂或惰性气体,用于熄灭电弧,具有较高的分断能力,并带有熔断指示器,当熔体熔断时指示器自动弹出。其中 RL1、RL6、RL7 多用于机床配电线路中;RLS2 为快速熔断器,主要用于保护电力半导体器件。

③ 无填料密封管式熔断器。常用的无填料密封管式熔断器为 RM 系列,主要由熔断管、熔体和静插座等部分组成,具有分断能力强、保护性好、更换熔体方便等优点,但造价较高。无填料密封管式熔断器适用于额定电压交流 380V 或直流 440V 的各电压等级的电力线路及成套配电设备中,作为短路保护或防止连续过载之用。

RM 系列无填料密封管式熔断器有 RM1、RM3、RM7、RM10 等系列产品。为了保证这类熔断器的保护功能,当熔管中的熔体熔断三次后,应更换新的熔管。

④ 有填料密封管式熔断器。使用较多的有填料密封管式熔断器为 RT 系列。主要由熔管、触刀、夹座、底座等部分组成。它具有极限断流能力大(可达 50kA)、使用安全、保护特性好、带有明显的熔断指示器等优点,缺点是熔体熔断后不能单独更换,造价较高。有填料密封管式熔断器适用于交流电压 380V、额定电流 1000A 以内的高短路电流的电力网络和配电装置中,作为电路、电动机、变压器及电气设备的过载与短路保护。

RT 系列有填料密封管式熔断器有螺栓连接的 RT12、RT15 系列和圆筒形帽熔断器RT14、RT19 系列等。

3. 熔断器的型号

常用熔断器的型号的含义如下：

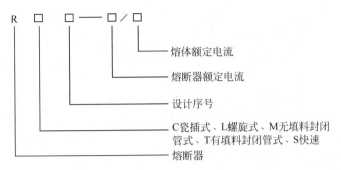

```
R □    □ —— □ / □
```
- 熔体额定电流
- 熔断器额定电流
- 设计序号
- C瓷插式、L螺旋式、M无填料封闭管式、T有填料封闭管式、S快速
- 熔断器

4. 熔断器的选用

① 熔断器的类型应根据使用场合及安装条件进行选择。电网配电一般用管式熔断器；电动机保护一般用螺旋式熔断器；照明电路一般用瓷插式熔断器；保护可控硅则应选择快速熔断器。

② 熔断器的额定电压必须大于或等于线路的电压。

③ 熔断器的额定电流必须大于或等于所装熔体的额定电流。

④ 合理选择熔体的额定电流。对于变压器、电炉和照明等负载,熔体的额定电流应约大于线路负载的额定电流；对于一台电动机负载的短路保护,熔体的额定电流应大于或等于 1.5~3.5 倍电动机的额定电流；对于几台电动机同时保护,熔体的额定电流应大于或等于其中最大容量的一台电动机的额定电流的 1.5~3.5 倍加上其余电动机额定电流的总和；对于降压启动的电动机,熔体的额定电流应等于或略大于电动机的额定电流。

5. 熔断器的安装及使用注意事项

① 安装前检查熔断器的型号、额定电流、额定电压、额定分断能力等参数是否符合规定要求。

② 安装熔断器除保证足够的电气距离外,还应保证足够的间距,以便于拆卸、更换熔体。

③ 安装时应保证熔体和触刀,以及触刀和触刀之间接触紧密可靠,以免由于接触处发热,使熔体温度升高,发生误熔断。

④ 安装熔体时必须保证接触良好,不允许有机械损伤,否则准确性将大大降低。

⑤ 熔断器应安装在各相线上,三相四线制电源的中性线上不得安装熔断器,而单相两线制的零线上应安装熔断器。

⑥ 瓷插式熔断器安装熔丝时,熔丝应顺着螺钉旋紧方向绕过去,同时应注意不要划伤熔丝,也不要把熔丝绷紧,以免减小熔丝截面尺寸或绷断熔丝。

⑦ 安装螺旋式熔断器时,必须将用电设备的连接线接到金属螺旋壳的上接线端,电源线接到瓷底座的下接线端(即低进高出的原则),使旋出瓷帽更换熔断管时金属壳上不带电,以确保用电安全。

⑧ 更换熔体,必须先断开电源,一般不应带负载更换熔体,以免发生危险。

⑨ 在运行中应经常注意熔断器的指示器,以便及时发现熔体熔断,防止缺相运行。

⑩ 更换熔体时,必须注意新熔体的规格尺寸、形状应与原熔体相同,不能随意更换。更不可以用铜丝或铁丝代替。

6. 快速熔断器

快速熔断器是有填料封闭式熔断器,它具有发热时间常数小,熔断时间短,动作迅速等特点。它主要用于半导体元件或整流装置的短路保护。其主要型号有 RS0、RS3、RS14 和 RLS2 等系列。

由于半导体元件的过载能力很低,只能在极短的时间内承受较大的过载电流,因此要求短路保护器件具有快速熔断能力。快速熔断器的结构与有填料封闭管式熔断器基本相同,但熔体材料和形状不同。其熔体一般用银片冲成有 V 形深槽的变截面形状,图 3.13 所示为快速熔断器的外形。

图 3.13 快速熔断器的外形

任务实施

1. 任务要求

正确掌握熔断器型号的选择;熟练地对熔断器进行拆卸与组装,以加深对熔断器使用的认识。

2. 仪器、设备、元器件及材料

元件见表 3.11。

表 3.11 元件表

序号	名　　称	型号与规格	数量	备　　注
1	螺钉旋具	75mm	1 套	一字型和十字型
2	熔断器	RC1A-10、RC1A-10、RL1-60/30A、RL1-60/30A、RL1-60/30A、RM10 系列、RT0 系列	若干	
3	万用表	MF-47 或其他	1 个	
4	丝状熔体	20A、25A、30A	若干	长度 100cm
5	管状熔体	10A、15A、20A、25A、30A、35A	若干	
6	三相异步电动机	12kW、额定电流 25.3A、额定电压 380V	1 台	

3. 任务原理与说明

在电气设备安装和维护时,只有正确选择熔断器的熔体和熔断管,才能保证线路和用电设备的正常工作,起到保护作用。

4. 任务内容及步骤

(1)熔断器的选择

① 熔断器类型的选择。选择熔断器的类型时,主要依据负载的保护特性和短路电流的

大小。例如,用于保护照明和电动机的熔断器,一般是考虑它们的过载保护,这时,希望熔断器的熔化系数适当小些。所以容量较小的照明线路和电动机宜采用熔体为铅锌合金的 RC1A 系列熔断器,而大容量的照明线路和电动机,除过载保护外,还应考虑短路时分断短路电流的能力。若短路电流较小时,可采用熔体为锡质的 RC1A 系列或熔体为锌质的 RM10 系列熔断器。用于车间低压供电线路的保护熔断器,一般是考虑短路时它的分断能力。当短路电流较大时,宜采用具有高分断能力的 RL1 系列熔断器。当短路电流相当大时,宜采用有限流作用的 RT0 及 RT12 系列熔断器。

② 熔体额定电流的选择。

- 用于保护照明或电热设备的熔断器,因负载电流比较稳定,熔体的额定电流一般应等于或稍大于负载的额定电流,即

$$I_{re} \geqslant I_e$$

式中,I_{re} 为熔体的额定电流;I_e 为负载的额定电流。

- 用于保护单台长期工作电动机(即供电支线)的熔断器,考虑电动机启动时不应熔断,即:

$$I_{re} \geqslant (1.5 \sim 3.5) I_e$$

- 轻载启动或启动时间比较短时,系数可取近似 1.5;带重载启动或启动时间比较长时,系数可去取近似 3.5。

③ 用于保护频繁启动电动机(即供电支线)的熔断器,考虑频繁启动时发热而熔断器也不应熔断,即

$$I_{re} \geqslant (3 \sim 3.5) I_e$$

式中,I_{re} 为熔体的额定电流;I_e 为电动机的额定电流。

- 用于保护多台电动机(即供电干线)的熔断器,在出现尖蜂电流时不应熔断。通常将其中容量最大的一台电动机启动,而其余电动机正常运行时出现的电流作为其尖蜂电流。为此,熔体的额定电流应满足下述关系

$$I_{re} \geqslant (1.5 \sim 3.5) I_{e,max} + \Sigma I_e$$

式中,$I_{e,max}$ 为多台电动机中容量最大的一台电动机额定电流;ΣI_e 为其余电动机额定电流之和。

- 为防止发生越级熔断,上、下级(即供电干、支线)熔断器间应有良好的协调配合,为此,应使上一级(供电干线)熔断器的熔体额定电流比下一级(供电支线)大 1~2 个级差。

③ 熔断器额定电压的选择。熔断器的额定电压应等于或大于线路的额定电压。

④ 熔断器的最大分断能力应大于被保护线路上的最大短路电流。

(2)熔断器的拆卸

① 拧开瓷帽,取下瓷帽。在拧开瓷帽时,要用手按住瓷座。

② 取下熔芯,注意不要使上端红色指示器脱落。

(3)熔断器的检查

① 检查熔断器有无破裂或损伤和变形现象,瓷绝缘部分有无破损。

② 检查熔断器的实际负载大小,看是否与熔体的额定值相匹配。

③ 检查熔体有无氧化、腐蚀或损伤,必要时应及时更换。

④ 检查熔断器接触是否紧密,有无过热现象。

⑤ 检查是否有短路、断路及发热变色现象。

(4) 熔断器的装配

熔断器的装配按拆卸的逆顺序进行。装配时应保证接线端等处接触良好。螺旋式熔断器的电源进线端应接在底座中心端的下接线桩上,出线端接在上接线桩上。

任务考核

针对考核任务,相应的考核评分细则参见表3.12。

表 3.12　评分细则

序号	考核内容	考核项目	配分	评分标准	得分
1	型号选择	(1) 了解熔断器的分类 (2) 了解各类熔断器的使用场合 (3) 了解熔断器型号的选择步骤	50分	(1) 能叙述熔断器的分类、结构和作用(10分) (2) 熔断器型号的选择(20分) (3) 熔断器熔体的选择(20分)	
2	螺旋式熔断器拆卸	(1) 熔断器的结构 (2) 熔断器的工作原理 (3) 熔断器的维修	20分	(1) 拆卸步骤及方法(10分) (2) 熔断器的工作原理(5分) (3) 熔断器的维修(5分)	
3	螺旋式熔断器装配	(1) 熔断器的装配方法	30分	(1) 装配步骤及方法(25分) (2) 熔断器熔体放置方法(5分)	
4	安全文明生产			违反安全文明操作规程酌情扣分	
合计			100分		

注:每项内容的扣分不得超过该项的配分。

任务结束前,填写、核实制作和维修记录单并存档。

思考与练习

1. 熔断器的主要作用是什么?其类型及常用产品有哪几种?

2. 熔断器的选用原则是什么?在选用时应注意哪些事项?

3. 某公司有三间办公室,每间内装有100 W白炽灯两盏,1600 W电热取暖器一台。问该公司配电板上熔断器内的熔丝该如何选择?

4. 在安装了熔断器保护的电动机控制电路中,电动机启动瞬间熔体即熔断,试分析可能产生的原因?

任务3.4　使用主令电器

任务描述

主令电器主要用来接通和切换控制电路,通过发布指令,以达到对电力传动系统的控制或实现程序控制。通过对主令电器的学习、认识，为后续电气控制线路中合理选用主令电器奠定基础。

任务分析

- 知识点：了解主令电器的外形符号、结构、主要技术参数和动作原理，掌握使用方法。
- 技能点：能使用主令电器。

任务资讯

主令电器是一种非自动切换的小电流开关电器，它在控制电路中的作用是发布命令去控制其他电器动作，以实现生产机械的自动控制。由于它专门发送命令或信号，故称主令电器，也称主令开关。

主令电器应用很广泛，种类繁多。最常见的有按钮开关、位置开关、万能转换开关和主令控制器等。

1. 按钮开关

按钮开关是一种手按下即动作、手释放即复位的短时接通的小电流开关电器。它适用于交流电压 500V 或直流电压 440V，电流为 5A 及以下的电路中。一般情况下，它不直接操纵主电路的通断，而是在控制电路发出"指令"，通过接触器、继电器等电器去控制主电路，也可用于电气联锁等线路中。

（1）结构及工作原理。按钮开关一般由按帽、复位弹簧、桥式动触头、静触头和外壳等组成，常见按钮的外形、结构及图形符号如图 3.14 所示。

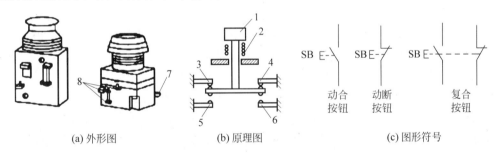

(a) 外形图　　　　　(b) 原理图　　　　　(c) 图形符号

1—按钮帽；2—复位弹簧；3,4—动断触点；5,6—动合触点；7,8—触点接线柱

图 3.14　按钮开关的外形、结构及图形符号

按钮开关按照用途和触头的结构不同分为停止按钮（常闭按钮）、启动按钮（常开按钮）及复合按钮（常开常闭组合按钮）三类。按钮的种类很多，常用的有 LA2、LA18、LA19 和 LA20 等系列。按钮帽有红、黄、蓝、白、绿、黑等颜色，可供值班人员根据颜色来辨别和操作。

① 动合（常开）触点：手指未按时，即正常状态下，触头是断开的，见图 3.14（b）中的 5-6。当手指按下按钮帽时，触头 5-6 被接通；而手指松开后，按钮在复位弹簧的作用下自动复位断开。

② 动断(常闭)触点：手指未按下时,即正常状态下,触头是闭合的,见图 3.14(b)中的 3-4。当手指按下按钮帽时,触头 3-4 被断开;而手指松开后,按钮在复位弹簧的作用下自动复位闭合。

③ 复合按钮：手指未按时,即正常状态下,触头 3-4 是闭合的,而 5-6 是断开的。当手指按下按钮帽时,触头 3-4 首先被断开,而后 5-6 再闭合,有一个很小的时间差,当手指松开时,触头全部恢复原状态。

(2) 按钮的选用。

① 根据使用场合选择按钮的种类。

② 根据用途选择合适的形式。

③ 根据控制回路的需要确定按钮数。

④ 按工作状态指示和工作情况要求选择按钮和指示灯的颜色。

(3) 按钮的安装和使用。

① 将按钮安装在面板上时,应布置整齐,排列合理,可根据电动机启动的先后次序从上到下或从左到右排列。

② 按钮的安装固定应牢固,接线应可靠。应用红色按钮表示停止("急停"按钮必须是红色蘑菇头式),绿色或黑色表示启动或通电,不要搞错。

③ 由于按钮触头间距较小,如有油污等容易发生短路故障,因此应保持触头的清洁。

④ 安装按钮的按钮板和按钮盒必须是金属的,并设法使它们与机床总接地母线相连接,对于悬挂式按钮必须设有专用接地线,不得借用金属管作为地线。

⑤ 带指示灯的按钮因灯泡发热,长期使用易使塑料灯罩变形,应降低灯泡电压,延长使用寿命。

2. 行程开关

(1) 行程开关的作用。行程开关又叫限位开关或位置开关,作用与按钮开关相同,只是其触头的动作是利用生产机械的运动部件的碰撞,将机械信号变为电信号,达到接通或断开控制电路,实现一定控制要求的目的。通常,它用来限制机械运动的位置或行程,使运动机械按一定位置或行程自动停止、反向运动、变速运动或自动往返运动等。

(2) 外形、种类和结构。行程开关的外形如图 3.15 所示,工作过程如图 3.16(a)所示,图形符号如图 3.16(b)所示。行程开关由操作头、触头系统和外壳组成。按结构可分为按钮式(直动式)、旋转式(滚动式)和微动式三种。

图 3.15　行程开关的外形

(a) 行程开关的工作过程　　　　(b) 行程开关的图形符号

图 3.16　行程开关的工作过程及图形符号

　　行程开关的作用和工作原理与按钮开关相同,区别在于触点的动作不靠手动操作,而是通过生产机械运动部件的碰撞触头碰压而使触点动作(如图 3.16(a)所示),从而实现接通或分断控制电路,达到预定的控制目的。

　　如图 3.17 所示,当运动机械的挡铁压到行程开关的滚轮上时,杠杆 2 连同转轴 3 一起转动,使凸轮 4 推动撞块 5。当撞块被压到一定位置时,推动微动开关 7 快速动作,使其常闭触头分断,常开触头闭合;滚轮上的挡铁移开后,复位弹簧 8 就使行程开关各部分恢复原始位置。这种单轮旋转式能自动复位。还有一种自动式行程开关也是依靠复位弹簧复位的。另有一种双滚轮式行程开关不能启动复位,当挡铁碰压其中一个滚轮时,摆杆不会自动复位,触点也不动,当部件返回时,挡铁硼动另一只滚轮,摆杆才回到原来的位置,触点又再次切换。

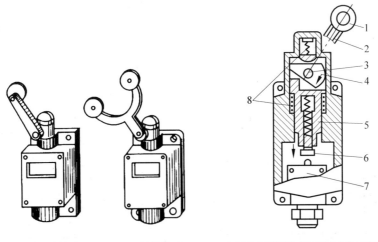

(a) 单轮旋转式　　(b) 双轮旋转式　　(c) JLXKI系列旋转式行程开关的动作原理图

1—滚轮;2—杠杆;3—转轴;4—凸轮;5—撞块;6—调节螺钉;7—微动开关;8—复位弹簧

图 3.17　旋转式行程开关

　　(3) 选用。可根据使用场合和控制电路的要求进行选用。当机械运动速度很慢,且被控制电路中电流较大时,可选用快速动作的行程开关。如被控制的回路很多,又不易安装时,可选用带有凸轮的转动式行程开关。再有要求工作频率很高,可靠性也较高的场合,可选用晶体管式的无触点行程开关。常用的行程开关有 LX19 和 JLXK1 等系列产品。

3. 万能转换开关

万能转换开关是多种配电设备的远距离控制开关,主要用做控制电路的转换或功能切换以及配电设备(高压油断路器、低压断路器等)的远距离控制,也可用做电压表、电流表的换向开关,还可用于控制伺服电动机和 5.5kW 及以下三相异步电动机的直接控制(启动;正、反转及多速电动机的变速)。由于这种开关触点数量多,因而可同时控制多条控制电路,用途较广,故称为万能转换开关。

使用万能转换开关控制电动机的主要缺点是没有过载保护,因此它只能用于小容量电动机上。

万能转换开关的手柄形式有旋钮式、普通式、带定位钥匙式和带信号灯式等。

万能转换开关的的常用型号有 LW2、LW4、LW5、LW6、LW8 等系列。其中 LW5 的触点系统有 1~16、18、21、24、27、30 挡等 21 种。16 挡以下者为单列,每层只能接换一条线路;18 挡以上为三列,一层可接换三条线路。其手柄有 0 位、左转 45°及右转 45°三个位置。分别对应于电动机的停止、正转和反转三种运行状态。

万能转换开关由凸轮机构、触点系统和定位装置等主要部件组成,并用螺栓组装成整体。依靠凸轮转动,用变换半径来操作触头,使其按预定顺序接通与分断电路,同时由定位机构和限位机构来保证动作的准确可靠。凸轮用尼龙或耐磨塑料压制而成,其工作位置有90°、60°、45°、30°四种,触头系统多为双断口桥式结构,定位装置采用滚轮卡棘轮的辐射形机构。万能转换开关的外形见图 3.18 所示。万能转换开关在电路图中的图形符号如图 3.19(a)所示。各层触点在不同位置时的开、合情况如图 3.19(b)所列,可提供使用者在安装和维修时查对。图中"—○ ○—"代表一路触点,每一根竖点画线则表示手柄位置,在某一位置该哪路接通,即用下方的黑点表示。在图 3.19(b)所示的触点通断表中,在 Ⅰ 或 Ⅱ 位置,凡打有"×"者表示该两个触点接通。

图 3.18　万能转换开关外形

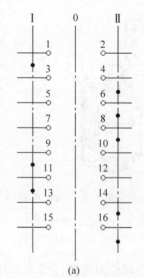

触点标号	Ⅰ	0	Ⅱ
1—2	×		
3—4			×
5—6			×
7—8			×
9—10	×		
11—12	×		
13—14			×
15—16			×

(a)　　　　　　　　(b)

图 3.19　万能转换开关符号及触点通断表

选用万能转换开关时,应根据其用途、所需触点数量和额定电流等方面考虑。LW5 系列万能转换开关在额定电压 380V 时,额定电流为 12A,额定操作频率为 120 次/h,机械寿命为 100 万次。

4. 接近开关

行程开关是有触点开关,在操作频繁时,易产生故障,工作可靠性也较低。接近开关是无触点开关,按工作原理来区分,有高频振荡型、电容型、感应电桥型、永久磁铁型、霍尔效应型等多种,其中最常用的是高频振荡型。

高频振荡型接近开关的电路由振荡器、晶体管放大器和输出电路三部分组成。其基本工作原理是:当装在运动部件上的金属物体接近高频振荡器的线圈 L(称为感辨头)时,由于该物体内部产生涡流损耗,使振荡回路等效电阻增大,能量损耗增加,从而使振荡减弱直至终止,输出控制信号。通常把接近开关刚好动作时感辨头与检测体之间的距离称为动作距离。

常用的接近开关有 LJ1、LJ2 和 JXJO 等系列。图 3.20 所示为接近开关的外形与图形、文字符号图。

图 3.20 接近开关的外形及图形、文字符号

接近开关因具有工作稳定可靠、使用寿命长、重复定位精度高、操作频率高、动作迅速等优点,故应用越来越广泛。

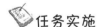 **任务实施**

1. 任务要求

熟悉行程开关与按钮开关的作用与结构。能够正确使用行程开关和按钮开关。

2. 仪器、设备、元器件及材料

元件见表 3.13。

表 3.13 元件表

名 称	型号与规格	数量	备 注
行程开关	JLXK1 系列或其他	1 个	
按钮开关	LA10-3H	1 个	

3. 任务原理与说明

行程开关是用以反映工作机械的行程,发出命令,以控制运动机械的运动方向和行程大小的开关。它主要用于机床、自动生产线和其他机械的限位及行程控制。常用的行程开关有 LX19K、LX19-111、LX19-121、LX19-131、LX19-212、LX19-222、LX19-232、JLXK1 等型号。

按钮开关是一种手动且一般可自动复位的主令电器。它不直接控制主电路的通断,而是通过控制电路的接触器、继电器等来操纵主电路。

4. 任务内容及步骤

(1)准备工作。行程开关与按钮开关的识别。

(2)检测工作。在选用行程开关时,要根据应用场合及控制电路的要求选择。同时,根据机械与行程开关的传动与位移关系,选择合适的操作形式。

任务考核

针对考核任务,相应的考核评分细则参见表 3.14。

表 3.14　评分细则

序号	考核内容	考核项目	配分	评分标准	得分
1	主令电器的功能、结构及特点	(1) 主令电器的功能 (2) 主令电器的结构 (3) 主令电器开关的特点	30 分	(1) 能阐述主令电器的功能(10 分) (2) 能叙述主令电器的结构(10 分) (3) 能简述主令电器的特点(10 分)	
2	行程开关的作用及结构	(1) 行程开关的作用 (2) 行程开关的结构	30 分	(1) 能阐述行程开关的作用(15 分) (2) 能描述行程开关的结构(15 分)	
3	按钮开关的作用及结构	(1) 按钮开关的作用 (2) 按钮开关的结构	30 分	(1) 能阐述按钮开关的作用(15 分) (2) 能描述按钮开关的结构(15 分)	
4	行程开关的选用	行程开关的选用	10 分	能够简述行程开关选用的注意事项(10 分)	
5	安全文明生产			违反安全文明操作规程酌情扣分	
合计			100 分		

注:每项内容的扣分不得超过该项的配分。

任务结束前,填写、核实制作和维修记录单并存档。

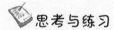

思考与练习

1. 什么是主令电器?常用的主令电器有哪些?行程开关在机床控制中一般的用途有哪些?

2. 按钮开关、行程开关和刀开关都是开关,它们的作用有什么不同?可否用按钮开关直接控制三相异步电动机?

3. 行程开关在选用时,应注意哪些方面?

4. 万能转换开关有何特点,其作用是什么?

5. 在实际应用中,挡铁碰撞行程开关,而其触头不动作,试分析可能产生的原因?

6. 行程开关在安装时,要注意哪些问题?

7. 试述按钮开关颜色如何选择?

任务 3.5　使用与检查交流接触器

任务描述

　　交流接触器是用来频繁接通或切换较大负载电流电路的一种电磁式控制电器。其主要控制对象是电动机。通过对交流接触器的学习，为后续三相异步电动机的控制线路安装奠定基础。

任务分析

- 知识点：了解交流接触器的外形符号、结构、主要技术参数和动作原理，掌握使用方法和检查方法。
- 技能点：能使用、检查交流接触器。

任务资讯

　　1. 交流接触器的结构和工作原理

　　交流接触器是一种用来接通或切断电动机或其他电力负载（如电阻炉、电焊机等）主电路的一种控制电器。它具有控制容量大、欠电压释放保护、零压保护、频繁操作、工作可靠、寿命长等优点。

　　按其主触头通断电流的种类，接触器可以分为直流接触器和交流接触器两种，其线圈电流的种类一般与主触头相同，但有时交流接触器也可以采用直流控制线圈或直流接触器采用交流控制线圈。

　　常用的交流接触器有 CJ0、CJ10、CJ12、CJ20、CJX1、CJX2、B、3TB 等系列产品。CJ10、CJ12 系列为早期全国统一设计产品，CJ10X 系列消弧接触器是近年来发展起来的新产品，适用于条件较差、频繁启动和反接制动的电路中。近年来还生产了由晶闸管组成的无触点接触器，主要用于冶金和化工行业。

　　(1) 接触器的结构。交流接触器的外形及图形符号如图 3.21 所示。交流接触器主要由以下四部分组成：

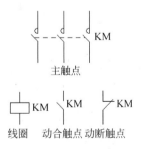

图 3.21　交流接触器的外形及图形符号

① 电磁机构。电磁机构由线圈、动铁芯(衔铁)、静铁芯和释放弹簧组成。其结构形式取决于铁芯与衔铁的运动方式,共有两种。一种是衔铁绕轴转动的拍合式,如 CJ12B 型交流接触器;另一种是衔铁作直线运动的直动式,如 CJ0、CJ10 型交流接触器。

② 触头系统。包括主触头和辅助触头。主触头的接触面积较大,用于通断负载电流较大的主电路,通常是三对(三极)动合触头;辅助触头接触面积小,具有动合和动断两种形式,无灭弧装置,用于通断电流较小(小于 5A)的控制电路。

③ 灭弧装置。直流接触器和电流在 20A 以上的交流接触器都有灭弧装置。对于较小容量的接触器可采用双断点桥式电动灭弧,或相间弧板隔弧及陶土灭弧罩灭弧;对于大容量的接触器采用纵缝灭弧罩及栅片灭弧。

④ 其他部分。包括作用弹簧、缓冲弹簧、触头压指弹簧、传动机构、连接导线及外壳等。

(2) 接触器的工作原理。当交流接触器线圈通电后,在铁芯中产生磁通。磁场对衔铁产生吸力,使衔铁产生闭合动作,主触头在衔铁的带动下闭合,于是接通了主电路。同时衔铁还带动辅助触头动作,使原来断开的辅助触头闭合,而使原来闭合的辅助触头断开。当线圈断电或电压显著降低时,吸力消失或减弱,衔铁在释放弹簧作用下打开,主、辅助触头又恢复原来状态。这就是交流接触器的工作原理。

直流接触器的工作原理与交流接触器基本相同,仅在电磁机构方面不同。对于直流电磁机构,因其铁芯不发热,只有线圈发热,所以通常直流电磁机构的铁芯是用整块钢材或工程纯铁制成;它的励磁线圈做成高而薄的瘦高型,且不设线圈骨架,使线圈与铁芯直接接触,易于散热。而对于交流电磁机构,由于其铁芯存在磁滞和涡流损耗,这样铁芯和线圈都发热,所以通常交流电磁机构的铁芯用硅钢片叠铆而成;它的励磁线圈设有骨架,使铁芯与线圈隔离,并将线圈制成短而厚的矮胖型,这样有利于铁芯和线圈的散热。

(3) 交流接触器的选用。

① 接触器类型的选择。根据电路中负载电流的种类来选择,即交流负载应选用交流接触器;直流负载应选用直流接触器。

② 主触头额定电压和额定电流的选择。接触器主触头的额定电压应大于或等于负载电路的额定电压。主触头的额定电流应大于负载电路的额定电流。

③ 线圈电压的选择。交流线圈电压有 36V、110V、127V、220V、380V 几种;直流线圈电压有 24V、48V、110V、220V、440V 几种。从人身和设备安全角度考虑,线圈电压可选择低一些,但当控制线路简单,线圈功率较小时,为了节省变压器,可选 220V 或 380V。

④ 触头数量及触头类型的选择。通常交流接触器的触头数量应满足控制回路数的要求,触头类型应满足控制线路的功能要求。

⑤ 接触器主触头额定电流的选择。主触头额定电流应满足下面条件,即

$$I_{N主触头} \geqslant \frac{P_{N电动机}}{(1-1.4)U_{N电动机}}$$

若接触器控制的电动机启动或正反转频繁,一般将接触器主触头的额定电流降一级使用。

⑥ 接触器操作频率的选择。操作频率是指接触器每小时的通断次数。当通断电流较大或通断频率过高时,会引起触头过热,甚至熔焊。操作频率若超过规定值,应选用额定电流大一级的接触器。

（4）交流接触器的安装使用及维护

① 接触器安装前应核对线圈额定电压和控制容量等是否与选用的要求相符合。

② 安装接触器时，除特殊情况外，一般应垂直安装，其倾斜不得超过 5°；有散热孔的接触器，应将散热孔放在上下位置。

③ 接触器使用时，应进行经常和定期的检查与维修。经常清除表面污垢，尤其是进出线端相间的污垢。

④ 接触器工作时，如发出较大的噪声，可用压缩空气或小毛刷清除衔铁极面上的尘垢。

⑤ 接触器主触头的银接点厚度磨损至不足 0.5mm 时，应更换新触头；主触头弹簧的压缩行程小于 0.5mm 时，应进行调整或更换新触头。

⑥ 接触器如出现异常现象，应立即切断电源，查明原因，排除故障后方可再次投入使用。

 任务实施

1. 任务要求

了解交流接触器的结构组成；掌握交流接触器的拆卸与组装。

2. 仪器、设备、元器件及材料

元件见表 3.15 所示。

表 3.15　元件表

名　称	型号与规格	数量	备　注
工具		1 套	螺钉旋具（一字型和十字型）、电工刀、尖嘴钳、钢丝钳
万用表	MF47 型或其他	1 个	
交流接触器	CJ20-16 型或其他	1 个	线圈电压 380V
三相自耦调压器	0～250V、400V、3kV	1 台	

3. 任务原理与说明

行程开关是用以反映工作机械的行程，发出命令，以控制运动机械的运动方向和行程大小的开关。它主要用于机床、自动生产线和其他机械的限位及行

交流接触器是一种常用的控制电器，主要用于频繁接通或分断交流电路。控制容量大，可远距离操作，配合继电器可以实现定时操作、联锁控制、各种定量控制和具有失电压及欠电压保护，广泛应用于自动控制电路中。其主要控制对象是电动机，也可用于控制其他电力负载。因此，了解和掌握接触器的结构及工作原理对正确使用接触器具有重要意义。

4. 任务内容及步骤

（1）交流接触器的拆卸

① 卸下灭弧罩紧固螺钉，取下灭弧罩。

② 拉紧主触头定位弹簧夹，取下主触头及主触头压力弹簧片。拆卸主触头时必须将主触头侧转 45°后取下。

③ 松开辅助常开静触头的接线桩螺钉，取下常开静触头。

④ 松开接触器底部的盖板螺钉，取下盖板。在松盖板螺钉时，要用手按住螺钉并慢慢放松。

⑤ 取下静铁芯缓冲绝缘纸片及静铁芯。

⑥ 取下静铁芯支架及缓冲弹簧。

⑦ 拔出线圈接线端的弹簧夹片,取下线圈。

⑧ 取下反作用弹簧,取下衔铁和支架。

⑨ 从支架上取下动铁芯定位销。

⑩ 取下动铁芯及缓冲绝缘纸片。

(2) 交流接触器的检查

① 检查灭弧罩有无破裂或烧损,清除灭弧罩内的金属飞溅物和颗粒。

② 检查触头的磨损程度,磨损严重时应更换触头。若不需更换,则清除触头表面上烧毛的颗粒。

③ 清除铁芯端面的油垢,检查铁芯有无变形及端面接触是否平整。

④ 检查触头压力弹簧及反作用弹簧是否变形或弹力不足,如有则需要更换弹簧。触头压力的测量与调整方法为:将一张约 0.1mm 厚比触头稍宽的纸条夹在触头之间,使触头处于闭合状态,用手动拉纸条。若触头压力合适,稍用力纸条便可拉出,若纸条很容易被拉出,说明触头压力不够,若纸条被拉断,说明触头压力过大,可调整或更换触头弹簧,直到符合要求。

⑤ 检查电磁线圈的电阻是否正常。

⑥ 自检。检查各对触头是否良好;用兆欧表测量各触头间及主触头对地电阻是否符合要求;用手按动主触头检查运动部分是否灵活,以防产生接触不良、振动和噪声。

⑦ 通电测试,接触器应固定在控制板上,用三相自耦调压器按接触器线圈电压标准给接触器通电,看触头动作情况是否正常。

(3) 交流接触器的装配

装配按拆卸的逆顺序进行。

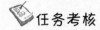 任务考核

针对考核任务,相应的考核评分细则参见表 3.16。

表 3.16 评分细则

序号	考核内容	考核项目	配分	评分标准	得分
1	拆卸与装配	(1) 交流接触器的结构 (2) 拆卸步骤及方法 (3) 接触器的装配	50分	(1) 能阐述接触器的结构组成(10分) (2) 拆卸步骤及方法(20分) (3) 能正确装配接触器(20分)	
2	调整触头压力	判断和调整触头压力的方法。	20分	(1) 能凭经验判断触头压力的大小(5分) (2) 触头压力的调整方法(15分)	
3	校验	检查接触器的好坏	30分	(1) 能进行通电校验(15分) (2) 检查、校验方法(15分)	
4	安全文明生产			违反安全文明操作规程酌情扣分	
	合计		100分		

注:每项内容的扣分不得超过该项的配分。

任务结束前,填写、核实制作和维修记录单并存档。

任务拓展

1. 直流接触器

直流接触器主要用来远距离接通和分断电压至 440V,电流至 630A 的直流电路,以及频繁地控制直流电动机的启动、反转与制动等。

常用的直流接触器有 CZ0、CZ18、CZ21、CZ22、CZ28 等系列产品。一般工业中,如冶金、机床设备的直流电动机控制,普遍采用 CZ0 系列直流接触器,因为它具有寿命长、体积小、工艺性好、零部件通用性强等优点。

直流接触器的结构和工作原理与交流接触器基本相同,只是采用了直流电磁机构。直流接触器也是由电磁机构、触点系统和灭弧装置等三部分组成的。电磁机构多采用拍合式电磁铁,如图 3.22 所示,由于线圈中流过直流电流,铁芯不会产生涡流,铁芯用整块软钢制成。线圈电阻大,以限制直流电流,线圈发热较大,所以,通常将线圈制成长而薄的圆筒状。使用时线圈的额定电压一定要和线路电压相符合。为了保证动铁芯的可靠释放,常在磁路中夹有非磁性垫片,以减小剩磁的影响。

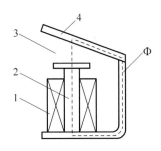

1—线圈;2—铁芯;3—气隙;4—衔铁

图 3.22 拍合式电磁铁

灭弧装置是直流接触器的重要部分,因为直流电路分断时,直流电弧燃烧稳定,比交流电弧强烈得多。直流接触器多采用磁吹式灭弧装置。

由于磁吹线圈产生的磁场经过上、下导磁片,磁通比较集中,电弧将在磁场中产生更大的电动力,使电弧拉长并拉断,从而达到灭弧的目的。这种灭弧装置,由于磁吹线圈同主电路串联,所以其电弧电流越大,灭弧能力越强,并且磁吹力的方向与电流方向无关,故一般用于直流电路中。直流接触器的主触点多采用滚动接触的指形触点,做成单极或双极。

思考与练习

1. 接触器的主要作用是什么?接触器主要由哪些部分组成?交流接触器和直流接触器有什么区别?

2. 简述接触器的工作原理。举例说明交流接触器的吸合电压与释放电压是否相同?

3. 交流接触器能否作为直流接触器使用?

4. 接触器的主要技术参数有哪些?选用交流接触器时要考虑哪些因素?如何选择交流接触器的额定电流?

5. 线圈电压为 220V 的交流接触器,误接到交流为 380V 的电源上会发生什么问题?为什么?

6. 接触器在使用过程中,出现以下故障现象:①不吸合或吸合不牢;②出现线圈断电后,接触器不释放或释放缓慢;③铁芯噪声过大;④线圈过热或烧毁。试分析各种故障现象可能产生的原因是什么?

7. 接触器的维护项目主要包括哪些内容?

任务 3.6　检修与校验时间继电器

 任务描述

　　继电器是根据某一输入量变化来控制输出量跃变的自动切换电器,进行远距离控制和保护。通过对继电器的学习,为后续电气控制线路中正确选用继电器的类型奠定基础。

任务分析

- 知识点:了解继电器的外形符号、结构、主要技术参数和动作原理,掌握使用方法和检修方法。
- 技能点:能检修与校验时间继电器。

任务资讯

　　继电器是一种根据电量(电压、电流等)或非电量(压力、转速、时间、热量等)的变化来接通或断开控制电路,以完成控制和保护任务的自动切换电器。在电力机车控制电路中,继电器具有控制、保护和转换信号的作用。

　　继电器一般由感测机构、中间机构和执行机构三个基本部分组成。感测机构把感测到的电量或非电量传递给中间机构,将它与整定值(按要求预先调定的值)进行比较,当达到整定值(过量或欠量)时,中间机构则使执行机构动作,从而接通或断开所控制的电路。

　　继电器和接触器的基本任务都是用来接通和断开所控制的电路,但其所控制的对象与能力是有所区别的。继电器用来控制小电流电路,多用于控制电路;而接触器用来控制大电流电路,多用于主电路。

　　继电器种类很多,主要有控制继电器和保护继电器两类。常用的有电压继电器、电流继电器、中间继电器、热继电器、时间继电器和速度继电器等。

　　1. 热继电器

　　(1) 热继电器的结构。热继电器是利用感温元件受热而动作的一种继电器,它主要用于电动机过载保护、断相保护、电流不平衡保护及其他电气设备过热状态时的保护。目前我国在生产中常用的热继电器有国产的 JR16、JR20、JR36 等系列以及引进的 T 系列、3UA 等系列产品,它们均为双金属片式。

　　热继电器有两相或三相结构式,主要是由热元件、动作机构、触头系统、电流整定装置、复位机构和温度补偿元件等部件组成。热继电器的外形如图 3.23 所示,内部结构及符号如图 3.24 所示。

　　① 热元件。热元件是一段阻值不大的电阻丝,使用时与电动机主回路串联,被热元件包围着的双金属片是由两种具有不同膨胀系数的金属材料碾压而成的,如铁镍铬合金和铁镍合金。电阻丝一般由康铜、镍铬合金等材料制成。

　　② 动作机构和触头系统。动作机构利用杠杆传递及弓簧式瞬跳机构保证触头动作的迅速、可靠。触头为单断点弓簧式跳跃式动作,一般为一个常开触头,一个常闭触头。

图 3.23　热继电器的外形

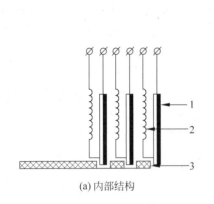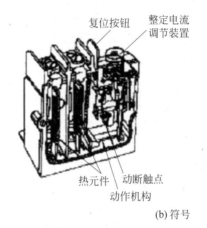

(a) 内部结构　　　　　　　　　　　　　　　　　　　　　(b) 符号

图 3.24　热继电器的内部结构及符号

③ 电流整定装置。通过旋钮和电流调节凸轮调节推杆间隙,改变推杆移动距离,从而调节整定电流。

④ 温度补偿元件。温度补偿元件也称为双金属片,其受热弯曲的方向与主双金属一致,它能保证热继电器的动作特性在 $-30°\sim+40°$ 的环境温度范围内基本上不受周围介质温度的影响。

⑤ 复位机构。复位机构有手动和自动两种形式,可根据使用要求通过复位调节螺丝来自由调整选择。一般自动复位的时间不大于 5min,手动复位时间不大于 2min。

(2) 热继电器的工作原理。热继电器的两组或三相发热元件串接在电动机的主电路中,而其动断触点串联在控制电路中。电动机正常工作时,双金属片不起作用。当电动机过载时,流过发热元件的电流超过其整定电流,使双金属片因受热而有较大的弯曲,向左推动导板,温度补偿双金属片与推杆相应移动,动触点离开静触点,于是使控制电路中的接触器线圈断电,从而断开电动机电源,达到过载保护的目的。

如果三相电源中有一相断开,电动机处于单相运行状态,定子电流显著增大,不管接在主电路中是两组发热元件还是三组发热,都能保证至少有一组发热元件起作用,使电动机得到保护。

热继电器动作后,应检查并消除电动机过载的原因,待双金属片冷却后,用手指按下复位按钮,可使动触点复位,与静触点恢复接触,电动机才能重新操作启动,或者通过调节螺丝待双金属片冷却后,使动触点自动复位。

(3)热继电器的选用。

① 热继电器的类型选用。一般轻载启动、长期工作的电动机或间断长期工作的电动机,选择二相结构的热继电器;当电源电压的均衡性和工作环境较差,或较少有人照管的电动机,或多台电动机的功率差别较大,可选择三相结构的热继电器;而三角形连接的电动机,应选用带断相保护装置的热继电器。

② 热继电器的额定电流选用。热继电器的额定电流应略大于电动机的额定电流。

③ 热继电器的型号选用。根据热继电器的额定电流应大于电动机的额定电流原则,查表确定热继电器的型号。

④ 热继电器的整定电流选用。一般将热继电器的整定电流调整到等于电动机的额定电流,对过载能力差的电动机,可将热元件整定值调整到电动机额定电流的 0.6～0.8 倍,对于启动时间较长,拖动冲击性负载或不允许停车的电动机,热继电器的整定电流应调节到电动机额定电流的 1.1～1.15 倍。

(4)热继电器的安装使用和维护。

① 热继电器进线端子标志为 1/L1、2/L2、3/L3,与之对应的出线端子标志为 2/T1、4/T2、6/T3,常闭触头接线端子标志为 95、96,常开触头接线端子标志为 97、98。

② 必须选用与所保护的电动机额定电流相同的热继电器,如不符合,则失去保护作用。

③ 热继电器除了接线螺钉外,其余螺钉均不得拧动,否则其保护特性即行改变。

④ 热继电器安装接线时,必须切断电源。

⑤ 当热继电器与其他电器安装在一起时,应将它安装在其他电器的下方,以免其动作特性受到其他电器发热的影响。

⑥ 热继电器的主回路连接导线不宜太粗,也不宜太细。如果连接导线过细,轴向导热差,热继电器可能提前动作;反之,连接导线太粗,轴向导热快,热继电器可能滞后动作。

⑦ 当电动机启动时间过长或操作次数过于频繁,会使热继电器误动作或烧坏电器,故这种情况一般不用热继电器过载保护。

⑧ 热继电器在出厂时均调整为自动复位形式。如欲调为手动复位,可将热继电器侧面孔内螺钉倒退约三四圈即可。

⑨ 热继电器脱扣动作后,若再次启动电动机,必须待热元件冷却后,才能使热继电器复位。

⑩ 热继电器的整定电流必须按电动机的额定电流进行调整,在调整时,绝不允许弯折双金属片。

2. 时间继电器

时间继电器是一种利用电磁原理或机械动作原理来延迟触头闭合或分断的自动控制电器。在电路中起控制动作的作用,它的种类很多,按动作原理,可分为电磁式、电动式、空气阻尼式(又称气囊式)、晶体管式等。常用时间继电器的外形如图 3.25 所示;时间继电器的符号如表 3.17 所示。按照延时方式,可分为通电延时、断电延时和重复延时三种。它们各有特点,适用于不同要求的场合。通电延时和断电延时的区别在于:通电延时是电磁线圈通电后,触头延时动作;断电延时是电磁线圈断电后,触头延时动作。

电磁式时间继电器结构简单,价格也便宜,但延时较短,只能用于直流电路的断电延时,

(a) 空气式　　　　　(b) 电子式　　　　　(c) 晶体管式

图 3.25　常见时间继电器

且体积和质量较大；空气阻尼式时间继电器利用气囊中的空气通过小孔节流的原理来获得延时动作的，延时范围较大，有 0.4～60s 和 0.4～180s 两种，可用于交流电路，更换线圈后也可用于直流电路。结构简单，有通电延时和断电延时两种，但延时误差较大；电动式时间继电器的延时精度较高，延时可调范围大，但价格较贵；晶体管式时间继电器也称半导体时间继电器或电子式时间继电器，其延时可达几分钟到几十分钟，比空气阻尼式长，比电动式短。延时精度比空气阻尼式好，比电动式略差。随着电子技术的发展，它的应用也日益广泛。目前，在交流电路中应用较广泛的是空气阻尼式时间继电器。

表 3.17　时间继电器的符号

名　称		图　形　符　号
线圈	线圈一般符号	KT
	通电延时线圈	KT
	继电延时线圈	KT
瞬时触头	常开触头	KT
	常闭触头	KT
延时触头	延时闭合动合（常开）触头	KT 或 KT
	延时断开动合（常开）触头	KT 或 KT
	延时闭合动断（常闭）触头	KT 或 KT
	延时断开动断（常闭）触头	KT 或 KT

　　（1）时间继电器的工作原理。常用的空气阻尼式时间继电器为 JS7-A 系列，图 3.26 是 JS7-A 系列时间继电器的结构示意图，它主要由电磁系统、工作触点、气室及传动机构等四

部分组成。

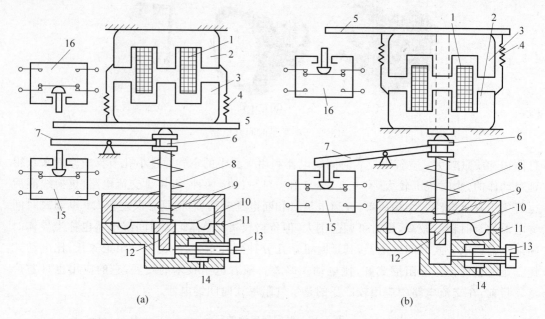

1—线圈；2—铁芯；3—衔铁；4—复位弹簧；5—推板；6—活塞杆；7—杠杆；8—塔形弹簧；

9—弱弹簧；10—橡皮膜；11—空气室腔；12—活塞；13—调节螺钉；14—进气孔；15、16—微动开关

图 3.26　JS7-A 系列时间继电器动作原理图

　　其工作原理如下：图 3.26(a)为通电延时型时间继电器，当线圈 1 通电时，铁芯 2 将衔铁 3 吸合（推板 5 使微动开关 16 立即动作），活塞杆 6 在塔形弹簧 8 的作用下，带动活塞 12 及橡皮膜 10 向上移动，由于橡皮膜下方气室空气稀薄，形成负压，因此活塞杆 6 不能迅速上移。当空气由进气孔 14 进入时，活塞杆 6 才逐渐上移。移到最上端时，杠杆 7 才使微动开关 15 动作。延时时间即为自电磁铁吸引线圈通电时刻起到微动开关动作时为止的这段时间。通过调节螺钉 13 调节进气孔的大小，就可以调节延时时间。

　　当线圈 1 断电后，衔铁 3 在复位弹簧 4 的作用下将活塞 12 推向最下端。因活塞被往下推时，橡皮膜 10 下方气室内的空气通过橡皮膜、弱弹簧 9 和活塞 12 肩部所形成的单向阀，迅速从橡皮膜上方缝隙中排掉，使得微动开关 15 动合触头瞬时闭合，动断触头瞬时断开。而微动开关 16 触头也立即复位。

　　将电磁机构翻转 180°安装，可得到图 3.26(b)所示的断电延时型时间继电器。它工作原理与通电型相似，微动开关 15 是在吸引线圈断电后延时动作。

　　(2) 时间继电器的选用。

　　① 类型的选择。在要求延时范围大、延时准确度较高的场合，应选用电动式或电子式时间继电器。当延时精度要求不高、电源电压波动大的场合，可选用价格较低的电磁式或气囊式时间继电器。

　　② 线圈电压的选择。据控制线路电压来选择时间继电器吸引线圈的电压。

　　③ 延时方式的选择。时间继电器有通电延时和断电延时两种，应根据控制线路的要求来选择。

（3）时间继电器的安装使用和维护。

① 必须按接线端子图正确接线，核对继电器额定电压与所接的电源电压是否相符，直流型应注意电源极性。

② 时间继电器应按说明书规定的方向安装。无论是通电延时型还是断电延时型，都必须使继电器在断电后，释放时衔铁的运动方向垂直向下，其倾斜度不得超过 5°。

③ 对于晶体管时间继电器，延时刻度不表示实际延时值，仅供调整参考。若需精确的延时值，需在使用时先核对延时数据。

④ JS7-A 系列时间继电器由于无刻度，故不能准确地调整延时时间，同时气室的进排气孔也有可能被尘埃堵住而影响延时的准确性，应经常清除灰尘和油污。

⑤ JS7-1A、JS7-2A 系列时间继电器只要将线圈转动 180° 即可将通电延时改为断电延时方式。

⑥ JS11-□2 系列断电延时时间继电器，必须在接通离合器电磁铁线圈电源时才能调节延时值。

3. 速度继电器

速度继电器依靠速度的大小为信号与接触器配合，实现对电动机的反接制动。常用的速度继电器有 JY1 和 JFZ0 型两种。

（1）结构。速度继电器由转子、定子及触点三部分组成，其结构、动作原理及符号如图 3.27 所示。

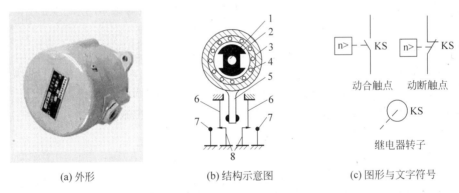

(a) 外形　　　　　　(b) 结构示意图　　　　　　(c) 图形与文字符号

1—转轴；2—转子；3—定子；4—绕组；5—摆杆；6—簧片；7—动合触点；8—动断触点

图 3.27　速度继电器

（2）动作原理。速度继电器使用时，其轴与电动机轴相连，外壳固定在电动机的端盖上。当电动机旋转时，带动速度继电器的转子（磁极）转动，于是在气隙中形成一个旋转磁场，定子绕组切割该磁场而产生感应电动势及电流。进而产生力矩，定子受到的磁场力方向与电动机旋转方向相同，从而使定子向轴的转动方向偏摆，通过定子拨杆拨动触点，使触点动作。

（3）用途。在机床电气控制中，速度继电器用于电动机的反接制动控制。速度继电器的动作转速一般不低于 $100\sim300$ r/min，复位转速约在 100 r/min 以下。使用速度继电器时，应将其转子装在被控制电动机的同一根轴上，而将其动合触点串联在控制线路中。制动时，控制信号通过速度继电器与接触器的配合，使电动机接通反相序电源而产生制动转矩，使其迅速减速;当转速下降到 100r/min 以下时,速度继电器的动合触点恢复断开,接触器断电释放,其主触点断开而迅速切断电源,电动机便停转而不致反转。

(4) 选用。速度继电器主要根据所需控制的转速大小、触点数量和触点的电压、电流来选用。如 JY1 型在 300r/min 以下时能可靠工作;ZF20-1 型适用于 300~1000r/min;ZF20-2 型适用于 1000~3600r/min。其技术数据见表 3.18。

表 3.18　速度继电器技术数据

型号	触点额定电压/V	触点额定电流/A	触点对数		额定工作转速/(r/min)	允许操作频率/(次/h)
			正转动作	反转动作		
JY1	380	2	1组转换触点	1组转换触点	100~3000	<30
JFZ0-1			1动合、1动断	1动合、1动断	300~1000	
JFZ0-2			1动合、1动断	1动合、1动断	1000~3600	

(5) 安装与使用。

① 速度继电器的转轴应与电动机同轴连接,应使两轴中心线重合。

② 速度继电器有两副动合、动断触点,其中一副为正转动作触点,另一副为反向动作触点。接线时,可暂时任选一副动合触点,串接在控制回路中的指定位置。

③ 调试时,看电动机能否迅速制动。若无制动过程,则说明速度继电器动合触点应改选另一个。若电动机有制动,但制动时间过长,可调节速度继电器的调节螺钉,使弹簧压力增大或减小,调节后,把固定螺母锁紧。切忌用外力弯曲其动、静触点,使之变形。

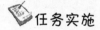 **任务实施**

1. **任务要求**

① 熟悉 JS7-A 系列时间继电器的结构,并对其触点进行调整。

② 将 JS7-2A 型时间继电器改装成 JS7-4A 型,并进行通电校验。

2. **仪器、设备、元器件及材料**

元件见表 3.19 所示。

表 3.19　元件表

名　　称	型号与规格	数量	备　　注
工具		若干	螺钉旋具(一字型和十字型)、电工刀、尖嘴钳、钢丝钳、验电笔
万用表	MF47 型或其他	1个	
时间继电器	JS7-2A,线圈电压 380V	1个	
组合开关	HZ10-10/3,三极、10A	1个	
熔断器	RL1-15/2,15A,配熔体 2A	1个	
按钮	LA4 -3H、保护式、按钮数 3	1个	
指示灯	220V、15W	3个	
控制板	500×400×200mm	1块	
导线	BVR-1.0mm²	若干	

3. 任务原理与说明

时间继电器是在电路中起控制动作时间的继电器,它主要用于需要按时间顺序进行控制的电气控制线路中。JS7-2A 型时间继电器主要由电磁系统、工作触点、气室及传动机构等四部分组成。根据触点延时的特点,它既可以做成通电延时型,又可以做成断电延时型。JS7-A、JS7-2A 型为通电延时型;JS7-3A、JS7-4A 型为断电延时型。将通电延时型继电器的电磁机构翻转 180°安装即成为断电延时型继电器。

4. 任务内容及步骤

(1) 整修 JS7-2A 型时间继电器的触点

① 松开延时或瞬时微动开关的紧固螺钉,取下微动开关。

② 均匀用力慢慢撬开并取下微动开关盖板。

③ 小心取下动触点及附件,要防止用力过猛而弹失小弹簧和薄垫片。

④ 进行触点整修。整修时,不允许用砂纸或其他研磨材料,而应使用锋利的刀刃或细锉修平,然后用干净布擦净,不得用手指直接接触触点或用油类润滑,以免沾污触点。整修后的触点应做到接触良好。若无法修复应调换新触点。

⑤ 按拆卸的逆顺序进行装配。

⑥ 手动检查微动开关的分合是否瞬间动作,触点接触是否良好。

(2) JS7-2A 型改装成 JS7-4A 型

① 松开线圈支架紧固螺钉,取下线圈和铁芯总成部件。

② 将总成部件沿水平方向旋转 180°后,重新旋上紧固螺钉。

③ 观察延时和瞬时触点的动作情况,将其调整在最佳位置上。

④ 拧紧各安装螺钉,进行手动检查,若达不到要求须重新调整。

(3) 通电校验

① 将整修和装配好的时间继电器按图 3.28 所示连入线路,进行通电校验。

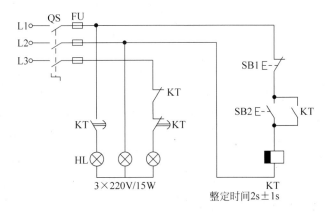

图 3.28　JS7-A 系列时间继电器校验电路图

② 通电校验要做到一次通电校验合格。通电校验合格的标准为:在 1min 内通电频率不少于 10 次,做到各触点工作良好,吸合时无噪声,铁芯释放无延缓,并且每次动作的延时时间一致。

5. 注意事项

① 拆卸时,应备有盛放零件的容器,以免丢失零件。

② 修整和改装过程中,不许硬撬,防止损坏电器。

③ 在进行校验接线时,要注意各接线端子上线头间的距离,防止产生相间短路故障。

④ 改装后的时间继电器,使用时要将原来的安装位置水平旋转180°,使衔铁释放时的运动方向始终保持垂直向下。

任务考核

针对考核任务,相应的考核评分细则参见表3.20。

表 3.20 评分细则

序号	考核内容	考核项目	配分	评分标准	得分
1	结构了解与整修触点	(1) 时间继电器的结构 (2) 整修触点的步骤及方法	40 分	(1) 能阐述时间继电器的结构组成(15 分) (2) 整修触点的步骤及方法(20 分) (3) 整修后触点接触良好(5 分)	
2	JS7-2A 改装成 JS7-4A	(1) 改装的原理 (2) 改装的步骤及方法	40 分	(1) 能阐述时间继电器改装的原理(10 分) (2) 改装的步骤及方法(30 分)	
3	通电校验	(1) 通电校验的方法 (2) 通电校验合格的标准	20 分	(1) 通电校验接线与操作(15 分) (2) 会判断通电校验合格与否(5 分)	
4	安全文明生产			违反安全文明操作规程酌情扣分	
合计			100 分		

注:每项内容的扣分不得超过该项的配分。

任务结束前,填写、核实制作和维修记录单并存档。

任务拓展

1. 固态继电器

有触点的继电(接触)器,它们的主要缺点是工作频率低,触头开、合过程会产生火花,因而不适用于防火、防爆以及要求快速通、断的场合。随着半导体技术的发展,由半导体器件构成的无触点开关如半导体集成门电路、固态继电器及晶闸管无触点开关等,弥补了上述缺点,由它们组成的无触点控制线路具有较高的开关速度、抗震、无火花、耐腐蚀、使用寿命长,控制的可靠性高、体积小、重量轻,其最大的优点是可用计算机很方便地改变控制程序,灵活性好,所以越来越受到人们的重视而迅速发展。

固态继电器(Solid State Relay,SSR),是一种新型无触点继电器,其外形如图 3.29 所示。由于具有可靠性高、开关速度快和工作频率高、使用寿命长,便于小型化,输入控制电流小以及与 TTL、CMOS 等集成电路有较好的兼容性等一系列优点,不仅在许多自动控制装置中替代了常规的继电器,而且在常规继电器无法应用的一些领域,如在微型计算机数据处理系统的终端装置、可编程序控制器的输出模块、数控机床的程控装置以及在微机控制的测量仪表中都有用武之地。随着我国电子工业的迅速发展,其应用领域正在不断扩大。

(a) 单相

(b) 三相

图 3.29 固态继电器

固态继电器是具有两个输入端和两个输出端的一种四端器件,其输入与输出之间通常采用光耦合器隔离,称之为全固态继电器。固态继电器按输出端负载的电源类型可分为直流型和交流型两类。其中直流型是以功率晶体管的集电极和发射极进行输出端负载电路的开关控制的,而交流型是以双向三端晶闸管的两电极进行输出端负载电路的开关控制的。固态继电器的形式有常开式和常闭式两种,当固态继电器的输入端施加控制信号时,其输出端负载电路常开式的被导通,而常闭式的被断开。

交流固态继电器,按双向三端晶闸管的触发方式可分为非过零触发型和过零触发型两种。其主要区别在于交流负载电路导通的时刻不同,当输入施加控制信号的电压时,非过零触发型负载端开关立即动作,而过零触发型的必须等到交流负载电源电压过零(接近 0V)时,负载端开关才动作。输入端控制信号撤销时,过零触发型的也必须等到交流负载电源电压过零时负载端开头才复位。

固态继电器的输入端要求有几毫安至 20mA 的驱动电流,最小工作电压为 3V,所以 MOS 逻辑信号通常要经晶体管缓冲级放大后再去控制固态继电器,对于 CMOS 电路可利用 NPN 晶体管缓冲器。当输出端的负载容量很大时,直流固态继电器可通过功率晶体管(交流固态继电器通过双向晶闸管)驱动负载。

当温度超过 35℃后,固态继电器的负载能力(最大负载电流)随温度升高而下降,因此使用时必须注意散热,或降低电流使用。

图 3.30 所示为用固态继电器控制三相异步电动机线路图。

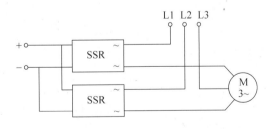

图 3.30 固态继电器控制三相异步电动机接线图

📖 **思考与练习**

1. 为什么热继电器一般只能用于过载保护而不能用于短路保护?

2. 热继电器的结构主要由哪些部分组成?

3. 在三相控制主电路中,为什么热继电器有时装三相,有时装两相?

4. 什么是热继电器的整定电流? 如何调整热继电器的整定电流?

5. 时间继电器有哪些类型,各有什么样特点?

6. 简述速度继电器的结构、工作原理及用途。

7. 试分析热继电器不动作的可能原因。

8. 在装有热继电器保护的电动机控制电路中,电路未过载,但热继电器却自行动作,造成了不应有的停电。试分析造成这一现象的可能原因。

9. 空气阻尼式时间继电器是利用什么原理来获得延时动作的? 它什么优缺点?

10. 简述如何选择热继电器。

项目 4　安装与检修三相异步电动机直接启动控制线路

任务 4.1　识读电气图

任务描述

电气图是电气工程图的简称。电气工程图是按照统一的规范和规定绘制的。电气图是电气设备安装、维护与管理必备的技术文件。可以说,没有电气图,一切电气设备都将无法安装、维护和管理。学习电气识图常识对维修电工来说至关重要。通过完成实际电气图的分析任务,掌握电气图的识图常识。

任务分析

- 知识点:了解电气原理图、电气元件布置图、电气安装接线图的绘制原则。
- 技能点:能够熟练绘制、识读电气图。能整理与记录制作和检修技术文件。

任务资讯

1. 电气图概述

(1) 电气图的概念。用国家规定的电气符号按照制图规则表示电气设备相互连接顺序的图形即为电气图。

(2) 电气图的分类。按电气图的表达方式可分为概略类型的图和详细类型的图;按电能性质分为交流系统图和直流系统图;按相数分为单线图和三线图;按表达内容分为一次电路图、二次电路图、建筑电气安装图和电子电路图;按表达的设备分为机床电气控制电路图和汽车电路图等

(3) 电气图。

① 概念:电气工程图指某一工程的供电、配电与用电工程图。

② 电气工程的主要项目有:变配电工程、发电工程、外线工程、内线工程、动力工程、照明工程、弱电工程、电梯的配置与选型、空调系统与给排水系统工程和防雷接地工程。

2. 电气图的主要特点

① 简图是电气图的主要表现形式。

② 元器件和连接线是电气图的主要表达内容。

③ 图形符号和文字符号是电气图的主要要素。

④ 电气图中的元器件按照正常状态绘制。

⑤ 电气图与主体工程和配套工程的相关专业图有密切关系。

3. 电气图的基本构成

电气图由电路接线图、技术说明、主要电气设备材料(元器件)明细表和标题栏等四个部分组成。

4. 电气图的读图

(1) 电气图读图的一般方法。电气图读图的一般方法有查阅文字说明法、系统模块分解法、导线与元器件识别法和读图结果整理法。

(2) 电气原理图识图步骤。电气原理图识图步骤为：先看主电路,看主电路中用电器的控制元件,看主电路除用电器以外的其他元器件,明确它们所起的作用。再看电源,了解电源种类与电压等级,明确辅助电路中各个控制元件的作用,明确辅助电路中的各个控制元件之间的相互关系。

(3) 电路接线图的识图方法与步骤。

① 分析清楚各元器件的动作原理。

② 搞清电气原理图与电路接线图中元器件的对应关系。

③ 搞清电路接线图中接线导线的根数和所用导线的具体规格。

④ 根据电路接线图中的线号研究主电路的线路走向。

5. 绘制、识读电气控制线路图的原则

生产机械电气控制线路常用电路图、接线图和布置图来表示。

(1) 绘制、识读电路图的原则。电路图(电气原理图)是根据生产机械运动形式对电气控制系统的要求,按照电气设备和电器的工作顺序,采用国家统一规定的电气图形符号和文字符号,详细表示电路、设备或成套装置的全部基本组成和连接关系,而不考虑其实际位置的一种简图。电路图能充分表达电气设备和电器的用途、作用和工作原理,是电气控制电路安装、调试与维修的理论依据。

绘制、识读电路图时应遵循以下原则：

① 电路图一般分电源电路、主电路和辅助电路三部分绘制。

- 电源电路一般画成水平线,如图 4.1 所示。三相交流电源相序 L1、L2、L3 自上而下依次画出,中线 N 和保护地线 PE 依次画在相线之下。直流电源的"＋"端画在上边,"－"端在下边画出。电源开关要水平画出。

- 主电路是指受电的动力装置及控制、保护电器的支路等,它由主熔断器、接触器的主触头、热继电器的热元件以及电动机等组成,如图 4.2 所示。主电路通过的电流是电动机的工作电流,电流较大。主电路图要画在电路图的左侧并垂直电源电路。

- 辅助电路一般包括控制主电路工作状态的控制电路,显示主电路工作状态的指示电路,提供机床设备局部照明的照明电路等。它由主令电器的触头、接触器线圈及辅助触头、继电器线圈及触头、指示灯和照明灯等组成,如图 4.3 所示。辅助电路通过的电流都较小,一般不超过 5A。画辅助电路图时,辅助电路要跨接在两相电源线之间,一般按照控制电路、指示电路和照明电路的顺序依次垂直画在主电路图的右侧,且电路中与下边电源线相连的耗能元件(如接触器和继电器的线圈、指示灯、照明灯等)要画在电路图的下方,而电器的触头要画在耗能元件与上边电源线之间。为读图方便,一般应按照自左至右、自上而下的排列来表示操作顺序。

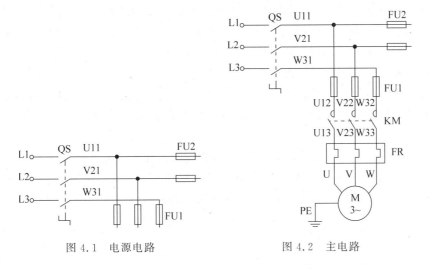

图 4.1　电源电路　　　　　　　图 4.2　主电路

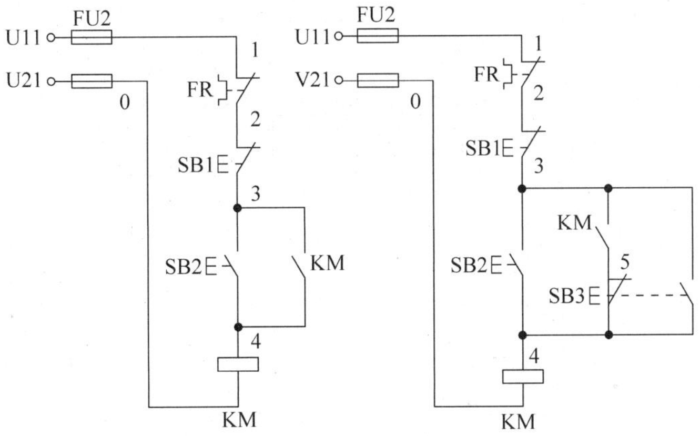

图 4.3　辅助电路

② 电路图中,各电器的触头位置都按电路未通电或电器未受外力作用时的常态位置画出。分析原理时,应从触头的常态位置出发。

③ 电路图中,不画各电气元件实际的外形图,而采用国家统一规定的电气图形符号画出。

④ 电路图中,同一电器的各元件不按它们的实际位置画在一起,而是按其在线路中所起的作用分别画在不同电路中,但它们的动作却是相互关联的,因此,必须标注相同的文字符号。若图中相同的电器较多时,需要在电器文字符号后面加注不同的数字,以示区别,如 KM1、KM2 等。

⑤ 画电路图时应尽可能减少线条和避免线条交叉。对有直接电联系的交叉导线连接点,要用小黑圆点表示;无直接电联系的交叉导线则不画小黑圆点

⑥ 电路图采用电路编号法,即对电路中的各个接点用字母或数字编号。

• 主电路在电源开关的出线端按相序依次编号为 U11、V11、W11。然后按从上至下、从左至右的顺序,每经过一个电气元件后,编号要递增,如 U12、V12、W12;U13、

V13、W13……单台三相交流电动机(或设备)的三根引出线按相序依次编号为 U、V、W。对于多台电动机引出线的编号,为了不致引起误解和混淆,可在字母前用不同的数字加以区别,如 1U、1V、1W;2U、2V、2W……

- 辅助电路编号按"等电位"原则从上至下、从左至右的顺序用数字依次编号,每经过一个电气元件后,编号要依次递增。控制电路编号的起始数字必须是 1,其他辅助电路编号的起始数字依次递增 100,如照明电路编号从 101 开始;指示电路编号从 201 开始等。

(2)绘制、识读接线图的原则。接线图是根据电气设备和电气元件的实际位置和安装情况绘制的,只用来表示电气设备和电气元件的位置、配线方式和接线方式,而不明显表示电气动作原理,如图 4.4 所示;主要用于安装接线、线路的检查维修和故障处理。

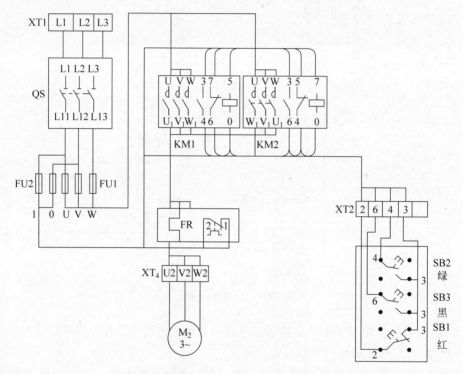

图 4.4 接触器联锁正反转控制电路接线图

绘制、识读接线图应遵循以下原则。

① 接线图中一般标出如下内容:电气设备和电气元件的相对位置、文字符号、端子号、导线号、导线类型、导线截面积、屏蔽和导线绞合等。

② 所有的电气设备和电气元件都按其所在的实际位置绘制在图纸上,且同一电路的各元件根据其实际结构,使用与电路图相同的图形符号画在一起,并用点画线框上,其文字符号以及接线端子的编号应与电路图中的标注一致,以便对照检查接线。元件所占据的面积按它的实际尺寸依照统一的比例绘制。各电气元件的位置关系依据安装底板的面积大小、比例及连接线的顺序来决定,并注意不得违反安装规程。

③ 导线编号标示:首先应在电气原理图上编写线号,再编写电气接线图线号。电气接

线图的线号和实际安装的线号应与电气原理图编写的线号一致。线号的编写方法如下。

- 主回路的编写。三相自上而下编号为 L1、L2 和 L3,经电源开关后出线上依次编号为 U1、V1 和 W1,每经过一个电气元件的接线桩编号要递增,如 U1、V1 和 W1 递增后为 U2、V2 和 W2……。如果是多台电动机制编号,为了不引起混淆,可在字母的前面冠以数字来区分,如 1U、1V 和 1W;2U、2V 和 2W。
- 控制回路线号的编写。应从上至下、从左到右每经过一个电气元件的接线桩,编号要依次递增。编号的起始数字除控制回路必须从阿拉伯数字"1"开始外,其他辅助电路依次递增为 101、201……作起始数字,如照明电路编号从 101 开始;信号电路从 201 开始。

④ 各个电气元件上需要接线的部件及接线桩都应给出,且一定要标注端子线号。各端子编号必须与电气原理图上相应的编号一致。

⑤ 安装板内、外的电气元件之间的连线,都应通过接线端子板(排)进行连接。

⑥ 接线图中的导线有单根导线、导线组(或线扎)、电缆等之分,可用连续线和中断线来表示。凡导线走向相同的可以合并,用线束来表示,到达接线端子板或电气元件的连接点时再分别画出。在用线束来表示导线组、电缆等时可用加粗的线条表示,在不引起误解的情况下也可采用部分加粗。另外,导线及管子的型号、根数和规格应标注清楚。

(3) 绘制、识读布置图的原则。布置图是根据电器元件在控制板上的实际安装位置,采用简化的外形符号(如正方形、矩形、圆形等)而绘制的一种简图,如图 4.5 所示。它不表示各电器的具体结构、作用、接线情况以及工作原理,主要用于电气元件的布置和安装。图中各电器的文字符号必须与电路图和接线图的标注相一致。

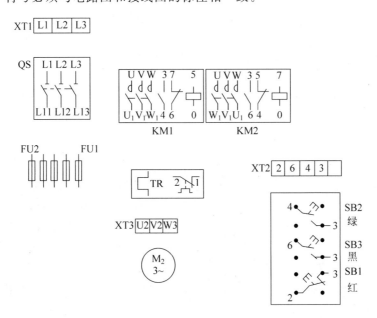

图 4.5 接触器联锁正反转控制电路布置图

要求各电器的元器件布局合理、整齐。布局时，主电路的电气元件处于线路图左侧，从上而下依次是电源、熔断器、接触器、热保护继电器（包括其他继电器）、端子排、电动机等；辅助线路（控制线路）的电气元件位于右侧，从上而下依次是电源进线、熔断器、按钮等。

在实际应用中，电路图、接线图和布置图要结合起来使用。

6. 电动机基本控制线路的安装步骤及要求

（1）安装步骤。电动机电气控制电路的连接，不论采用哪种配线方式，一般按以下步骤进行。

① 识读电路图，明确电路所用电气元件及其作用，熟悉电路的工作原理。在电气原理图上编写线号。

② 根据电路图或元件明细表配齐电气元件，并进行检验。检验时注意以下几点：

- 外观检查，是否清洁完整，外壳有无裂纹，各接线桩螺栓有无缺失、生锈等现象，零部件是否齐全。
- 电气元件的电磁机构动作是否灵活，有无衔铁卡阻、吸合位置不正等不正常现象。用万用表检查电磁线圈的通断情况，测量它们的直流阻值并做好记录，以备检查线路和排除故障时作为参考。新品使用前应拆开并清除铁芯端的防锈油。检查衔铁复位弹簧是否正常。
- 检查电气元件触头有无熔焊、变形、严重氧化锈蚀现象，触点的闭合、分断动作是否灵活，触点开距、超程是否符合要求，接触压力弹簧是否有效。核对各电气元件的规格与图纸要求是否一致，如电压等级、电流容量、触头数目、开闭状况，时间继电器的延时类型等。
- 检查有延时作用的电气元件的功能，如时间继电器的延时动作、延时范围及整定机构的作用；检查热继电器的热元件和触头的动作情况。

③ 根据电气元件选配安装工具和控制板。

④ 根据电路图绘制布置图和接线图，然后按要求在控制板上安装电气元件（电动机除外），并贴上醒目的文字符号。在确定电气元件安装位置时，应做到既方便安装时布线，又考虑到便于检修，如图 4.6 所示。

⑤ 根据电动机容量选配主电路导线的截面，控制电路导线一般采用截面为 $1mm^2$ 的 BVR 铜芯线；按钮线一般采用截面为 $0.75mm^2$ 的 BVR 铜芯线；接地线一般采用截面不小于 $1.5mm^2$ BVR 的铜芯线。按接线图规定的方位，在固定好的电气元件之间测量距离确定所需导线的长度，截取相应导线的长短，剥去导线两端的绝缘（注意绝缘剥离时不要过长）。为保证导线与端子接触良好，要用电工刀将线芯的氧化层刮去；使用多股导线时，将线头绞紧，必要时可进行烫锡处理。

⑥ 根据接线图布线，同时将剥去绝缘层的两端线头套上标有与电路图相一致编号的编码套管（线号管）。

⑦ 安装电动机。

⑧ 连接电动机和所有电气元件金属外壳的保护接地线。

⑨ 连接电源和电动机等控制板外部的导线。

图 4.6　电气控制电路实训安装板

⑩ 自检。

⑪ 复检。

⑫ 通电试车。

（2）安装要求。

① 板上安装的电气元件的名称、型号、工作电压性质和数值、信号灯及按钮的颜色等，都应正确无误，固定应牢固、排列整齐，防止电气元件的外壳压裂损坏，在醒目处应贴上各器件的文字符号。

② 连接导线要采用规定的颜色：

• 接地保护导线（PE）必须采用黄绿双色。

• 动力电路的中线（N）和中间线（M）必须是浅蓝色。

• 交流和直流动力电路应采用黑色。

• 直流控制电路采用蓝色。

③ 按电气接线图确定的走线方向进行布线。可先布主回路线，也可先布控制回路线。对于明露敷设的导线，走线应合理，尽量避免交叉，先将导线校直，把同一走向的导线汇成一束，依次弯向所需的方向，做到横平竖直、拐直角弯、整齐、合理，接点不得松动。做线时要用手将拐角做成 90°的"慢弯"，不要用尖嘴钳将导线做成"死弯"，以免损坏绝缘或操作线芯。进行控制板外部布线，对于可移动的导线应放适当的余量，使绝缘套管（或金属软管）在运动时不承受拉力。导线的绝缘和耐压要符合电路要求，敷设线路时不得损伤导线绝缘及线芯。所有从一个接线桩到另一个接线桩的导线必须是连续的，中间不能有接头。接线时，可根据接线桩的情况，将导线直接压接或将导线顺时针方向撇成稍大于螺栓直径的圆环，加上金属垫圈压接。

④ 主回路和控制回路的线号套管必须齐全，每一根导线的两端都必须套上编码套管。套管上的线号可用环乙酮与龙胆紫调合，不易褪色。在遇到 6 和 9 或 16 和 19 这类倒顺都能读数的号码时，必须做记号加以区别，以免造成线号混淆。

⑤ 安装时按钮的相对位置及颜色：

- "停止"按钮应置于"启动"按钮的上方或左侧，当用两个"启动"按钮控制相反方向时，"停止"按钮可装在中间。
- "停止"和"急停"用红色，"启动"用绿色，"启动"和"停止"交替动作的按钮用黑色、白色或灰色，点动按钮用黑色，复位按钮用蓝色，当复位按钮带有"停止"作用时则须用红色。

⑥ 安装指示灯及光标按钮的颜色。

- 指示灯颜色的含义：

红——危险或报警；

黄——警告；

绿——安全；

白——电源开关接通。

- 光标按钮颜色的用法：

红——"停止"或"断开"；

黄——注意或警告；

绿——"启动"；

蓝——指示或命令执行某任务；

白——接通辅助电路。

（3）通电前的检查及通电试运转。安装完毕的控制线路板，必须经过认真检查后，才能通电试车，以防止错接、漏接造成不能实现控制功能或短路事故。检查内容如下：

① 接电气原理图或电气接线图从电源端开始，逐段核对接线及接线端子处的线号。重点检查主回路有无漏接、错接及控制回路中容易接错之处。检查导线压接是否牢固，接触良好，用手一一摇动、拉拨端子上的接线，不允许有松脱现象，以免带负载运转时产生打弧现象。

② 未通电前，用手动模拟电器操作动作，用万用表检查线路的通断情况，主要根据线路控制动作来确定测量点。可先断开控制回路，用欧姆挡检查主回路有无短路现象。然后断开主回路再检查控制回路有无开路或短路现象，自锁、联锁装置的动作及可靠性。

③ 用 500 V 兆欧表检查线路的绝缘电阻，不应小于 1 兆欧。

通电试运转：为保证人身安全，在通电试运转时，应认真执行安全操作规程的有关规定，一人监护，一人操作。试运转前应清点工具、清除安装板上的线头等杂物、装好接触器的灭弧罩、安装熔断器等，检查与通电试运转有关的电气设备是否有不安全的因素存在。查出后应立即整改，方能试运转。通电试运转的顺序如下。

- 空载试运转。先切除主电路，装上控制电路熔断器，接通三相电源，合上电源开关，用试电笔检查熔断器出线端，氖管亮，则电源接通。按动操作按钮，观察接触器、继电器动作情况是否正常，并符合线路功能要求；检查自锁、联锁控制；用绝缘棒操作行程开关或限位开关控制作用等。观察电气元件动作是否灵活，有无卡阻及噪声过大等现象，有无异味。检查负载接线端子三相电源是否正常。经反复几次操作，均正常后方可进行带负载试运转。

- 带负载试运转。切断电源,装好主电路熔断器,先接上检查完好的电动机连线后,再接三相电源线,检查接线无误后,再合闸送电。按控制原理启动电动机。当电动机平衡运行,用钳形电流表测量三相电流是否平衡。通电试运行完毕,停转、断开电源。先拆除三相电源线,再拆除电动机线,完成通电试运转。特别提醒的是在启动电动机后,应做好停止电动机准备,以便发现电动机启动困难、发出噪声及线圈过热等异常现象,应立即停车。

7. 简单电气控制线路故障分析与检修方法

(1) 常见电气控制线路故障分析。电气控制线路常见的故障主要有断路、短路、电动机过热、过压、欠压和相序错乱等故障。各类故障出现的现象不尽相同,同一类故障也会有不同的表现形式,必须结合具体情况来进行分析。下面针对一些常见故障的产生原因进行分析。

① 断路故障。断路故障产生的主要原因有线路接头松脱和接触不良、导线断裂、熔断器熔断、开关未闭合、控制电器不动作和触点接触不良等。这类故障会导致受控对象(一般是电动机)不工作和设备部分或全部功能不能实现等现象。

② 短路故障。短路故障产生的主要原因有接线错误、导线和器件短接以及器件触点粘接等。这类故障会导致保护器件(熔断器和断路器等)动作,使设备不能工作。

③ 电动机过热。电动机过热一般是由于过电流造成的,而产生过电流的主要原因有过载、断相和电动机自身的机械故障等。电动机长时间过热会导致内部绕组绝缘能力下降而被击穿烧毁。

④ 过压故障。过压的主要原因是接线错误和设备或器件选择不当。这类故障可能会导致设备和器件烧毁。

⑤ 欠压故障。欠压故障产生的主要原因是接线端子接触不良或器件接触不良、接线错误。这类故障会导致控制器件不能正常吸合,长时间欠压还会引起电动机电流增大过热,甚至烧毁。

⑥ 相序错乱故障。相序错乱故障产生的主要原因是供电电源出现问题或接线错误。这类故障会导致交流电动机的旋转方向反向,可能造成事故。

(2) 常见电气控制线路故障检修方法。当电气控制线路出现故障时,应根据故障现象,结合电路原理图,通过分析、观察和询问等方法,对故障进行判断,并借助万用表、低压验电器和绝缘电阻表等仪器设备进行测量,找准故障点,排除故障。电气控制线路故障检修有如下方法。

① 通电试验法。用通电试验法观察故障现象,初步判定故障范围。试验法是在不扩大故障范围,不损坏电气和机械设备的前提下,对线路进行通电试验。通过观察电气设备和电气元件的动作,判断它是否正常,各控制环节(如电动机、各接触器和时间继电器等)的动作程序是否符合工作原理要求。若出现异常现象,应立即断电检查,找出故障发生部位或回路。

② 逻辑分析法。用逻辑分析法缩小故障范围,并在电路图上标出故障部位的最小范围。逻辑分析法是根据电气控制线路的工作原理、控制环节的动作程序以及它们之间的联系,结合故障现象作具体的分析,迅速缩小故障范围,从而判断出故障所在。这种方法是一

种以准为前提、以快为目的的检查方法,特别适用于对复杂线路的故障检查。

③ 电压测量法。电压测量法是在线路通电的情况下,通过对各部分电压的测量来查找故障点。这种方法不需拆卸器件和导线,测试结果比较直观,适宜对断路故障、过压故障和欠压故障进行检修,是故障检修中最常用的方法。这种方法中常用的仪器仪表有万用表、电压表和低压验电器。

④ 电阻测量法。电阻测量法是在线路断电的情况下,通过对各部分电路通断和电阻值的测量来查找故障点。这种方法对查找断路和短路故障特别适用,也是故障检修中的重要方法。这种方法一般用万用表的欧姆挡进行测量。

⑤ 电流测量法。电流测量法是在线路通电的情况下,对线路电流进行测量。这种方法适用于对电动机的过热故障检修,同时还可检测电动机的运行状态以及判断三相电流是否平衡。这种方法一般采用万用表电流挡和钳形电流表进行测量。

⑥ 短接法。短接法是在怀疑线路有断路或某一独立功能的部位有断路的情况下,用绝缘良好的导线将其短接,根据短接后的情况来判断该部分线路是否存在故障。这种方法一般用于断路故障的检修。

⑦ 替代法。替代法是对怀疑有故障的器件,用同型号和规格的器件进行替换,替换后若电路恢复正常,就可以判断是被替代器件的故障。

⑧ 观察法。观察法是在线路通电的情况下,操作各控制器件(如开关、按钮等),观察相应受控器件(如接触器、继电器线圈等)的动作情况,以及观察设备有无异常声响、颜色和气味,从而确定故障范围的方法。

上述几种方法常需配合使用。在实践中,灵活应用各方法并不断总结经验,才能又快又准地对电气控制线路出现的故障进行检修。

(3) 注意事项。

① 检修前要先掌握电路图中各个控制环节的作用和原理,并熟悉电动机的接线方法。

② 在检修过程中严禁扩大和产生新的故障,否则,要立即停止检修。

③ 检修思路和方法要正确。

④ 带电检修故障时,必须有指导老师在现场监护,并要确保用电安全。

⑤ 检修必须在规定时间内完成。

任务实施

1. 任务要求

能正确的指出 TK1640 数控车床电气控制中的 380V 强电回路图的主要元器件,并能说明每个元器件在电路中的作用;能正确分析其控制过程;填写任务工单。

2. 仪器、设备、元器件及材料

数控车床 380V 强电回路图;通用维修电工实训台;数控机床电气维修手册。

3. 任务原理与说明

该任务的实施主要是加强对电气识图的熟悉。通过任务的实施掌握电气识图方法。

4. 任务内容及步骤

TK1640 数控车床电气控制中的 380V 强电回路图如图 4.7 所示。该任务的主要内容是熟悉电气识图方法。步骤如下：

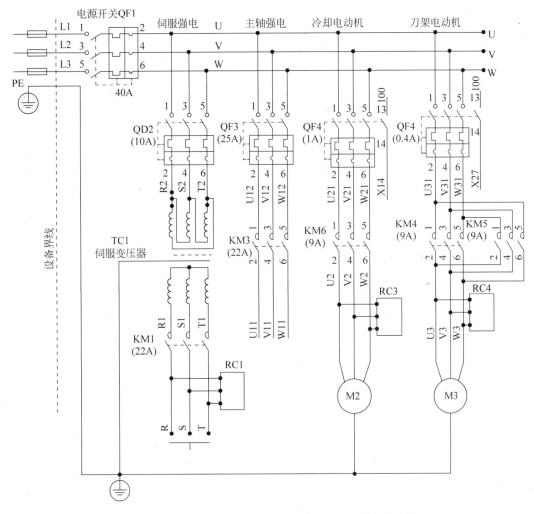

图 4.7 TK1640 数控车床电气控制中的 380V 强电回路图

① 资料准备,如电气元件手册；数控机床维修手册等。

② 打开 TK1640 数控车床电气控制中的 380V 强电回路图,确定电气元件。

③ 电路分析。图 4.7 中 QF1 为电源总开关。QF3、QF2、QF4、QF5 分别为主轴强电、伺服强电、冷却电动机、刀架电动机的空气开关,它们的作用是接通电源及短路、过流时起保护作用；其中 QF4、QF5 带辅助触头,该触点输入到 PLC,作为 QF4、QF5 的状态信号,并且这两个空开的保护电流为可调的,可根据电动机的额定电流来调节空开的设定值,起到过流保护作用。KM3、KM1、KM6 分别为主轴电动机、伺服电动机、冷却电动机交流接触器,由它们的主触点控制相应电动机；KM4、KM5 为刀架正反转交流接触器,用于控制刀架的正反转。TC1 为三相伺服变压器,将交流 380V 变为交流 200V,供给伺服电源模块。RC1、RC3、RC4 为阻容吸收,当相应的电路断开后,吸收伺服电源模块、冷却电动机、刀架电动机中的能量,避免产生过电压而损坏器件。

④ 填写任务工单。

⑤ 资料整理。

5. 注意事项

电路分析中注意保护电路的分析。

任务考核

针对考核任务,相应的考核评分细则参见表 4.1。

表 4.1 评分细则

序号	考核内容	考核项目	配分	评分标准	得分
1	电气原理图、电气元件布置图、电气安装接线图的绘制原则	了解电气原理图、电气元件布置图、电气安装接线图的绘制原则	20分	(1) 了解电气原理图的绘制原则(6分) (2) 了解电气元件布置图绘制原则(7分) (3) 了解电气安装接线图的绘制原则(7分)	
2	识读电气原理图	能够熟练识读电气原理图	40分	(1) 能正确的指出 TK1640 数控车床电气控制中的 380V 强电回路图的主要元器件(5分) (2) 能说明每个元器件在电路中的作用(15分) (3) 能正确分析其控制过程(20分)	
3	绘制、识读电气图。	能够熟练绘制、识读电气图	40分	(1) 根据电气原理图正确绘制电气元件布置图(20分) (2) 根据电气元件布置图正确绘制电气安装接线图(20分)	
4	安全文明生产	积累电路制作经验,养成好的职业习惯		违反安全文明操作规程酌情扣分	
合计			100分		

注:每项内容的扣分不得超过该项的配分。

任务结束前,填写、核实制作和维修记录单并存档。

思考与练习

1. 如何绘制电气原理图、元件布置图和接线图?

2. 用万用表电阻法如何对继电控制电路进行故障排查?

任务 4.2 安装与检修三相异步电动机点动和连续运行控制线路

任务描述

三相异步电动机在使用过程中,需要经常启动。电动机从接通电源开始,转子转速由零上升到稳定状态的过程称为启动过程,简称启动。为了获得良好的启动性能,就需要对电动机的启动进行控制。

三相异步电动机启动时,一方面要求电动机具有足够大的启动转矩,使电动机拖动生产机械尽快达到正常运行状态;另一方面又要求启动电流不要太大,以免电网产生很大电压降,影响接在同一电网上的其他用电设备的正常工作;此外,还要求启动方法方便、可靠;启动设备简单、经济,易操作和维护。因此,应根据不同情况,选择不同的启动方法。

人们通常将继电器、接触器等电气元件的控制方式称为电气控制。其电气控制线路由各种有触点电器,如开关、按钮、接触器、继电器等组成。常见的电气控制线路的基本环节有以下几种:点动控制、长动控制、正反转控制、行程控制、顺序控制、多地控制,直接启动与降压启动控制,调速控制和制动控制。而在实际生产中,任何复杂的控制线路或系统,都是由这些简单的基本环节组合而成的。因此,掌握这些基本控制环节是学习电气控制线路的基础。

电动机的单向点动和连续运行控制线路是电动机的最基本、最常用的控制线路,掌握其工作原理,学会其接线方法和检修方法,为分析复杂的电机控制电路和安装、检修复杂的电气电路打下基础。

任务分析

- 知识点:了解三相异步电动机点动和连续运行控制线路的动作原理。
- 技能点:能够绘制三相异步电动机点动和连续运行控制线路的原理图、接线图,能够制作电路的安装工艺计划,会按照工艺计划进行线路的安装、调试和检修,会作检修记录。

任务资讯

1. 三相鼠笼形异步电动机的直接启动控制

由于三相笼形异步电动机具有结构简单、坚固耐用、维护简便等优点,因而获得了广泛的应用。三相笼形异步电动机因无法在转子回路中串接电阻,所以只有直接启动与降压启动两种方法。

直接启动又称全压启动,它是利用闸刀开关或接触器将笼形异步电动机定子绕组直接接到具有额定电压的电源上进行启动。这种启动方法优点是启动设备简单、控制电路简单、维修量小。但直接启动时的启动电流约为电动机额定电流的4~7倍,过大的启动电流会造成电网电压明显下降,影响在同一电网工作的其他电气设备的正常工作。对于经常启动的电动机,过大的启动电流将造成电动机发热而加速绝缘老化,影响电动机的寿命;同时电动机绕组(尤其是绕组端部)在电动力的作用下,会发生有害变形,可能造成绕组短路而烧坏电机。所以异步电动机能否使用全压启动方法主要考虑两个方面的问题:一是供电网路是否允许;二是生产机械是否允许。应考虑的具体因素如下:

第一,异步电动机的功率低于 7.5kW 时允许全压启动。如果功率大于 7.5kW,而电源容量较大,符合下式要求者,也允许全压启动:

$$\frac{I_{st}}{I_N} \leqslant \frac{3}{4} + \frac{电源变压器总容量(kVA)}{4 \times 电动机功率(kW)}$$

式中，I_{st} 为电动机直接启动的启动电流，A；I_N 为电动机的额定电流，A。

这个经验公式的计算结果只作粗略参考。

第二，电力管理机构的规定。用电单位如有单独的变压器供电，则在电动机启动频繁时，电动机功率小于变压器容量的 20% 时，允许全压启动。如果电动机不经常启动，它的功率小于变压器容量的 30% 时，也可全压启动。如果没有独立的变压器供电（与照明共用），允许全压启动的电动机最大功率，应使启动时的电压降不超过 5%。

2. 开关控制线路

用瓷底胶盖闸刀开关、转换开关或铁壳开关控制电动机的启动和停止，是最简单的手动控制线路。

如图 4.8 所示的控制电路，其原理很简单：图中 M 为被控三相电动机，QS 是开关，FU 是熔断器。合上开关 QS，电动机将通电并旋转。断开 QS，电动机将断电并停转。开关是电动机的控制电器，熔断器是电动机的保护电器。在启动不频繁的地方常用开关直接控制。

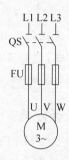

图 4.8　开关控制线路

3. 三相鼠笼形异步电动机的单向点长动控制

（1）单向点动控制线路。电动机的单向点动控制是电动机最简单的控制方式。点动控制是指按下按钮电动机就启动转动，松开按钮电动机即停转的控制电路。它能实现电动机短时转动，常用于机床的对刀调整和电动葫芦控制以及地面操作的小型起重机等。

图 4.9(a) 是电动机单向点动控制线路原理图，由主电路和控制电路组成。

当电动机需要单向点动控制时，先合上电源开关 QS，然后按下启动按钮 SB，接触器 KM 线圈获电，KM 主触头闭合，电动机 M 启动运转。当松开按钮 SB 时，接触器 KM 线圈失电，KM 主触头断开，电动机 M 断电停转。

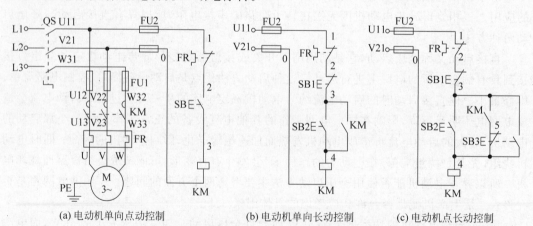

(a) 电动机单向点动控制　　(b) 电动机单向长动控制　　(c) 电动机点长动控制

图 4.9　电动机单向点动、长动和点长动控制线路

（2）单向长动控制线路。生产实际工作中不仅需要点动,有时还需要拖动电动机长时间单向运转,即电动机持续工作,又称为长动。其控制线路如图4.9(b)所示。

合上电源开关 QS 后,按下启动按钮 SB2,接触器 KM 线圈获电,KM 三个主触头闭合,电动机 M 获电启动,同时又使与 SB2 并联的一个常开辅助触头 KM(3-4)闭合,这个触头叫自锁触头,松开 SB2,控制线路通过 KM 自锁触头使线圈仍保持获电吸合。如需电动机停转,只需按一下停止按钮 SB1,接触器 KM 线圈断电,KM 三副主触头断开,电动机 M 断电停转,同时 KM 自锁触头也断开,所以松开 SB1,接触器 KM 线圈不再获电,需重新启动。

在单向长动控制线路中所用的保护有以下三种:

① 短路保护。由熔断器 FU1、FU2 分别实现主电路与控制电路的短路保护。

② 过载保护。由热继电器 FR 实现电动机的长期过载保护。FR 的热元件串联在电动机的主电路中,当电动机过载达一定程度时,FR 的动断触点断开,KM 因线圈断电而释放,从而切断电动机的主电路。

③ 失压保护。该电路每次都必须按下启动按钮 SB2,电动机才能启动运行,这就保证了在突然停电而又恢复供电时,不会因电动机自行启动而造成设备和人身事故。这种在突然停电时能够自动切断电动机电源的保护称为失压(或零压)保护。

④ 欠压保护。如果电源电压过低(如降至额定电压的85%以下),则接触器线圈产生的电磁吸力不足,接触器会在复位弹簧的作用下释放,从而切断电动机电源。所以接触器控制电路对电动机有欠压保护的作用。

（3）单向运行的连续与点动混合控制线路。单向运行的连续与点动混合控制线路简称点长动控制线路,如图4.9(c)所示。当按下 SB2 按钮时,接触器 KM 的线圈得电,其辅助动合触头闭合自锁,电动机运行;按 SB1 按钮时,电动机才停止运行。当按下 SB3 按钮时,KM 线圈得电,电动机运行;当松开 SB3 时,按钮复位断开,电动机停止运行,实现对电动机的点动控制。

📖 任务实施

1. 任务要求

掌握低压电器的使用与接线,明确电路所用电气元件及其作用,掌握检查和测试电气元件的方法;学会由电气原理图变换成安装接线图的方法、线路安装的步骤和安装的基本方法;掌握三相异步电动机的连续与点动混合控制线路的的工作原理、安装与调试;理解"自锁"控制的作用;掌握通电试车和排除故障的方法;增强专业意识,培养良好的职业道德和职业习惯。

2. 仪器、设备、元器件、工具及材料

电器材料工具配置清单表见表4.2。

表 4.2   电器材料工具配置清单表

序号	名　称	型号与规格	数量	检查内容和结果
1	转换开关		1个	
2	三相笼形异步电动机		1台	

续表

序号	名　称	型号与规格	数量	检查内容和结果
3	主电路熔断器		3个	
4	控制电路熔断器		2个	
5	交流接触器		1个	
6	组合按钮		1个	
7	热继电器		1个	
8	断路器		1个	
9	接线端子排		2条	
10	网孔板		1块	
11	试车专用线		9根	
12	塑铜线		若干	
13	线槽板		若干	
14	螺丝		若干	
15	万用表		1个	
16	500V 兆欧表		1个	
17	编码套管		5米	
18	常用电工工具和仪表(试电笔、螺钉旋具、尖嘴钳、斜口钳、剥线钳、镊子、一字起子、剥线钳、电工刀等)		1套	
19	线路安装工具(冲击钻、弯管器、套螺纹扳手等)		1套	

3. 任务内容及步骤

(1) 识读电气原理图,明确线路所用电气元件及作用,熟悉线路的工作原理。

(2) 按元件表配齐所用元件,进行质量检验,并填入表 4.2 中。

① 电气元件的技术数据应完整并符合要求,外观无损伤。

② 电气元件的电磁机构动作是否灵活,有无衔铁卡阻等不正常现象。用万用表检查电磁线圈的通断情况以及各触点的分布情况。

③ 接触器线圈额定电压是否与电源电压一致。

④ 对电动机的质量进行常规检查。

(3) 根据电路图和绘制原则画出布置图、接线图,确定配电底板的材料和大小,并进行剪裁。在控制板上安装电气元件,并贴上醒目的文字符号;线路板上进行槽板布线和套编码管和冷压接线头;连接相关电气元件,并按电路图自检连线的正确性、合理性和可靠性。

注意:闸刀开关和熔断器的受电端朝向控制板的外侧;热继电器不要装在发热元件的上方,以免影响它正常工作。为消除重力等对电磁系统的影响,接触器要与地面平行安装。其他元件整齐美观。

- 采用板前明配线的配线方式。导线采用 BV 单股塑料硬线时,板前明配线的配线规则:主电路的线路通道和控制电路的线路通道分开布置,线路横平竖直,同一平面内不交叉、不重叠,转弯成 90°角,成束的导线要固定、整齐美观。平板接线端子时,线端应弯成羊眼圈接线;瓦状接线端子时,线端直形,剥皮裸露导线长小于 1mm,并装上与接线图相同的编码套管。每个接线端子上一般不超过两根导线。先配控制电路的线,从控制电路接电源的一侧开始直到另一侧接电源止;然后配主电路的线,从电源侧开始配起,直到接线端子处接电动机的线止。

- 自检时用万用表检查线路的通断情况。应选用倍率适当的电阻挡,并进行校零,以防止短路故障的发生。

对控制电路的检查(可断开主电路),将表棒分别搭在 U11、V21 线端上,此时读数应为"∞"。按下 SB 或按下 SB2,或用起子按下 KM 的衔铁时,指针应偏转很大,读数应为接触器线圈的直流电阻。

(4) 安装电动机,可靠连接电动机和电气元件金属外壳的保护接地线;连接控制板外部的接线。

(5) 经教师检查合格,同意后,方可通电试车。

(6) 调试。

① 调试前的准备。

- 检查电路元件位置是否正确、有无损坏,导线规格和接线方式是否符合设计要求,各种操作按钮和接触器是否灵活可靠,热继电器的整定值是否正确,信号和指示装置是否完好。
- 对电路的绝缘电阻进行测试,连接导线绝缘电阻不小于 7MΩ,电动机绝缘电阻不小于 0.5MΩ。

② 调试过程。

- 在不接主电路电源的情况下,接通控制电路电源。按下启动按钮检查接触器的自锁功能是否正常。发现异常立即断电检修,查明原因,找出故障,消除故障后再调试,直至正常。
- 接通主电路和控制电路的电源,检查电动机转向和转速是否正常。正常后,在电动机转轴上加负载,检查热继电器是否有过负荷保护作用。若有异常,立即停电查明原因,检修。

(7) 检修。检修时常采用万用表电阻法和电压法。电压法是在线路不断电的情况下,使用万用表交流电压挡测电路中各点的电压。万用表的黑表笔压在电源零线上,红表笔从火线开始逐点测量电压,电压正常说明红表笔经过的电气元件没有故障,否则有故障,应断电检修。电阻法是在电路不通电的情况下进行的,此法较安全,便于学生使用。检修时用万用表,在不通电情况下,按住启动按钮测控制电路各点的电阻值,确定故障点。压下接触器衔铁测主电路各点的电阻确定主电路故障并排除。注意:万用表测试正常后方可通电试验。检修举例示例如下。

① 三相异步电动机直接启动电路接通后,给控制电路接通电源、按下启动按钮,接触器不动作。检查步骤如下:断开电源,选择万用表欧姆挡红表笔固定在图 4.10 所示电阻法测量电路的 4 点,按住启动按钮,黑表笔顺序接触 3、2、1、0 各点,若 Ω3＝∞,表示热继电器动合触点断开,应按复位按钮或修复;Ω2＝∞,表示动断按钮断开,检查并修复;Ω1＝∞,说明启动按钮不能接通电路;Ω0＝∞,说明接触器线圈电路不通,应检查接线是否接好,若接

线良好可确定是线圈断线,应更换接触器。电阻法测量流程如图 4.11 所示。

② 三相异步电动机控制电路正常,接通主电路电源,电动机嗡嗡响但不启动。主电路缺相故障检查流程如图 4.12 所示。

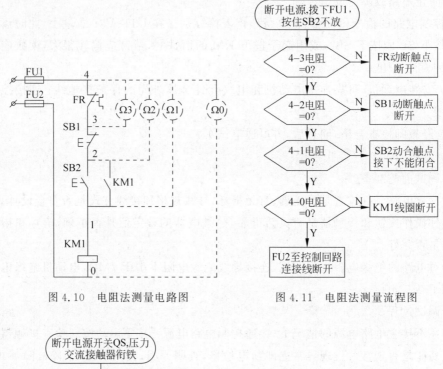

图 4.10　电阻法测量电路图　　　　　图 4.11　电阻法测量流程图

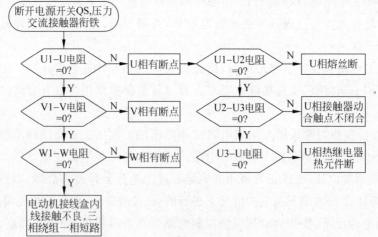

图 4.12　主电路缺相故障检查流程图

（8）通电试车完毕,停转,切断电源。先拆除三相电源线,再拆除电动机线。

（9）填写检修记录单。检修记录单一般包括设备编号、设备名称、故障现象、故障原因、排除方法、维修日期、所需材料等项目。记录单可清楚表示出设备运行和检修情况（见表 4.3）,为以后设备运行和检修提供依据,故必须认真填写。

表 4.3 三相异步电动机的单向点长动控制电路故障排除检修报告

项　　目	检修报告栏	备　　注
故障现象与故障部位		
故障分析		
故障检修过程		

4．注意事项

① 螺旋式熔断器的接线应正确,以确保用电安全。

② 在训练过程中要做到安全操作和文明生产。在调试和检修及其他项目制作过程中,安全始终是最重要的,带电测试或检修时要经过老师同意,且一人监护、一人操作,有异常现象应立即停车。

③ 训练结束后要清理好训练场所,关闭电源总开关。

 任务考核

技能考核任务书如下。

三相异步电动机的单向点长动控制电路的设计、安装与调试任务书
1. 任务名称 设计、制作、安装与调试三相异步电动机的单向点长动控制电路。 2. 具体任务 某运动控制系统的电动机要求有连续和点动控制,电动机型号为 Y-112M-4,4kW、380V、△接法、8.8A、1440r/min,请按要求完成系统设计、安装、调试与功能演示。 3. 考核要求 (1) 手工绘制电气原理图并标出端子号、手工绘制元件布置图、根据电动机参数和原理图列出元器件清单。 (2) 进行系统的安装、接线。要求元器件布置整齐、匀称、合理,安装牢固;导线进线槽、美观;接线端接编码套管;接点牢固、接点处裸露导线长度合适、无毛刺;电动机和按钮接线进端子排。 (3) 进行系统的调试。进行器件整定,写出系统调试步骤并完成调试。 (4) 通电试车完成系统功能演示。 4. 考点准备 考点提供的材料、工具清单见表 4.2。 5. 时间要求 本模块操作时间为 180min,时间到立即终止任务。 6. 说明 电路所需电源为 380V 交流电源。

针对考核任务,相应的考核评分细则参见表4.4。

表4.4　评分标准

序号	考核内容	考核项目	配分	评分标准	得分
1	电动机及电气元件的检查	检查方法正确,完整填写了元件明细表	20分	每漏检或错检一项扣5分	
2	接线质量	(1) 根据电气原理图正确绘制接线图,按接线图接线,电气接线符合要求 (2) 能正确使用工具熟练安装元器件,安装位置合格 (3) 布线合理、规范、整齐 (4) 接线紧固、接触良好	40分	接线图每处错误扣1分;不按图接线扣15分;错、漏、多接一根线扣5分;触点使用不正确,每个扣3分;安装有问题,一处扣2分;布线不整齐、不合理,每处扣2分	
3	通电试车	(1) 用万用表对控制电路进行检查 (2) 用万用表对主电路进行检查 (3) 对控制电路进行通电试验 (4) 接通主电路的电源,接入电动机,不加负载进行空载试验 (5) 接通主电路的电源,接入电动机进行带负载试验,直到电路工作正常为止	40分	没有检查扣10分;第一次试车不成功扣10分,第二次试车不成功扣10分	
4	安全文明生产	(1) 积累电路制作经验,养成好的职业习惯 (2) 不违反安全文明生产规程,做完清理场地		违反安全文明操作规程酌情扣分	
	合计		100分		

注:每项内容的扣分不得超过该项的配分。

任务结束前,填写、核实制作和维修记录单并存档。

 思考与练习

1. 什么是三相异步电动机的启动?三相异步电动机有哪些启动方法?

2. 什么是三相异步电动机的直接启动?在什么条件下允许直接启动?直接启动有什么优缺点?

3. 三相异步电动机有哪几种保护?各采用什么电器来进行何种保护?

4. 什么叫自锁?在控制电路中可起什么作用?

5. 在电动机的单向运行控制线路中,如图4.9(b)所示,将电源开关QS合上后按下启动按钮SB2,发现有下列现象,试分析和处理故障?

(1) 接触器KM不动作;

(2) 接触器KM动作,但电动机不转动;

(3) 电动机转动,但一松手电动机就停转;

(4) 接触器动作,但吸合不上;

(5) 接触器触点有明显颤动,噪声较大;

（6）接触器线圈冒烟甚至烧坏；

（7）电动机不转动或转得很慢，并有"嗡嗡"声。

6．什么叫主电路？什么叫控制电路？它们有什么区别？

7．点动控制与连续运行控制电路有什么不同？

任务 4.3　安装与检修三相异步电动机多地控制线路

任务描述

电动机的多地控制线路是电动机的最基本、最常用的控制线路，掌握其工作原理，学会其接线方法和检修方法，为分析复杂的电机控制电路和安装、检修复杂的电气电路打下基础。

任务分析

- 知识点：掌握三相异步电动机多地控制线路的动作原理。
- 技能点：能使用低压电器并能接线，能检查和测试电气元件；能够绘制三相异步电动机多地控制线路的原理图，能由电气原理图变换成安装接线图；能够制作电路的安装工艺计划，会按照工艺计划进行线路的安装、调试和检修，会作检修记录。
- 素质点：增强专业意识，培养良好的职业道德和职业习惯。

任务资讯

能在两地或多地控制同一台电动机的控制方式叫电动机的多地控制。如图 4.13 所示为两地控制线路。图中 SB11、SB12 为安装在甲地的启动按钮；SB21、SB22 为安装在乙地的启动按钮。线路的特点是：两地的启动按钮 SB11、SB21 并联在一起，停止按钮 SB12、SB22 并联在一起，这样就可以在甲乙两地启停同一台电动机，达到操作方便之目的。

控制线路工作原理：

先合上电源开关 QS。

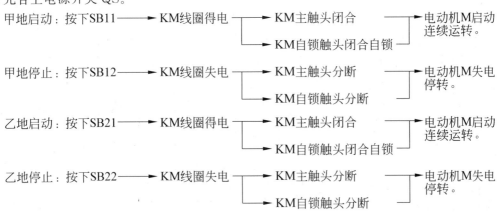

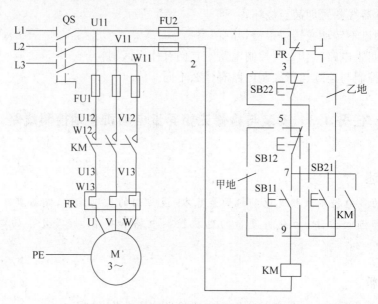

图 4.13　两地控制电路

 任务实施

1. 任务要求

掌握低压电器的使用与接线，明确电路所用电气元件及其作用，掌握检查和测试电气元件的方法；学会由电气原理图变换成安装接线图的方法、线路安装的步骤和安装的基本方法；掌握三相异步电动机的多地控制线路的的工作原理、安装与调试；掌握通电试车和排除故障的方法；增强专业意识，培养良好的职业道德和职业习惯。

2. 仪器、设备、元器件、工具及材料

电器材料工具配置清单表见表 4.5 所示。

表 4.5　电器材料工具配置清单表

序号	名　　称	型号与规格	数量	检查内容和结果
1	转换开关		1 个	
2	三相笼形异步电动机		1 台	
3	主电路熔断器		3 个	
4	控制电路熔断器		2 个	
5	交流接触器		1 个	
6	组合按钮		2 个	
7	继电器方座		1 个	
8	热继电器		1 个	
9	断路器		1 个	
10	接线端子排		2 条	
11	网孔板		1 块	
12	试车专用线		9 根	

序号	名　称	型号与规格	数量	检查内容和结果
13	塑铜线		若干	
14	线槽板		若干	
15	螺丝		若干	
16	万用表		1 个	
17	编码套管		5 米	
18	常用电工工具和仪表(试电笔、螺钉旋具、尖嘴钳、斜口钳、剥线钳、镊子、一字起子、剥线钳、电工刀等)		1 套	
19	线路安装工具(冲击钻、弯管器、套螺纹扳手等)		1 套	

3. 任务内容及步骤

(1) 识读电气原理图,明确线路所用电气元件及作用,熟悉线路的工作原理。

(2) 按元件表配齐所用元件,进行质量检验,并填入表 4.5 中。

① 电气元件的技术数据应完整并符合要求,外观无损伤。

② 电气元件的电磁机构动作是否灵活,有无衔铁卡阻等不正常现象。用万用表检查电磁线圈的通断情况以及各触点的分布情况。

③ 接触器线圈额定电压是否与电源电压一致。

④ 对电动机的质量进行常规检查。

(3) 根据电路图和绘制原则画出布置图、接线图,确定配电底板的材料和大小,并进行剪裁。在控制板上安装电气元件,并贴上醒目的文字符号;线路板上进行槽板布线和套编码管和冷压接线头;连接相关电气元件,并按电路图自检连线的正确性、合理性和可靠性。

注意:闸刀开关和熔断器的受电端朝向控制板的外侧;热继电器不要装在发热元件的上方,以免影响它正常工作。为消除重力等对电磁系统的影响,接触器要与地面平行安装。其他元件整齐美观。

- 采用板前明配线的配线方式。导线采用 BV 单股塑料硬线时,板前明配线的配线规则为:主电路的线路通道和控制电路的线路通道分开布置,线路横平竖直,同一平面内不交叉、不重叠,转弯成 90°角,成束的导线要固定、整齐美观。平板接线端子时,线端应弯成羊眼圈接线;瓦状接线端子时,线端直形,剥皮裸露导线长小于 1mm,并装上与接线图相同的编码套管。每个接线端子上一般不超过两根导线。先配控制电路的线,从控制电路接电源的一侧开始直到另一侧接电源止;然后配主电路的线,从电源侧开始配起,直到接线端子处接电动机的线止。

- 自检时用万用表检查线路的通断情况。应选用倍率适当的电阻挡,并进行校零,以防止短路故障的发生。

对控制电路的检查(可断开主电路),将表棒分别搭在 U11、V11 线端上,此时读数应为"∞"。按下 SB11,或按下 SB21,或用起子按下 KM 的衔铁时,指针应偏转很大,读数应为接触器线圈的直流电阻。

(4) 安装电动机,可靠连接电动机和电气元件金属外壳的保护接地线;连接控制板外部的接线。

（5）经教师检查合格，同意后，方可通电试车。

（6）调试。

① 调试前的准备。

· 检查电路元件位置是否正确、有无损坏，导线规格和接线方式是否符合设计要求，各种操作按钮和接触器是否灵活可靠，热继电器的整定值是否正确，信号和指示装置是否完好。

· 对电路的绝缘电阻进行测试，连接导线绝缘电阻不小于 7MΩ，电动机绝缘电阻不小于 0.5MΩ。

② 调试过程。

· 在不接主电路电源的情况下，接通控制电路电源。按下启动按钮检查接触器的自锁功能是否正常。发现异常立即断电检修，查明原因，找出故障，消除故障再调试，直至正常。

· 接通主电路和控制电路的电源，检查电动机转向和转速是否正常。正常后，在电动机转轴上加负载，检查热继电器是否有过负荷保护作用。若有异常，立即停电查明原因，检修。

（7）故障检修（见图 4.14）。

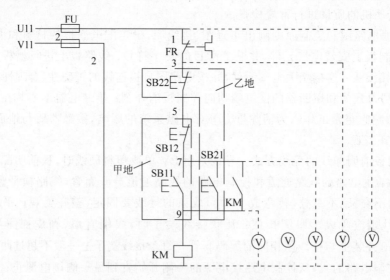

图 4.14 两地控制电路故障检测图

① 用实验法观察故障现象：先合上电源开关 QS，然后按下 SB11 或 SB21，KM 均不吸合。

② 用逻辑分析法判定故障范围：根据故障现象（KM 不吸合），结合电路图，可初步确定故障点可能在控制电路的公共支路上。

③ 用测量法确定故障点：采用电压分阶测量法，测量时，先合上电源开关 QS，然后把万用表的转换开关置于交流 500V 挡上，然后一只手按下 SB11 或 SB21 不放，另一只手用万

用表黑表笔接到 2 点上,红表笔依次接 1、3、5、7、9 各点,分别测量 2—1、2—3、2—5、2—7、2—9 各阶之间的电压值,根据测量结果可找出故障点。故障现象表见表 4.6。

表 4.6　故障现象表

故　障　现　象	测试状态	2—1	2—3	2—5	2—7	2—9	故　障　点
按下 SB11 或 SB21 时,KM 不吸合	按下 SB11 不放	0	0	0	0	0	FU2 熔断
		380V	0	0	0	0	FR 常闭触头接触不良
		380V	380V	0	0	0	SB22 接触不良
		380V	380V	380V	0	0	SB12 接触不良
		380V	380V	380V	380V	0	SB11 或 SB21 接触不良
		380V	380V	380V	380V	380V	KM 线圈断路

④ 根据故障点的情况,采取正确的检修方法,排除故障。

• FU2 熔断,可查明熔断的原因,排除故障后更换相同规格的熔体。

• FR 常闭触头接触不良。若按下复位按钮时,热继电器常闭触头不能复位,则说明热继电器已损坏,可更换同型号的热继电器,并调整好其整定电流值;若按下复位按钮时,FR 的常闭常闭触头复位,则说明 FR 完好,可继续使用,但要查明 FR 常闭触头动作的原因并排除。

• SB22 接触不良。更换按钮 SB22。

• SB12 接触不良。更换按钮 SB12。

• SB11 或 SB21 接触不良。更换按钮 SB11 或 SB21。

• KM 线圈断路。更换相同规格的线圈或接触器。

(8) 通电试车完毕,停转,切断电源。先拆除三相电源线,再拆除电动机线。

(9) 填写检修记录单。检修记录单一般包括设备编号、设备名称、故障现象、故障原因、排除方法、维修日期、所需材料等项目。记录单可清楚表示出设备运行和检修情况(见表 4.7),为以后设备运行和检修提供依据,故必须认真填写。

表 4.7　三相异步电动机多地控制电路故障排除检修报告

项　　　目	检修报告栏	备注
故障现象与故障部位		
故障分析		
故障检修过程		

4. 注意事项

① 螺旋式熔断器的接线应正确,以确保用电安全。

② 接触器联锁触头接线必须正确,否则将会造成主电路中两相电源短路事故。

③ 通电试车时,应先合上 QS,再按下 SB11(或 SB21),看控制是否正常。

④ 在训练过程中要做到安全操作和文明生产。在调试和检修及其他项目制作过程中,安全始终是最重要的,带电测试或检修时要经过老师同意,且一人监护、一人操作,有异常现象应立即停车。

⑤ 训练结束后要清理好训练场所,关闭电源总开关。

 任务考核

技能考核任务书如下。

三相异步电动机的多地控制电路的设计、安装与调试任务书
1. 任务名称 设计、制作、安装与调试三相异步电动机的多地控制电路。 **2. 具体任务** 某台机床,因加工需要,加工人员应该在机床正面和侧面均能进行操作,即要求实现两地控制。三相异步电动机型号为丫-112M-4、4kW、380V、△接法、8.8A、1440r/min,请按要求完成系统设计、安装、调试与功能演示。 **3. 考核要求** (1) 手工绘制电气原理图并标出端子号、手工绘制元件布置图、根据电动机参数和原理图列出元器件清单。 (2) 进行系统的安装、接线。安装前应对元器件检查;要求完成主电路、控制电路的安装布线;要求元器件布置整齐、匀称、合理,安装牢固;按要求进行线槽布线,导线必须沿线槽内走线,线槽出线应整齐美观;接线端接编码套管;接点牢固、接点处裸露导线长度合适、无毛刺;电动机和按钮接线进端子排;线路连接应符合工艺要求,不损坏电气元件;安装工艺符合相关行业标准。 (3) 进行系统的调试。进行器件整定,写出系统调试步骤并完成调试。 (4) 通电试车完成系统功能演示。 **4. 考点准备** 考点提供的材料、工具清单见表 4.5。 **5. 时间要求** 本模块操作时间为 180min,时间到立即终止任务。 **6. 说明** 电路所需电源为 380V 交流电源。

针对考核任务,相应的考核评分细则参见表 4.8。

表 4.8　评分标准

序号	考核内容	考核项目	配分	评分标准	得分
1	电动机及电气元件的检查	检查方法正确,完整填写了元件明细表	20分	每漏检或错检一项扣5分	
2	接线质量	(1) 根据电气原理图正确绘制接线图,按接线图接线,电气接线符合要求 (2) 能正确使用工具熟练安装元器件,安装位置合格 (3) 布线合理、规范、整齐 (4) 接线紧固、接触良好	40分	不按图接线扣15分;错、漏、多接一根线扣5分;触点使用不正确,每个扣3分;布线不整齐、不合理,每处扣2分	

序号	考核内容	考核项目	配分	评分标准	得分
3	通电试车	（1）用万用表对控制电路进行检查 （2）用万用表对主电路进行检查 （3）对控制电路进行通电试验 （4）接通主电路的电源，接入电动机，不加负载进行空载试验 （5）接通主电路的电源，接入电动机进行带负载试验，直到电路工作正常为止	40 分	没有检查扣 10 分；第一次试车不成功扣 10 分，第二次试车不成功扣 20 分	
4	安全文明生产	（1）积累电路制作经验，养成好的职业习惯 （2）不违反安全文明生产规程，做完清理场地		违反安全文明操作规程酌情扣分	
		合计	100 分		

注：每项内容的扣分不得超过该项的配分。

任务结束前，填写、核实制作和维修记录单并存档。

任务 4.4　安装与检修三相异步电动机顺序控制线路

任务描述

电动机的顺序控制线路是电动机的最基本、最常用的控制线路，掌握其工作原理，学会其接线方法和检修方法，为分析复杂的电机控制电路和安装、检修复杂的电气电路打下基础。

任务分析

- 知识点：掌握三相异步电动机顺序控制线路的动作原理，正确理解自锁、互锁的含义。
- 技能点：能使用低压电器并能接线，能检查和测试电气元件；能够绘制三相异步电动机顺序控制线路的原理图，能由电气原理图变换成安装接线图；能够制作电路的安装工艺计划，会按照工艺计划进行线路的安装、调试和检修，会作检修记录。
- 素质点：增强专业意识，培养良好的职业道德和职业习惯。

任务资讯

在某些机床控制线路中，有时不能随意启动或停车，而是必须按照一定的顺序操作才行。这种控制线路称为顺序控制线路。

在铣床的控制中，为避免发生工件与刀具的相撞事件，控制线路必须确保主轴铣刀旋转后才能有工件的进给。图 4.15 就是具有这种控制功能的线路图。

控制线路工作原理如下。

先合上电源开关 QS。

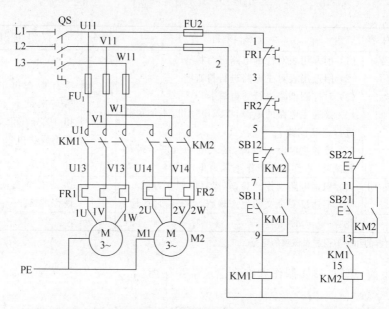

图 4.15　顺序控制线路

（1）顺序启动

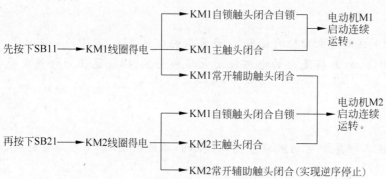

（2）逆序停止

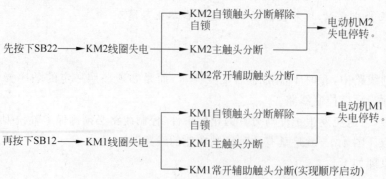

任务实施

1. 任务要求

掌握低压电器的使用与接线,明确电路所用电气元件及其作用,掌握检查和测试电气元件的方法;学会由电气原理图变换成安装接线图的方法、线路安装的步骤和安装的基本方法;正确理解自锁、互锁的含义;掌握三相异步电动机的顺序控制线路的的工作原理、安装与调试;掌握通电试车和排除故障的方法;增强专业意识,培养良好的职业道德和职业习惯。

2. 仪器、设备、元器件、工具及材料

电器材料工具配置清单表见表4.9所示。

表 4.9 电器材料工具配置清单表

序号	名 称	型号与规格	数量	检查内容和结果
1	转换开关		1个	
2	三相笼形异步电动机		2台	
3	主电路熔断器		3个	
4	控制电路熔断器		2个	
5	交流接触器		2个	
6	组合按钮		2个	
7	继电器方座		2个	
8	热继电器		2个	
9	断路器		1个	
10	接线端子排		2条	
11	网孔板		1块	
12	试车专用线		9根	
13	塑铜线		若干	
14	线槽板		若干	
15	螺丝		若干	
16	万用表		1个	
17	编码套管		5米	
18	常用电工工具和仪表(试电笔、螺钉旋具、尖嘴钳、斜口钳、剥线钳、镊子、一字起子、剥线钳、电工刀等)		1套	
19	线路安装工具(冲击钻、弯管器、套螺纹扳手等)		1套	

3. 任务内容及步骤

(1) 识读电气原理图,明确线路所用电气元件及作用,熟悉线路的工作原理。

(2) 按元件表配齐所用元件,进行质量检验,并填入表4.9中。

① 电气元件的技术数据应完整并符合要求,外观无损伤。

② 电气元件的电磁机构动作是否灵活,有无衔铁卡阻等不正常现象。用万用表检查电磁线圈的通断情况以及各触点的分布情况。

③ 接触器线圈额定电压是否与电源电压一致。

④ 对电动机的质量进行常规检查。

(3) 根据电路图和绘制原则画出布置图、接线图,确定配电底板的材料和大小,并进行剪裁。在控制板上安装电气元件,并贴上醒目的文字符号;线路板上进行槽板布线和套编码管和冷压接线头;连接相关电气元件,并按电路图自检连线的正确性、合理性和可靠性。

注意:闸刀开关和熔断器的受电端朝向控制板的外侧;热继电器不要装在发热元件的上方,以免影响它正常工作。为消除重力等对电磁系统的影响,接触器要与地面平行安装。其他元件整齐美观。

采用板前明配线的配线方式介绍如下。导线采用 BV 单股塑料硬线时,板前明配线的配线规则为:主电路的线路通道和控制电路的线路通道分开布置,线路横平竖直,同一平面内不交叉、不重叠,转弯成 90°角,成束的导线要固定、整齐美观。平板接线端子时,线端应弯成羊眼圈接线;瓦状接线端子时,线端直形,剥皮裸露导线长小于 1mm,并装上与接线图相同的编码套管。每个接线端子上一般不超过两根导线。先配控制电路的线,从控制电路接电源的一侧开始直到另一侧接电源止;然后配主电路的线,从电源侧开始配起,直到接线端子处接电动机的线止。

自检步骤为:

① 按电路图或接线图从电源端开始,逐段核对接线及接线端子处线号是否正确,有无漏接、错接之处。检查导线接点是否符合要求,压接是否牢固。

② 学生用万用表检查线路的通断情况。应选用倍率适当的电阻挡,并进行校零,以防止短路故障的发生。

控制电路的检查(可断开主电路),将表棒分别搭在 U11、V11 线端上,此时读数应为"∞"。

- 按下 SB11(或者用起子按下 KM1 的衔铁)时,指针应偏转很大,读数应为接触器 KM1 线圈的直流电阻。
- 按下 SB21(或者用起子按下 KM2 的衔铁)时,指针应不动,此时读数应为"∞";再同时用起子按下 KM1 的衔铁,指针应偏转很大,读数应为接触器 KM2 线圈的直流电阻。
- 同时按下 SB11、SB12,再用起子按下 KM2 的衔铁,指针应偏转很大,读数应为接触器 KM1 线圈的直流电阻。

③ 对主电路的检查(断开控制电路),看有无开路或短路现象,此时可用手动来代替接触器通电进行检查。

④ 用兆欧表检查线路的绝缘电阻应不得小于 1MΩ。

(4) 安装电动机,可靠连接电动机和电气元件金属外壳的保护接地线;连接控制板外部的接线。

(5) 检查无误后通电试车。必须征得老师同意,并由老师在现场监护。由老师接通三相电源 L1、L2、L3,学生合上电源开关 QS,按下 SB11,观察接触器 KM1 是否吸合,松开 SB11 接触器 KM1 是否自锁,观察电动机 M1 运行是否正常等;按下 SB21,观察接触器 KM2 是否吸合,松开 SB21 接触器 KM2 是否自锁,观察电动机 M2 运行是否正常等;按下 SB12 两台电动机应没有影响;先按下 SB22,观察接触器 KM2 是否释放,电动机 M2 是否停转;再按下 SB12,观察接触器 KM1 是否释放,电动机 M1 是否停转。

（6）调试。

① 调试前的准备。

- 检查电路元件位置是否正确、有无损坏，导线规格和接线方式是否符合设计要求，各种操作按钮和接触器是否灵活可靠，热继电器的整定值是否正确，信号和指示装置是否完好。

- 对电路的绝缘电阻进行测试，连接导线绝缘电阻不小于 7MΩ，电动机绝缘电阻不小于 0.5MΩ。

② 调试过程。

- 在不接主电路电源的情况下，接通控制电路电源。按下启动按钮检查接触器的自锁、互锁功能是否正常。发现异常立即断电检修，查明原因，找出故障，消除故障再调试，直至正常。

- 接通主电路和控制电路的电源，检查电动机转向和转速是否正常。正常后，在电动机转轴上加负载，检查热继电器是否有过负荷保护作用。若有异常，立即停电查明原因，检修。

（7）故障的排除。部分故障现象的排除路径，示例如下。

① 按下 SB11，KM1 不吸合。

依次检查电源→FU2→1-3-5-7-9-2-2 是否有断路故障点。

② 按下 SB11，KM1 吸合，松开 SB1，KM1 释放。

检查 7-9 间（KM1 自锁）是否有故障点。

③ 合上电源，KM1 立即吸合。

检查 7-9 间是否短接。

④ 按下 SB21，KM2 吸合。

故障是 KM1 常开辅助触头没串接（13-15）。

⑤ 按下 SB11，KM1 吸合，按下 SB12，KM1 释放。

故障是 KM2 常开辅助触头没并接在 SB12 两端（5-7）。

⑥ 主电路及控制电路其余故障现象思考分析。

（8）通电试车完毕，停转，切断电源。先拆除三相电源线，再拆除电动机线。

（9）填写检修记录。检修记录单一般包括设备编号、设备名称、故障现象、故障原因、排除方法、维修日期、所需材料等项目。记录单可清楚表示出设备运行和检修情况（见表 4.10），为以后设备运行和检修提供依据，故必须认真填写。

表 4.10　三相异步电动机顺序控制电路故障排除检修报告

项　　目	检修报告栏	备注
故障现象与故障部位		
故障分析		
故障检修过程		

4. 注意事项

① 螺旋式熔断器的接线应正确,以确保用电安全。

② 接触器联锁触头接线必须正确,否则将会造成主电路中两相电源短路事故。

③ 通电试车时,应先合上 QS,再按下 SB22,电动机应该不能启动;然后再按下 SB12,M1 运转后再按下 SB22,M2 才运转。

④ 在训练过程中要做到安全操作和文明生产。在调试和检修及其他项目制作过程中,安全始终是最重要的,带电测试或检修时要经过老师同意,且一人监护、一人操作,有异常现象应立即停车。

⑤ 训练结束后要清理好训练场所,关闭电源总开关。

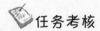 **任务考核**

技能考核任务书如下。

三相异步电动机的顺序控制电路的设计、安装与调试任务书
1. 任务名称 设计、制作、安装与调试三相异步电动机的顺序控制电路。 **2. 具体任务** 某台机床,因加工需要,加工人员应该在机床正面和侧面均能进行操作。即要求实现两地控制。三相异步电动机型号为 Y-112M-4,4kW、380V、△接法、8.8A、1440r/min,请按要求完成系统设计、安装、调试与功能演示。 **3. 考核要求** (1) 手工绘制电气原理图并标出端子号、手工绘制元件布置图、根据电机参数和原理图列出元器件清单。 (2) 进行系统的安装、接线。安装前应对元器件检查;要求完成主电路、控制电路的安装布线;要求元器件布置整齐、匀称、合理,安装牢固;按要求进行线槽布线,导线必须沿线槽内走线,线槽出线应整齐美观;接线端接编码套管;接点牢固、接点处裸露导线长度合适、无毛刺;电动机和按钮接线进端子排;线路连接应符合工艺要求,不损坏电气元件;安装工艺符合相关行业标准。 (3) 进行系统的调试。进行器件整定,写出系统调试步骤并完成调试。 (4) 通电试车完成系统功能演示。 **4. 考点准备** 考点提供的材料、工具清单见表 4.9。 **5. 时间要求** 本模块操作时间为 180min,时间到立即终止任务。 **6. 说明** 电路所需电源为 380V 交流电源。

针对考核任务,相应的考核评分细则参见表 4.11。

表 4.11 评分标准

序号	考核内容	考核项目	配分	评分标准	得分
1	电动机及电气元件的检查	检查方法正确,完整填写了元件明细表	20 分	每漏检或错检一项扣 5 分	
2	接线质量	(1) 根据电气原理图正确绘制接线图,按接线图接线,电气接线符合要求 (2) 能正确使用工具熟练安装元器件,安装位置合格 (3) 布线合理、规范、整齐 (4) 接线紧固、接触良好	40 分	不按图接线扣 15 分;错、漏、多一根线扣 5 分;触点使用不正确,每个扣 3 分;布线不整齐、不合理,每处扣 2 分	
3	通电试车	(1) 用万用表对控制电路进行检查 (2) 用万用表对主电路进行检查 (3) 对控制电路进行通电试验 (4) 接通主电路的电源,接入电动机,不加负载进行空载试验 (5) 接通主电路的电源,接入电动机进行带负载试验,直到电路工作正常为止	40 分	没有检查扣 10 分;第一次试车不成功扣 10 分,第二次试车不成功扣 20 分	
4	安全文明生产	(1) 积累电路制作经验,养成好的职业习惯 (2) 不违反安全文明生产规程,做完清理场地		违反安全文明操作规程酌情扣分	
	合计		100 分		

注:每项内容的扣分不得超过该项的配分。

任务结束前,填写、核实制作和维修记录单并存档。

思考与练习

某系统有冷却泵电动机和主电动机,两电动机均为直接启动,单向运转,由接触器控制运行。若车削时需要冷却,则合上旋转开关,且只有主电动机启动后,冷却泵电动机才能启动。主电动机型号为 Y-112M-4,4kW、380V、△接法、8.8A、1440r/min,冷却泵电动机型号为 Y2-80M1-4,0.55kW、380V、△接法、1.57A、1390r/min。请按要求完成工作台运动系统设计以及电气控制系统的安装、接线、调试与功能演示。

要求:设计系统电气原理图(手工绘制,标出端子号);手工绘制元件布置图;根据电动机参数和原理图列出元器件清单;进行系统的安装接线(安装前应对元器件检查;要求完成主电路、控制电路的安装布线;要求元器件布置整齐、匀称、合理,安装牢固;按要求进行线槽布线,导线必须沿线槽内走线,线槽出线应整齐美观;接线端接编码套管;接点牢固、接点处裸露导线长度合适、无毛刺;电动机和按钮接线进端子排;线路连接应符合工艺要求,不损坏电气元件;安装工艺符合相关行业标准);进行系统的调试(进行器件整定,写出系统调试步骤并完成调试);通电试车完成系统功能演示。说明:电路所需电源为 380V 交流电源。考点提供的材料、工具清单见表 4.9。

任务 4.5　安装与检修三相异步电动机正反转控制线路

任务描述

　　电动机的正反转控制线路是电动机的最基本、最常用的控制线路。掌握其工作原理,学会其接线方法和检修方法,为分析复杂的电机控制电路和安装、检修复杂的电气电路打下基础。

任务分析

- 知识点:掌握三相异步电动机正反转控制线路的组成和动作原理,正确理解自锁、互锁的含义。
- 技能点:能使用低压电器并能接线,能检查和测试电气元件;能够绘制三相异步电动机正反转控制线路的原理图,能由电气原理图变换成安装接线图;能够制作电路的安装工艺计划,会按照工艺计划进行线路的安装、调试和检修,会作检修记录。
- 素质点:增强专业意识,培养良好的职业道德和职业习惯。

任务资讯

　　在生产过程中,很多生产机械的运行部件都需要正、反两个方向运动,如机床工作台的前进、后退,摇臂钻床中摇臂的上升和下降、夹紧和放松等。要实现三相异步电动机的反转,只需将电动机所接三相电源的任意两根对调即可。

　　1. 接触器联锁的正反转控制线路

　　接触器联锁正反转控制线路如图 4.16(a)所示。该线路能有效防止因接触器故障而造成的电源短路事故,故其应用比较广泛。

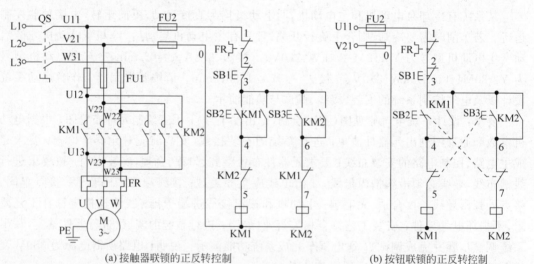

(a) 接触器联锁的正反转控制　　　　　(b) 按钮联锁的正反转控制

图 4.16　电动机正反转控制线路

图中采用两个接触器,即正转用的接触器 KM1 和反转用的接触器 KM2。当接触器 KM1 的三对主触头接通时,三相电源的相序按 L1、L2、L3 接入电动机。而当接触器 KM2 的三个主触头接通时,三相电源的相序按 L3、L2、L1 接入电动机,电动机即反转。

必须指出接触器 KM1 和 KM2 的主触头,绝不能同时接通,否则将造成两相电源 L1 和 L3 短路,为此在 KM1 和 KM2 线圈各支路中相互串联对方接触器的一对常闭辅助触头,以保证接触器 KM1 和 KM2 的线圈不会同时通电。KM1 和 KM2 这两个动断辅助触头在线路中所起的作用称为联锁作用,这两个动断触头就叫联锁触头。

正转控制时,按下正转按钮 SB2,接触器 KM1 线圈获电,KM1 主触头闭合,电动机 M 启动正转,同时 KM1 的自锁触头闭合,联锁触头断开。

反转控制时,必须先按停止按钮 SB1,使接触器 KM1 线圈断电,KM1 主触头复位,电动机 M 断电;然后按下反转按钮 SB3,接触器 KM2 线圈获电吸合,KM2 主触头闭合,电动机 M 启动反转,同时 KM2 自锁触头闭合,联锁触头断开。

这种线路的缺点是操作不方便,因为要改变电动机的转向时,必须先要按停止按钮让电动机停转,再按反转按钮才能使电动机反转启动。

2. 按钮联锁的正反转控制线路

按钮联锁的正反转控制线路如图 4.16(b)所示。

按钮联锁的正反转控制线路的动作原理与接触器联锁的正反转控制线路基本相似。但由于采用了复合按钮,当按下反转按钮 SB3 时,使接在正转控制线路中的 SB3 常闭触头先断开,正转接触器 KM1 线圈断电,KM1 主触头断开,电动机 M 断电,接着按钮 SB3 的常开触头闭合,使反转接触器 KM2 线圈获电,KM2 主触头闭合,电动机 M 反转起来,既保证了正反转接触器 KM1 和 KM2 断电,又可不按停止按钮 SB1 而直接按反转按钮 SB3 进行反转启动,由反转运行转换成正转运行的情况,也只要直接按正转按钮 SB2 即可。

这种线路的优点是操作方便,缺点是易产生短路故障。如正转接触器 KM1 主触头发生熔焊故障而分断不开时,若按反转按钮 SB3 进行换向,则会产生短路故障。

如果将按钮联锁和接触器联锁结合起来,将兼有两者之长,安全可靠,并且操作方便。这就构成了接触器、按钮双重联锁的正反转控制线路,线路图如图 4.17 所示,其工作原理读者可自行分析。

 任务实施

1. 任务要求

掌握低压电器的使用与接线,明确电路所用电气元件及其作用,掌握检查和测试电气元件的方法;掌握接触器联锁正、反转控制电路的工作原理;正确理解自锁、互锁的含义;掌握由电气原理图接成实际电路的方法、线路安装的步骤和安装的基本方法;掌握三相异步电动机的正反转控制线路的的工作原理、安装与调试;掌握通电试车和排除故障的方法;增强专业意识,培养良好的职业道德和职业习惯。

2. 仪器、设备、元器件、工具及材料

电器材料工具配置清单表如表 4.12 所示。

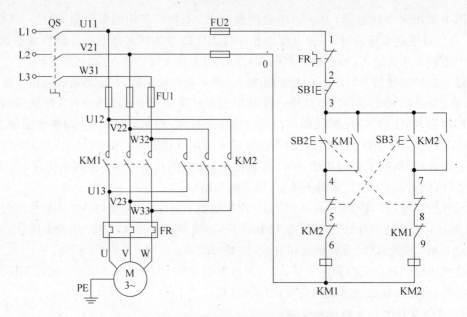

图 4.17 接触器、按钮双重互锁正反转控制线路

表 4.12 电器材料工具配置清单表

序号	名　　称	型号与规格	数量	检查内容和结果
1	转换开关		1个	
2	三相笼形异步电动机		2台	
3	主电路熔断器		3个	
4	控制电路熔断器		2个	
5	交流接触器		2个	
6	组合按钮		2个	
7	继电器方座		2个	
8	热继电器		2个	
9	断路器		1个	
10	接线端子排		2条	
11	网孔板		1块	
12	试车专用线		9根	
13	塑铜线		若干	
14	线槽板		若干	
15	螺丝		若干	
16	万用表		1个	
17	编码套管		5米	
18	常用电工工具和仪表(试电笔、螺钉旋具、尖嘴钳、斜口钳、剥线钳、镊子、一字起子、剥线钳、电工刀等)		1套	
19	线路安装工具(冲击钻、弯管器、套螺纹扳手等)		1套	

3. 任务内容及步骤

（1）识读电气原理图，明确线路所用电气元件及作用，熟悉线路的工作原理。

（2）按元件表配齐所用元件，进行质量检验，并填入表 4.12 中。

① 电气元件的技术数据应完整并符合要求，外观无损伤。

② 电气元件的电磁机构动作是否灵活，有无衔铁卡阻等不正常现象。用万用表检查电磁线圈的通断情况以及各触点的分布情况。

③ 接触器线圈额定电压是否与电源电压一致。

④ 对电动机的质量进行常规检查。

（3）根据电路图和绘制原则画出布置图、接线图，确定配电底板的材料和大小，并进行剪裁。在控制板上安装电气元件，并贴上醒目的文字符号；线路板上进行槽板布线和套编码管和冷压接线头；连接相关电气元件，并按电路图自检连线的正确性、合理性和可靠性。

注意：闸刀开关和熔断器的受电端朝向控制板的外侧；热继电器不要装在发热元件的上方，要靠下侧，以免影响它正常工作。为消除重力等对电磁系统的影响，接触器要与地面平行安装。其他元件整齐美观。

采用板前明配线的配线方式介绍如下。导线采用 BV 单股塑料硬线时，板前明配线的配线规则为：主电路的线路通道和控制电路的线路通道分开布置，线路横平竖直，同一平面内不交叉、不重叠，转弯成 90°角，成束的导线要固定、整齐美观。平板接线端子时，线端应弯成羊眼圈接线；瓦状接线端子时，线端直形，剥皮裸露导线长小于 1mm，并装上与接线图相同的编码套管。每个接线端子上一般不超过两根导线。先配控制电路的线，从控制电路接电源的一侧开始直到另一侧接电源止；然后配主电路的线，从电源侧开始配起，按照低压断路器、熔断器、交流接触器、热继电器、接线的次序，直到接线端子处接电动机的线止。

自检步骤为：

① 按电路图或接线图从电源端开始，逐段核对接线及接线端子处线号是否正确，有无漏接、错接之处。检查导线接点是否符合要求，压接是否牢固。

② 学生用万用表检查线路的通断情况。应选用倍率适当的电阻挡，并进行校零，以防止短路故障的发生。

对控制电路的检查（可断开主电路），将表棒分别搭在 U11、V21 线端上，此时读数应为"∞"。按下 SB2 或按下 SB3，或用起子按下 KM1 或 KM2 的衔铁时，指针应偏转很大，读数应为接触器线圈的直流电阻。

③ 对主电路的检查（断开控制电路），看有无开路或短路现象，此时可用手动来代替接触器通电进行检查。

④ 用兆欧表检查线路的绝缘电阻应不得小于 1MΩ。

（4）安装电动机，可靠连接电动机和电气元件金属外壳的保护接地线；连接控制板外部的接线。

（5）经教师检查合格，同意后，方可通电试车。

（6）调试。

① 调试前的准备。

• 检查低压断路器、熔断器、交流接触器、热继电器、起停按钮及位置是否正确、有无损坏,导线规格和接线方式是否符合设计要求,各种操作按钮和接触器是否灵活可靠,热继电器的整定值是否正确,信号和指示装置是否完好。

- 对电路的绝缘电阻进行测试,验证是否符合要求。连接导线绝缘电阻不小于 $7M\Omega$,电动机绝缘电阻不小于 $0.5M\Omega$。

② 调试过程。

- 在不接主电路电源的情况下,接通控制电路电源。按下正转启动按钮 SB2,检查接触器 KM1 的自锁功能是否正常,检查接触器 KM1、KM2 的互锁功能是否正常;按下反转启动按钮 SB3,检查接触器 KM2 的自锁功能是否正常,检查接触器 KM1、KM2 的互锁功能是否正常。发现异常立即断电检修,查明原因,找出故障,消除故障再调试,直至正常。
- 接通主电路和控制电路的电源,检查电动机转向和转速是否正常。正常后,在电动机转轴上加负载,检查热继电器是否有过负荷保护作用。若有异常,立即停电查明原因,检修。

(7) 故障的排除。检修采用万且表电阻法,在不通电情况下进行,按住启动按钮测控制电路各点的电阻值,确定故障点。压下接触器衔铁测主电路各点的电阻,确定主电路故障并排除。以电动机正向运行正常,但不能正向运行故障检查举例,其故障检查流程如图 4.18 所示。

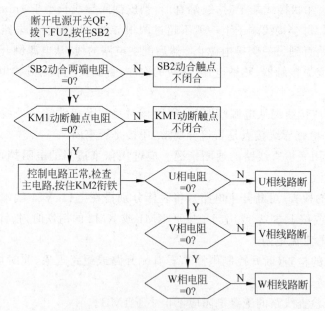

图 4.18　不能反向运行故障检查流程图

(8) 通电试车完毕,停转,切断电源。先拆除三相电源线,再拆除电动机线。

(9) 填写检修记录单。检修记录单一般包括设备编号、设备名称、故障现象、故障原因、排除方法、维修日期、所需材料等项目。记录单可清楚表示出设备运行和检修情况(见表 4.13),为以后设备运行和检修提供依据,故必须认真填写。

表 4.13 三相异步电动机正反转控制电路故障排除检修报告

项 目	检修报告栏	备注
故障现象与故障部位		
故障分析		
故障检修过程		

4．注意事项

① 螺旋式熔断器的接线应正确,以确保用电安全。

② 接触器联锁触头接线必须正确,否则将会造成主电路中两相电源短路事故。

③ 通电试车时,应先合上 QS,再按下 SB2(或 SB3),看控制是否正常,在接触器联锁的正反转控制电路中,电动机由正转变为反转时,必须先按下停止按钮,让电动机正转断电后,才能按反转启动按钮让电动机反转。

④ 在训练过程中要做到安全操作和文明生产。在调试和检修及其他项目制作过程中,安全始终是最重要的,带电测试或检修时要经过老师同意,且一人监护、一人操作,有异常现象应立即停车。

⑤ 训练结束后要清理好训练场所,关闭电源总开关。

 任务考核

技能考核任务书如下。

三相异步电动机的正反转控制电路的设计、安装与调试任务书

1．任务名称

设计、制作、安装与调试三相异步电动机的正反转控制电路。

2．具体任务

某生产机械由一台三相异步电动机拖动,通过操作按钮可以实现电动机正转启动、反转启动、自动正反转切换以及停车控制,电动机型号为 Y-112M-4,4kW、380V、△接法、8.8A、1440r/min,请按要求完成系统设计、安装、调试与功能演示。

3．考核要求

(1)手工绘制电气原理图并标出端子号、手工绘制元件布置图、根据电机参数和原理图列出元器件清单。

(2)进行系统的安装、接线。安装前应对元器件检查;要求完成主电路、控制电路的安装布线;要求元器件布置整齐、匀称、合理,安装牢固;按要求进行线槽布线,导线必须沿线槽内走线,线槽出线应整齐美观;接线端接编码套管;接点牢固、接点处裸露导线长度合适、无毛刺;电动机和按钮接线进端子排;线路连接应符合工艺要求,不损坏电气元件;安装工艺符合相关行业标准。

(3)进行系统的调试。进行器件整定,写出系统调试步骤并完成调试。

(4)通电试车完成系统功能演示。

4．考点准备

考点提供的材料、工具清单见表 4.12。

5．时间要求

本模块操作时间为 180min,时间到立即终止任务。

6．说明

电路所需电源为 380V 交流电源。

针对考核任务,相应的考核评分细则参见表 4.14。

表 4.14 评分标准

序号	考核内容	考核项目	配分	评 分 标 准	得分
1	电动机及电气元件的检查	检查方法正确,完整填写了元件明细表	20 分	每漏检或错检一项扣 5 分	
2	接线质量	(1) 根据电气原理图正确绘制接线图,按接线图接线,电气接线符合要求 (2) 能正确使用工具熟练安装元器件,安装位置合格 (3) 布线合理、规范、整齐 (4) 接线紧固、接触良好	40 分	不按图接线扣 15 分;错、漏、多接一根线扣 5 分;触点使用不正确,每个扣 3 分;布线不整齐、不合理,每处扣 2 分	
3	通电试车	(1) 调试顺序:先控制电路、后主电路 (2) 检修用万用表电阻法 (3) 通电实验顺序:控制电路、主电路、空载、带负载运行	40 分	没有检查扣 10 分;调试顺序错误扣 3 分,检修方法错误扣 3 分,通电实验顺序错误扣 3 分,查找故障点不能排除扣 3 分,产生新故障点扣 3 分,第一次试车不成功扣 10 分,排除故障最终试车不成功扣 10 分,因误操作损坏电动机和电气元件扣 20 分	
4	安全文明生产	(1) 积累电路制作经验,养成好的职业习惯 (2) 不违反安全文明生产规程,做完清理场地		违反安全文明操作规程酌情扣分	
合计			100 分		

注:每项内容的扣分不得超过该项的配分。

任务结束前,填写、核实制作和维修记录单并存档。

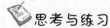 **思考与练习**

1. 如何选择低压断路器?

2. 在电动机正、反转控制线路中,为什么必须保证两个接触器不能同时通电?采用哪些措施可解决此问题?

3. 如何改变三相交流电动机的方向?

4. 画出接触器、按钮控制的正反向电动机控制电路。

5. 在图 4.9(b)所示三相异步电动机的单向长动控制电路原理图上添加接触器和按钮,使其组成正反转控制电路。

任务 4.6　安装与检修三相异步电动机自动往返控制线路

 任务描述

电动机的自动往返控制线路是电动机的最基本、最常用的控制线路,掌握其工作原理,学会其接线方法和检修方法,为分析复杂的电机控制电路和安装、检修复杂的电气电路打下基础。

任务分析

- 知识点:掌握三相异步电动机自动往返控制线路的组成和动作原理,正确理解自锁、互锁的含义,了解行程开关结构参数、动作原理和选择。
- 技能点:能使用低压电器并能接线,能检查和测试电气元件;能够绘制三相异步电动机自动往返控制线路的原理图,能由电气原理图变换成安装接线图;能够制作电路的安装工艺计划,会按照工艺计划进行线路的安装、调试和检修,会作检修记录。
- 素质点:增强专业意识,培养良好的职业道德和职业习惯。

任务资讯

实际生产过程中,一些生产机械运动部件的行程或位置要受到限制,或者需要其运动部件在一定范围内自行做往返循环运动,如龙门刨床、平面磨床。这种控制常用行程开关按运动部件的位置或机件的位置变化来进行控制,通常称为行程控制。往返运动是由行程开关控制电动机的正反转来实现的。

如图 4.19 为工作台自动往返循环运动示意图。图中 SQ1、SQ2、SQ3、SQ4 为行程开关,SQ1、SQ2 用以控制往返运动,SQ3、SQ4 用以运动方向行程限位保护,即限制工作台的极限位置。在工作台的两端装有挡铁,随工作台一起移动,通过挡铁分别压下 SQ1 与 SQ2 改变电路工作状态,实现电动机的正反转,并拖动工作台实现自动往返循环运动。

图 4.19　工作台自动往返循环运动示意图

自动往返循环运动控制电路如图 4.20 所示。工作台自动往返循环动作过程如下:合上电源开关 QS,按下正向启动按钮 SB2,KM1 线圈通电,KM1(3-4)闭合自锁,KM1(10-11)断开,互锁;KM1 主触点闭合,电动机正向启动运转,拖动工作台前进。当工作台上挡铁 1 压下 SQ1 时,使其动断触点 SQ1(4-5)断开,KM1 线圈断电释放;动合触点 SQ1(3-8)闭合,

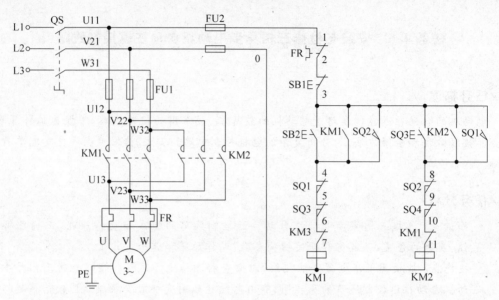

图 4.20　电动机自动往返循环控制线路

KM2 线圈通电并自锁;电动机由正转变为反转,拖动工作台由前进变为后退。当工作台上挡铁 2 压下 SQ2 时,使其动断触点 SQ2(8-9)断开,KM2 线圈断电释放;动合触点 SQ2(3-4)闭合,KM1 线圈通电并自锁;电动机由反转变为正转,拖动工作台由后退变为前进。如此循环往返,通过 SQ1、SQ2 控制电动机的正反转,实现工作台自动往返循环运动。当行程开关 SQ1、SQ2 失灵时,工作台将继续沿原方向移动,挡铁压下行程开关 SQ3 或 SQ4,分断相应接触器线圈回路,电动机断电停转,工作台停止移动,避免了运动部件超出极限位置而发生事故,实现了限位保护。按下停止按钮 SB1,控制回路断电,电动停转。

任务实施

1. 任务要求

掌握低压电器的使用与接线,明确电路所用电气元件及其作用,掌握检查和测试电气元件的方法;学会由电气原理图变换成安装接线图的方法、线路安装的步骤和安装的基本方法;正确理解自锁、互锁的含义;掌握用行程开关指令电动机作可逆运转的控制电路的工作原理、安装与调试,为安装电动机拖动生产机械作往返运动的控制电路打下基础;掌握通电试车和排除故障的方法;增强专业意识,培养良好的职业道德和职业习惯。

2. 仪器、设备、元器件、工具及材料

电器材料工具配置清单表见表 4.15 所示。

表 4.15　电器材料工具配置清单表

序号	名　称	型号与规格	数量	检查内容和结果
1	转换开关		1 个	
2	三相笼形异步电动机		2 台	
3	主电路熔断器		3 个	

序号	名　　称	型号与规格	数量	检查内容和结果
4	控制电路熔断器		2个	
5	交流接触器		2个	
6	组合按钮		2个	
7	继电器方座		2个	
8	热继电器		2个	
9	行程开关		4个	
10	断路器		1个	
11	接线端子排		2条	
12	网孔板		1块	
13	试车专用线		9根	
14	塑铜线		若干	
15	线槽板		若干	
16	螺丝		若干	
17	万用表		1个	
18	编码套管		5米	
19	常用电工工具和仪表(试电笔、螺钉旋具、尖嘴钳、斜口钳、剥线钳、镊子、一字起子、剥线钳、电工刀等)		1套	
20	线路安装工具(冲击钻、弯管器、套螺纹扳手等)		1套	

3. 任务内容及步骤

(1) 识读电气原理图,明确线路所用电气元件及作用,熟悉线路的工作原理。

(2) 按元件表配齐所用元件,进行质量检验,并填入表 4.15 中。

① 电气元件的技术数据应完整并符合要求,外观无损伤。

② 电气元件的电磁机构动作是否灵活,有无衔铁卡阻等不正常现象。用万用表检查电磁线圈的通断情况以及各触点的分布情况。

③ 接触器线圈额定电压是否与电源电压一致。

④ 对电动机的质量进行常规检查。

(3) 根据电路图和绘制原则画出布置图、接线图,确定配电底板的材料和大小,并进行剪裁。在控制板上安装电气元件,并贴上醒目的文字符号;线路板上进行槽板布线和套编码管和冷压接线头;连接相关电气元件,并按电路图自检连线的正确性、合理性和可靠性。

注意:闸刀开关和熔断器的受电端朝向控制板的外侧;热继电器不要装在发热元件的上方,要靠下侧,以免影响它正常工作。为消除重力等对电磁系统的影响,接触器要与地面平行安装。其他元件整齐美观。

采用板前明配线的配线方式介绍如下。导线采用 BV 单股塑料硬线时,板前明配线的配线规则为:主电路的线路通道和控制电路的线路通道分开布置,线路横平竖直,同一平面内不交叉、不重叠,转弯成 90° 角,成束的导线要固定、整齐美观。平板接线端子时,线端应弯成羊眼圈接线;瓦状接线端子时,线端直形,剥皮裸露导线长小于 1mm,并装上与接线图相同的编码套管。每个接线端子上一般不超过两根导线。先配控制电路的线,从控制电路接电源的一侧开始直到另一侧接电源止；然后配主电路的线，从电源侧开始配起，按照低压断路器、熔断器、交流接触器、热继电器、接线的次序，直到接线端子处接电动机的线止。

自检步骤为：

① 按电路图或接线图从电源端开始，逐段核对接线及接线端子处线号是否正确，有无漏接、错接之处。检查导线接点是否符合要求，压接是否牢固。

② 学生用万用表检查线路的通断情况。应选用倍率适当的电阻挡，并进行校零，以防止短路故障的发生。

对控制电路的检查（可断开主电路），将表棒分别搭在 U11、V21 线端上，此时读数应为"∞"。按下 SB2 或按下 SB3 或用起子按下 KM1 或 KM2 的衔铁时，或按下 SQ1、SQ2，指针应偏转很大，读数应为接触器线圈的直流电阻。

③ 对主电路的检查（断开控制电路），看有无开路或短路现象，此时可用手动来代替接触器通电进行检查。

④ 用兆欧表检查线路的绝缘电阻应不得小于 1MΩ。

（4）安装电动机，可靠连接电动机和电气元件金属外壳的保护接地线；连接控制板外部的接线。

（5）经教师检查合格，同意后，方可通电试车。

（6）调试。

① 调试前的准备。

- 检查低压断路器、熔断器、交流接触器、热继电器、起停按钮及位置是否正确、有无损坏，导线规格和接线方式是否符合设计要求，各种操作按钮和接触器是否灵活可靠，热继电器的整定值是否正确，信号和指示装置是否完好。

- 对电路的绝缘电阻进行测试，验证是否符合要求。连接导线绝缘电阻不小于 7MΩ，电动机绝缘电阻不小于 0.5MΩ。

② 调试过程。

- 在不接主电路电源的情况下，接通控制电路电源。按下正转启动按钮 SB2，检查接触器 KM1 的自锁功能是否正常，检查接触器 KM1、KM2 的互锁功能是否正常，然后按下 SQ1、SQ3，检查行程开关是否正常；按下反转启动按钮 SB3，检查接触器 KM2 的自锁功能是否正常，检查接触器 KM1、KM2 的互锁功能是否正常，然后按下 SQ2、SQ4，检查行程开关是否正常。发现异常立即断电检修，查明原因，找出故障，消除故障再调试，直至正常。

- 接通主电路和控制电路的电源，检查电动机转向和转速是否正常。正常后，在电动机转轴上加负载，检查热继电器是否有过负荷保护作用。若有异常，立即停电查明原因，检修。

（7）故障的排除。检修采用万用表电阻法，在不通电情况下进行，按住启动按钮测控制电路各点的电阻值，确定故障点。压下接触器衔铁测主电路各点的电阻，确定主电路故障并排除。

（8）通电试车完毕，停转，切断电源。先拆除三相电源线，再拆除电动机线。

（9）填写检修记录单。检修记录单一般包括设备编号、设备名称、故障现象、故障原因、排除方法、维修日期、所需材料等项目。记录单可清楚表示出设备运行和检修情况(见表 4.16),为以后设备运行和检修提供依据,故必须认真填写。

表 4.16　三相异步电动机自动往返循环控制电路故障排除检修报告

项目	检修报告栏	备注
故障现象与故障部位		
故障分析		
故障检修过程		

4. 注意事项

① 螺旋式熔断器的接线应正确,以确保用电安全。

② 接触器联锁触头接线必须正确,否则将会造成主电路中两相电源短路事故。

③ 通电试车时,应先合上 QS,再按下 SB2(或 SB3),看控制是否正常。

④ 在训练过程中要做到安全操作和文明生产。在调试和检修及其他项目制作过程中,安全始终是最重要的,带电测试或检修时要经过老师同意,且一人监护、一人操作,有异常现象应立即停车。

⑤ 训练结束后要清理好训练场所,关闭电源总开关。

 任务考核

技能考核任务书如下。

三相异步电动机的自动往返控制电路的设计、安装与调试任务书

1. 任务名称

设计、制作、安装与调试三相异步电动机的自动往返控制电路。

2. 具体任务

某一机床工作台需自动往返运行,由三相异步电动机拖动,要求:工作台由原位开始前进,到终端后自动后退;能在前进或后退途中任意位置停止或启动;控制电路设有短路、失压、过载和位置极限保护。请按要求完成系统设计、安装、调试与功能演示。

3. 考核要求

(1)手工绘制电气原理图并标出端子号、手工绘制元件布置图、根据电机参数和原理图列出元器件清单。

(2)进行系统的安装、接线。安装前应对元器件检查;要求完成主电路、控制电路的安装布线;要求元器件布置整齐、匀称、合理,安装牢固;按要求进行线槽布线,导线必须沿裸线槽内走线;线槽出线应整齐美观;接线端接编码套管;接点牢固、接点处裸露导线长度合适、无毛刺;电动机和按钮接线进端子排;线路连接应符合工艺要求,不损坏电气元件;安装工艺符合相关行业标准。

(3)进行系统的调试。进行器件整定,写出系统调试步骤并完成调试。

(4)通电试车完成系统功能演示。

4. 考点准备

考点提供的材料、工具清单见表 4.15。

5. 时间要求

本模块操作时间为 180min,时间到立即终止任务。

6. 说明

电路所需电源为 380V 交流电源。

针对考核任务,相应的考核评分细则参见表 4.17。

表 4.17 评分标准

序号	考核内容	考核项目	配分	评分标准	得分
1	电动机及电气元件的检查	检查方法正确,完整填写了元件明细表	20分	每漏检或错检一项扣5分	
2	接线质量	(1) 根据电气原理图正确绘制接线图,按接线图接线,电气接线符合要求 (2) 能正确使用工具熟练安装元器件,安装位置合格 (3) 布线合理、规范、整齐 (4) 接线紧固、接触良好	40分	不按图接线扣15分;错、漏、多接一根线扣5分;触点使用不正确,每个扣3分;布线不整齐、不合理,每处扣2分	
3	通电试车	(1) 调试顺序:先控制电路、后主电路 (2) 检修用万用表电阻法 (3) 通电实验顺序:控制电路、主电路、空载、带负载运行	40分	没有检查扣10分;调试顺序错误扣3分,检修方法错误扣3分,通电实验顺序错误扣3分,查找故障点不能排除扣3分,产生新故障点扣3分,第一次试车不成功扣10分,排除故障最终试车不成功扣10分,因误操作损坏电动机和电气元件扣20分	
4	安全文明生产	(1) 积累电路制作经验,养成好的职业习惯 (2) 不违反安全文明生产规程,做完清理场地		违反安全文明操作规程酌情扣分	
	合计		100分		

注:每项内容的扣分不得超过该项的配分。

任务结束前,填写、核实制作和维修记录单并存档。

思考与练习

1. 如何选择行程开关?

2. 某一生产机械的工作台用一台三相异步鼠笼形电动机拖动,实现自动往返行程,但当工作台到达两端终点时,都需要停留 5 秒钟再返回进行自动往返。通过操作按钮可以实现电动机正转启动、反转启动、自动往返行程控制以及停车控制。请按要求完成系统设计、安装、调试与功能演示。

要求:(1)设计系统电气原理图(手工绘制,标出端子号);

(2)手工绘制元件布置图;

(3)根据电动机参数和原理图列出元器件清单;

(4)进行系统的安装接线,安装前应对元器件检查;

（5）完成主电路、控制电路的安装布线；

（6）元器件布置整齐、匀称、合理，安装牢固；

（7）按要求进行线槽布线，导线必须沿线槽内走线，线槽出线应整齐美观；

（8）接线端接编码套管；

（9）接点牢固、接点处裸露导线长度合适、无毛刺；

（10）电动机和按钮接线进端子排；

（11）线路连接应符合工艺要求，不损坏电气元件；

（12）安装工艺符合相关行业标准；

（13）进行系统的调试（进行器件整定，写出系统调试步骤并完成调试）；

（14）通电试车完成系统功能演示。说明：电路所需电源为 380V 交流电源。考点提供的材料、工具清单见表 4.15。

项目 5 安装与检修三相异步电动机降压启动控制线路

任务 5.1 安装与检修三相笼形异步电动机的丫-△启动控制线路

 任务描述

对于大、中容量的三相异步电动机,为限制启动电流,减小启动时对负载电压的影响,当电动机容量超过供电变压器容量的一定比例时,一般都采用降压启动,以防止过大的启动电流引起电源电压的下降。定子侧降压启动常用的方法有丫-△降压启动、定子串电阻降压启动、定子串自耦变压器降压启动等。本任务重点分析丫-△降压启动线路的工作原理及安装与检修方法。

任务分析

对于容量较大的电动机常用丫-△降压启动。在正常运行时定子绕组接成三角形的三相异步电动机,可以采用丫-△变换降压启动方法来达到减小启动电流的目的。丫-△降压启动是启动电动机时将定子绕组接成星形,待转速基本稳定时,将定子绕组接成三角形运行。

- 知识点:掌握时间继电器的结构、符号和动作原理,学会三相异步电动机丫-△降压启动电气控制线路原理的分析。
- 技能点:能根据电路图进行丫-△降压启动线路的安装与故障检修。

任务资讯

1. 降压启动

三相异步电动机在使用过程中,需要经常启动。电动机从接通电源开始,转子转速由零上升到稳定状态的过程称为启动过程,简称启动。为了获得良好的启动性能,就需要对电动机的启动进行控制。

三相异步电动机启动时,一方面要求电动机具有足够大的启动转矩,使电动机拖动生产机械尽快达到正常运行状态;另一方面又要求启动电流不要太大,以免电网产生很大的电压降,影响接在同一电网上的其他用电设备的正常工作。此外,还要求启动方法方便、可靠;启动设备简单、经济,易操作和维护。因此,应根据不同情况,选择不同的启动方法。

对于容量较大的电动机需采用降压启动。降压启动是指在启动时降低加在电动机定子绕组上的电压,当电动机启动后,再将电压升到额定值,使电动机在额定电压下运行。降压启动的目的是减小启动电流,进而减小电动机启动电流在供电线路上产生的电压降,减小对线路电压的影响。启动时,通过启动设备使加到电动机上的电压小于额定电压,待电动机的转速上升到一定数值时,再给电动机加上额定电压运行。降压启动虽然限制了启动电流,但是由于启动转矩和电压的平方成正比,因此,降压启动时,电动机的启动转矩也减小,所以降压启动多用于空载或轻载启动。

三相鼠笼形感应电动机降压启动方法有:星形—三角形(Y-△)变换降压启动、定子串电阻或电抗器降压启动、自耦变压器降压启动、延边三角形降压启动等。

2. 三相笼形异步电动机的 Y-△ 降压启动

Y-△ 降压启动时,加在每相定子绕组上的启动电压只有三角形接法的 $\frac{1}{\sqrt{3}}$,启动电流和启动转矩都降为直接启动时的 1/3。由于启动转矩是直接启动时的 1/3,这种方法只适用于空载或轻载下启动。

常用的 Y-△ 降压启动有手动控制和自动控制两种形式。

图 5.1 所示的是时间继电器自动控制的 Y-△ 降压启动线路。主电路中 KM1 是接通三相电源的接触器主触点,KM2 是将电动机定子绕组接成三角形连接的接触器主触点,KM3 是将电动机定子绕组接成星形连接的接触器主触点。KM1、KM3 接通,电动机定子绕组接成星形(Y)启动,KM1、KM2 接通,电动机定子绕组接成三角形(△)运行。因为 KM2、KM3 不允许同时接通,所以 KM2、KM3 之间必须互锁。

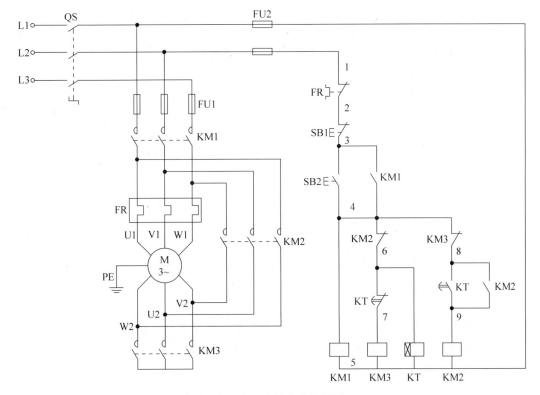

图 5.1　Y-△降压启动控制线路

电路的工作过程如下：

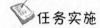任务实施

三相笼形异步电动机丫-△降压启动控制电路的安装与检修

1. 准备工具、仪表及器材

① 工具：测电笔、螺钉旋具、尖嘴钳、剥线钳和电工刀等。

② 仪表：500V 兆欧表、T301-A 型钳形电流表和 MF47 型万用表。

③ 器材：控制板一块（600×500×20mm）；导线规格：主电路采用 BVR1.5mm²（红色），控制电路采用 BVR1.0mm²（黑色），按钮线采用 BVR0.75mm²（红色），接地线采用 BVR1.5mm²（黄绿双色）；螺钉、螺母若干；电气元件如表 5.1 所列。

2. 识别、读取线路

识读三相笼形异步电动机丫-△降压启动控制线路（见图 5.1），明确线路所用电气元件及作用，熟悉线路的工作原理，绘制元件布置图和接线图。

3. 电路安装步骤

第一步：选配并检验电气元件。

① 根据电路图按表 5.1 所列规格配齐所用电气元件，逐个检验其规格和质量，并填入表 5.1 中。

② 根据电动机的容量、线路走向及要求和各元件的安装尺寸，正确选配导线的规格、导线通道类型和数量、接线端子板、控制板、紧固件等。

第二步：在控制板上固定电气元件和板前明线布线和套编码套管，并在电气元件附近做好与电路图上相同代号的标记。

第三步：在控制板上进行板前明线布线，并在导线端套编码套管。

第四步：连接电动机和按钮金属外壳的保护接地线，以及电源、电动机等控制板外部的导线。

第五步：自检。

① 根据电路图检查电路的接线是否正确和接地通道是否具有连续性。

② 检查热继电器的整定值和熔断器中熔体的规格是否符合要求。

③ 检查电动机及线路的绝缘电阻。

④ 检查电动机及电气元件是否安装牢固。

⑤ 清理安装现场。

第六步：通电试车。

① 接通电源,点动控制电动机的启动,以检查电动机的转向是否符合要求。

② 试车时,应认真观察各电气元件、线路的工作是否正常。发现异常,应立即切断电源进行检查,待调整或修复后方或再次通电试车。

③ 安装训练应在规定额定时间内完成,同时要做到安全操作和文明生产。

表 5.1　电动机丫-△降压启动控制线路电气元件明细表

序号	名　称	型号与规格	数量	质量检查内容和结果
1	转换开关	HZ10-10/3、380V	1 个	
2	三相笼形异步电动机	YS6314、120W、△联结	1 台	
3	熔断器	RL1-60A、380V(配 10A 熔体)	3 个	
4	熔断器	RL1-15A、380V(配 6A 熔体)	2 个	
5	交流接触器	CJ20-16、380V	3 个	
6	组合按钮	LA4-3H、500V、5A	1 个	
7	时间继电器	JS7-2A、380V	1 个	
8	热继电器	JR36-20/3(0.4~0.63A)、380V	1 个	
9	异型管		若干	
10	端子排	TD-2010A、660V	1 个	

4. 安装与布线工艺要求

(1) 安装工艺要求

① 接触器的安装要垂直于安装面,安装孔用螺钉应加弹簧垫圈和平垫圈。安装倾斜度不能超过 5°,否则会影响接触器的动作。接触器散热孔垂直向上,四周留有适当空间。安装和接线时,注意不要将螺钉、螺母或线头等杂物落入接触器内,以防人为造成接触器不能正常工作或烧毁。

② 按布置图在控制板上安装电气元件,断路器、熔断器的受电端子应安装在控制板的外侧,并确保熔断器的受电端为底座的中心端。

③ 各元件的安装位置应整齐、均匀,间距合理,便于元件的更换。

④ 紧固各元件时,用力要均匀,紧固程度适当。在紧固熔断器、接触器等易碎元件时,应该用手按住元件一边轻轻摇动,一边用螺钉旋具轮换旋紧对角线上的螺钉,直到手摇不动后,再适当旋紧些即可。

(2) 板前布线工艺要求

布线时应符合平直、整齐、紧贴敷设面、走线合理及接点不得松动等要求。具体地说,应注意以下几点:

① 走线通道应尽可能少,同一通道中的沉底的导线按主、控电路分类集中,单层平行密排,并紧贴敷设面。

② 同一平面的导线应高低一致或前后一致,不能交叉。当必须交叉时,该根导线应在接线端子引出,水平架空跨越,但必须走线合理。

③ 布线应横平竖直,变换走向时应垂直转向。

④ 导线与接线端子或线桩连接时,应不压绝缘层,不反圈及不露铜过长,并做到同一元件,同一回路的不同接点的导线间距离应保持一致。

⑤ 一个电气元件接线端子上的连接导线不得超过两根,每节接线端子板上的连接导线一般只允许连接一根。

⑥ 布线时,严禁损伤线芯和导线绝缘。导线裸露部分应适当。

⑦ 为方便维修,每一根导线的两端都要套上编号套管。

5. 线路故障检修

检修采用万用表电阻法,在不通电情况下,按住启动按钮 SB2 测控制电路各点的电阻值,确定故障点并排除。

任务考核

技能考核任务书如下。

继电器控制系统的安装与调试任务书

1. 任务名称

电动机丫-△降压启动控制线路的安装与调试。

2. 具体任务

有一台生产机械设备,要求采用丫-△降压启动方式的三相鼠笼形电动机来拖动。三相异步电动机型号为 YS6314、120W、380V、△接法,提供的电路原理图如图 5.1 所示。按要求完成电气控制系统的安装与调试。

3. 工作规范及要求

(1) 手工绘制元件布置图。

(2) 进行系统的安装接线。

要求完成主电路、控制电路的安装布线,按要求进行线槽布线,导线必须沿线槽内走线,接线端加编码套管。线槽出线应整齐美观,线路连接应符合工艺要求,不损坏电气元件,安装工艺符合相关行业标准。

(3) 进行系统调试。

① 进行器件整定。

② 简述系统调试步骤。

(4) 通电试车完成系统功能演示。

4. 考点准备

考点提供的材料见表 5.1 所示。工具清单见表 5.2 所列。

表 5.2　考点提供的工具清单

序号	名称	规格/技术参数	型号	数量	备注
1	斜口钳	130mm			
2	尖嘴钳	130mm			
3	镊子				
4	一字起子	3.0×75mm			
5	十字起子	3.0×75mm			
6	剥线钳				

说明:器件的型号只作为参考,其他性能相同的型号也可以。

5. 时间要求

本模块操作时间为 180min,时间到立即终止任务。

针对考核任务,相应的考核评分细则参见表 5.3。

表 5.3　评分细则

序号	考核内容	考核项目	配分	评分标准	得分
1	选择、检测器材	(1) 按图纸电路及电动机功率等,正确选择器材的型号、规格和数量 (2) 正确使用工具和仪表检测元器件	10 分	(1) 接触器、熔断器、热继电器、时间继电器及导线选择不当,每个扣 2 分 (2) 元器件检测失误,每个扣 2 分	
2	元器件的定位安装	(1) 安装方法、步骤正确,符合工艺要求 (2) 元器件安装美观、整洁	10 分	(1) 安装方法、步骤不正确,每个扣 1 分 (2) 安装不美观、不整洁,扣 5 分	
3	接线质量	(1) 按电路图接线 (2) 能正确使用工具熟练安装元器件 (3) 布线合理、规范、整齐 (4) 接线紧固、接触良好	40 分	(1) 元器件未按要求布局或布局不合理、不整齐、不匀称,扣 2 分 (2) 安装不准确、不牢固,每只扣 2 分 (3) 造成元器件损坏,每只扣 3 分	
4	元件整定	正确整定热继电器的整定值;时间继电器延时时间(10±1s)	10 分	不会整定扣 10 分	
5	通电试车	检查线路并通电验证	30 分	没有检查扣 10 分;第一次试车不成功扣 10 分,第二次试车不成功扣 20 分	
6	安全文明生产			违反安全文明操作规程酌情扣分	
合计			100 分		

注: 每项内容的扣分不得超过该项的配分。

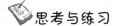

思考与练习

1. 在三相异步电动机丫-△降压启动控制线路的安装与调试中,线路空操作试验工作正常,带负荷试车时,按下启动按钮 SB2,KM1 和 KM3 均通电动作,电动机发出异响,转子向正、反两个方向颤动;立即按下停止按钮 SB1,KM1 和 KM3 释放时,灭弧罩内有较强的电弧。试根据故障现象,分析可能产生的故障原因,如何排除故障?

2. 三相鼠笼形感应电动机常用的降压启动方法有哪几种?

3. 笼形异步电动机在什么条件下允许直接启动?

4. 电动机基本控制电路是如何安装的?

任务 5.2 安装与检修绕线电动机转子串电阻启动线路

任务描述

对于大、中型容量电动机,当需要重载启动时,不仅要限制启动电流,而且要有足够大的启动转矩。为此选用三相绕线转子异步电动机,并在其转子回路中串入三相对称电阻来改善启动性能。本任务重点分析三相绕线转子异步电动机转子串电阻启动控制线路。

任务分析

笼形三相异步电动机常用减压启动方式有电阻减压或电抗减压启动、自耦变压器减压启动、丫-△降压启动、晶闸管电动机软启动器启动等几种,它们主要目的都是减小启动电流,但电动机的启动转矩也都跟着减小,因此只适合空载或轻载启动。对于重载启动,不仅要求启动电流小,而且要求启动转矩大的场合,因此就应采用启动性能较好的绕线转子三相异步电动机。

绕线转子异步电动机的优点是启动性能好,适用于启动困难的机械,因此广泛用于起重机、行车、输送机等设备中。

在绕线转子异步电动机的转子回路中串入适当的启动电阻,既可降低启动电流,又可提高启动转矩,使电动机得到良好的启动性能。

绕线转子三相异步电动机常用的启动方法有以下两种:转子回路串入变阻器启动和转子回路串入频敏变阻器启动。

- 知识点:了解三相绕线异步电动机转子回路串电阻启动线路的组成及动作原理。
- 技能点:能根据电路图进行三相绕线异步电动机转子回路串电阻启动线路的安装与故障检修。

任务资讯

绕线转子三相异步电动机,可以通过滑环在转子绕组中串联电阻来改善电动机的机械特性,从而达到减小启动电流、增大启动转矩,以及调节转速的目的。所以,在实际生产中对要求启动转矩较大且能平滑调速的场合,常常采用三相绕线转子异步电动机。

绕线转子串联三相电阻启动原理为:绕线转子异步电动机在刚启动时,如果在转子回路中串联一个丫形连接、分级切换的三相启动电阻,就可以减小启动电流,增加启动转矩。随着电动机转速的升高,逐级减小可变电阻。启动完毕后,切除可变电阻器,转子绕组被直接短接,电动机便在额定状态下运行。

三相绕线异步电动机转子回路串联电阻启动有按时间原则控制、按电流原则控制、按电势原则控制等多种方案。常用的按时间原则控制的电气原理图如图5.2所示。

电路启动过程如下:按下启动按钮SB1,接触器KM得电,将电动机定子接入电网,触点kMa1、kMa2均断开,转子电阻全部接入,电动机启动。同时,时间继电器KT1线圈得电,开始延时,几秒钟后KT1延时闭合的动合触点闭合,加速接触器kMa1得电,断开电阻

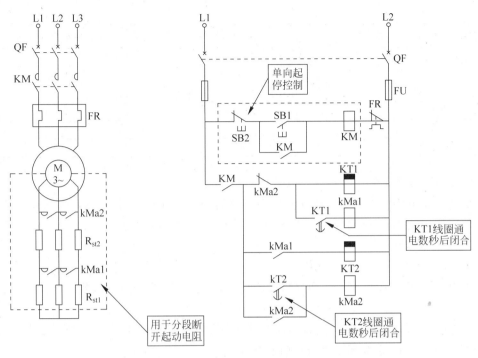

图 5.2 三相绕线异步电动机转子回路串电阻启动控制线路

R_{st1}，并使时间继电器 KT2 得电，电动机转速上升。再经过几秒钟，KT2 的延时闭合触点动作，kMa2 得电，断开电阻 R_{st2}，电动机启动过程结束。

 **任务实施**

三相绕线异步电动机转子回路串电阻启动控制线路的安装与检修

1. 准备工具、仪表及器材

① 工具：测电笔、螺钉旋具、尖嘴钳、剥线钳和电工刀等。

② 仪表：500V 兆欧表、T301-A 型钳形电流表和 MF47 型万用表。

③ 器材：控制板一块（600×500×20mm³）；导线规格，主电路采用 BVR1.5mm²（红色），控制电路采用 BVR1.0mm²（黑色），按钮线采用 BVR0.75mm²（红色），接地线采用 BVR1.5mm²（黄绿双色）；螺钉、螺母若干；电气元件如表 5.4 所列。

表 5.4 三相绕线异步电动机转子回路串电阻启动控制线路电气元件明细表

序号	名　　称	型号与规格	数量	质量检查内容和结果
1	低压断路器	380V 、15A	1个	
2	绕线转子三相异步电动机	YZR132M1-6、2.2KW、Y 接法、定子电压 380V、电流 6.1A；转子电压 132V、电流 12.6A；908r/min	1台	
3	熔断器	RL1-15A、380V（配 6A 熔体）	2个	
4	交流接触器	CJ20-16、380V	3个	

续表

序号	名　　称	型号与规格	数量	质量检查内容和结果
5	组合按钮	LA4-3H、500V、5A	1个	
6	时间继电器	JS14P、99S、380V	1个	
7	热继电器	JR36-20/3、380V、整定电流6.1A	1个	
8	三相变阻器			
9	异型管		若干	
10	端子排	TD-2010A、660V	1个	

2. 识别、读取线路

识读三相绕线异步电动机转子回路串电阻启动控制线路(见图5.2),明确线路所用电气元件及作用,熟悉线路的工作原理,绘制元件布置图和接线图。

3. 电路安装步骤

第一步:选配并检验电气元件。

① 根据电路图按表5.4所列规格配齐所用电气元件,逐个检验其规格和质量,并填入表5.4中。

② 根据电动机的容量、线路走向及要求和各元件的安装尺寸,正确选配导线的规格、导线通道类型和数量、接线端子板、控制板、紧固件等。

第二步:在控制板上固定电气元件和板前明线布线和套编码套管,并在电气元件附近做好与电路图上相同代号的标记。

第三步:在控制板上进行板前明线布线,并在导线端套编码套管。

第四步:连接电动机和按钮金属外壳的保护接地线,以及电源、电动机等控制板外部的导线。

第五步:自检。

① 根据电路图检查电路的接线是否正确和接地通道是否具有连续性。

② 检查热继电器的整定值和熔断器中熔体的规格是否符合要求。

③ 检查电动机及线路的绝缘电阻。

④ 检查电动机及电气元件是否安装牢固。

⑤ 清理安装现场。

第六步:通电试车。

① 接通电源,点动控制电动机的启动,以检查电动机的转向是否符合要求。

② 试车时,应认真观察各电气元件、线路的工作是否正常。发现异常,应立即切断电源进行检查,待调整或修复后方或再次通电试车。

③ 安装训练应在规定额定时间内完成,同时要做到安全操作和文明生产。

4. 安装与布线工艺要求

安装与布线工艺要求同任务5.1中所述。

5. 线路故障检修

检修采用万用表电阻法,在不通电情况下,按住启动按钮SB1测控制电路各点的电阻值,确定故障点并排除。合上电源开关QF,压下接触器衔铁测主电路各点的电阻值,确定主电路故障并排除。

 任务考核

技能考核任务书如下。

继电器控制系统的安装与调试任务书
1. **任务名称** 三相绕线异步电动机转子回路串电阻启动控制线路的安装与调试。 2. **具体任务** 有一台压缩机设备,采用三相绕线异步电动机拖动。三相异步电动机型号为 YR132M1-4、4kW、380V,其启动方式要求采用转子回路串电阻启动,所提供的电路原理图如图 5.2 所示。按要求完成电气控制系统的安装与调试。 3. **工作规范及要求** (1) 手工绘制元件布置图。 (2) 进行系统的安装接线。 要求完成主电路、控制电路的安装布线,按要求进行线槽布线,导线必须沿线槽内走线,接线端加编码套管。线槽出线应整齐美观,线路连接应符合工艺要求,不损坏电气元件,安装工艺符合相关行业标准。 (3) 进行系统调试 ① 进行器件整定; ② 简述系统调试步骤。 (4) 通电试车完成系统功能演示。 4. **考点准备** 考点提供的材料见表 5.4 所示。工具清单见表 5.2 所列。 5. **时间要求** 本模块操作时间为 180min,时间到立即终止任务。

针对考核任务,相应的考核评分细则参见表 5.5。

表 5.5 评分细则

序号	考核内容	考核项目	配分	评分标准	得分
1	选择、检测器材	(1) 按图纸电路及电动机功率等,正确选择器材的型号、规格和数量 (2) 正确使用工具和仪表检测元器件	10 分	(1) 接触器、熔断器、热继电器、时间继电器及导线选择不当,每个扣 2 分 (2) 元器件检测失误,每个扣 2 分	
2	元器件的定位安装	(1) 安装方法、步骤正确,符合工艺要求 (2) 元器件安装美观、整洁	10 分	(1) 安装方法、步骤不正确,每个扣 1 分 (2) 安装不美观、不整洁,扣 5 分	

续表

序号	考核内容	考核项目	配分	评分标准	得分
3	接线质量	(1) 按电路图接线 (2) 能正确使用工具熟练安装元器件 (3) 布线合理、规范、整齐 (4) 接线紧固、接触良好	40分	(1) 元器件未按要求布局或布局不合理、不整齐、不匀称,扣2分 (2) 安装不准确、不牢固,每只扣2分 (3) 造成元器件损坏,每只扣3分	
4	时间继电器整定	延时时间(10±1s)	10分	不会整定扣10分	
5	通电试车	检查线路并通电验证	30分	没有检查扣10分;第一次试车不成功扣10分,第二次试车不成功扣20分	
6	安全文明生产			违反安全文明操作规程酌情扣分	
合计			100分		

注:每项内容的扣分不得超过该项的配分。

 思考与练习

1. 简述绕线转子三相异步电动机的适用范围。
2. 简述电气控制线路安装中,板前明线布线的工艺要求是什么?
3. 绕线转子三相异步电动机常用的启动方法有哪几种?

任务5.3 安装与检修绕线电动机转子绕组串频敏变阻器启动控制线路

 任务描述

应用绕线转子异步电动机转子绕组串接电阻器的启动方法,要想获得良好的启动特性,一般需要较多的启动级数,所用电器多,控制线路复杂,设备投资大,维修不便,同时由于逐级切除电阻,故会产生一定的机械冲击力。在工矿企业中,广泛采用频敏变阻器代替启动电阻,来控制绕线转子异步电动机的启动。此任务重点分析绕线电动机转子绕组串频敏变阻器的启动控制线路。

 任务分析

频敏变阻器是一种无触点电磁元件,相当于一个等效阻抗。在电动机启动过程中,由于等值阻抗随转子电流频率减小而下降以达到自动变阻,所以只需用一级频敏变阻器就可以把电动机平稳地启动起来。

- 知识点:了解频敏变阻器的结构及工作原理;了解三相绕线异步电动机转子回路串频敏变阻器启动线路的组成及动作原理。
- 技能点:能根据电路图进行三相绕线异步电动机转子回路串频敏变阻器启动线路

的安装与故障检修。

 任务资讯

1. 频敏变阻器

频敏变阻器实质上是一个铁芯损耗非常大的三相电抗器。它的铁芯由 40mm 左右厚的 E 形钢板或铁板叠成,它有铁芯及线圈两主要部分,并制成开启式,采用星形接法,如图 5.3(a)所示。转子一相的等效电路如图 5.3(b)所示,图中 R2 为绕组的直流电阻,R 为频敏变阻器的涡流损耗的等效电阻,X 为电抗,R 与 X 并联。为了使单台频敏变阻器的体积、重量不要过大,因此当电动机容量大到一定程度时,就由多组频敏变阻器连接使用,连接种类有单组、二组串联、二串联二并联等。

频敏变阻器在启动完毕后应短接切除,如电动机本身有短路装置则可直接利用。如没有短路装置时,可用外装刀开关短路。若需遥控可将刀开关改成相应的控制接触器。

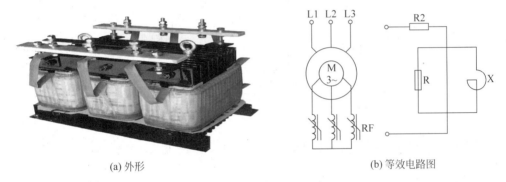

(a) 外形　　　　　　　　　　　(b) 等效电路图

图 5.3　频敏变阻器外形及等效电路图

频敏变阻器的工作原理如下:三相绕组通入电流后,由于铁芯是用厚钢板制成,交变磁通在铁芯中产生很大涡流,从而产生很大的铁芯损耗。频率越高,涡流越大,铁芯损耗也越大。交变磁通在铁芯中的损耗可等效地看做电流在电阻中的损耗,因此,频率变化时相当于等效电阻的阻值在变化。在电动机刚启动的瞬间,转子电流的频率最高(等于电源的频率),频敏变阻器的等效阻抗最大,限制了电动机的启动电流。随着电动机转速的升高,转子电流的频率逐渐下降,频敏变阻器的等效阻值也逐渐减小,从而使电动机转速平稳地上升到额定转速。

频敏变阻器的优点:启动性能好,无电流和机械冲击,结构简单,价格低廉,使用维护方便。但功率因数较低,启动转矩小,不宜用于重载启动的场合。

使用频敏变阻器时应注意以下问题:

① 启动电动机时,启动电流过大或启动太快时,可换接线圈接头,因匝数增多,启动电流和启动转矩便会同时减小。

② 当启动转速过低,切除频敏变阻器冲击电流过大时,则可换接到匝数较少的接线端子上,启动电流和启动转矩就会同时增大。

③ 频敏变阻器在使用一段时间后,要检查线圈对金属外壳的绝缘情况。

④ 如果频敏变阻器线圈损坏,则可用 B 级电磁线按原线圈匝数和线径重新绕制。

2. 绕线转子电动机单向运行转子串频敏变阻器启动控制线路

绕线转子电动机单向运行转子串频敏变阻器启动控制线路如图 5.4 所示。

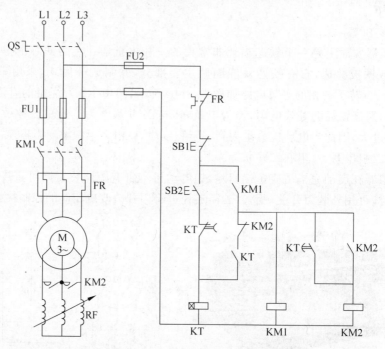

图 5.4　绕线转子电动机单向运行转子串频敏变阻器启动控制线路

其工作原理如下所述。合上电源开关 QS,按下启动按钮 SB2,通电延时时间继电器 KT 得电吸合,其瞬时触点闭合,使接触器 KM1 得电吸合。KM1 的主触点闭合,电动机定子绕组接入电源,转子串接频敏变阻器启动。当转速上升接近额定转速时,时间继电器延时时间到,其延时断开的触点断开,延时闭合的触点闭合,使接触器 KM2 得电吸合,将频敏变阻器短接,电动机进入正常运行。KM2 的辅助动断触点断开,使 KT 失电释放。

在操作时,按下 SB2 时间要稍微长一些,待 KM1 辅助自锁触点闭合后再松开。

该电路 KM1 得电需在 KT、KM2 触点工作正常的条件下进行,若发生 KM2 触点粘连、KT 触点粘连、KT 线圈断线等故障,KM1 将无法得电,从而避免了电动机直接启动和转子长期串接频敏变阻器的不正常现象的发生。

3. 应用频敏变阻器启动电动机控制线路

在较大容量的绕线式异步电动机中,可用电动机转子绕组串联频敏变阻器进行启动。它是利用频敏变阻器的阻抗随着转子电流频率的变化而显著变化的特点来工作的。应用频敏变阻器启动电动机控制线路如图 5.5 所示。

电路工作原理如下所述:启动时,按下启动按钮 SB2(3-5),交流接触器 KM1 线圈得电吸合,其辅助常开触点 KM(3-5)闭合自锁,KM1 三相主触点闭合,电动机转子电路串入频敏变阻器 RF 启动。与此同时,得电延时时间继电器 KT 线圈也得电吸合且开始延时,当 KT 达到整定时间后,其得电延时闭合的常开触点 KT(5-9)闭合,中间继电器 KA 线圈得电吸合,其常开触点 KA(5-7)闭合,接通了交流接触器 KM2 线圈回路电源,KM2 线圈得电吸

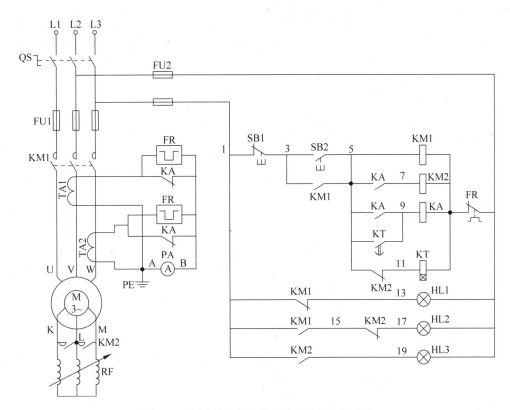

图 5.5 应用频敏变阻器启动电动机控制线路

合,KM2 辅助常闭触点 KM2(5-11)断开,切断了得电延时时间继电器 KT 线圈回路电源,KT 线圈断电释放而退出运行,同时 KM2 三相主触点闭合,将频敏变阻器短接起来,启动过程结束(其延时时间可根据实际情况而定)。

KT 的作用是在启动时,利用 KA 常闭触点将热继电器 FR 的发热元件短接,以免因启动时间过长而造成热继电器 FR 误动作。启动结束后,KA 线圈得电动作,其常闭触点断开,解除对热继电器 FR 热元件的短接,热继电器 FR 投入运行。

任务实施

绕线转子电动机单向运行转子串频敏变阻器启动控制线路的安装与检修

1. 准备工具、仪表及器材

① 工具:测电笔、螺钉旋具、尖嘴钳、剥线钳和电工刀等。

② 仪表:500V 兆欧表、T301-A 型钳形电流表和 MF47 型万用表。

③ 器材:控制板一块(600×500×20mm²);导线规格,主电路采用 BVR1.5mm²(红色),控制电路采用 BVR1.0mm²(黑色),按钮线采用 BVR0.75mm²(红色),接地线采用 BVR1.5mm²(黄绿双色);螺钉、螺母若干。电气元件如表 5.6 所列。

表 5.6　三相绕线异步电动机转子回路串频敏变阻器启动控制线路电气元件明细表

序号	名　称	型号与规格	数量	质量检查内容和结果
1	三相转换开关	380V、15A	1个	
2	绕线转子三相异步电动机	YZR132M1-6、2.2kw、Y接法、定子电压380V、电流6.1A；转子电压132V、电流12.6A；908r/min	1台	
3	熔断器	RL1-15A、380V(配10A熔体)	3个	
4	熔断器	RL1-15A、380V(配6A熔体)	2个	
5	交流接触器	CJ20-16、380V	3个	
6	组合按钮	LA4-3H、500V、5A	1个	
7	时间继电器	JS14P、99S、380V	1个	
8	热继电器	JR36-20/3、380V、整定电流6.1A	1个	
9	电流互感器		2个	
10	频敏变阻器	BP1-006/10003	1台	
11	异型管		若干	
12	端子排	TD-2010A、660V	1个	

2. 识别、读取线路

识读绕线转子电动机单向运行转子串频敏变阻器启动控制线路(见图5.4)，明确线路所用电气元件及作用，熟悉线路的工作原理，绘制元件布置图和接线图。

3. 电路安装步骤

第一步：选配并检验电气元件。

① 根据电路图按表5.6所列规格配齐所用电气元件，逐个检验其规格和质量，并填入表5.6中。

② 根据电动机的容量、线路走向及要求和各元件的安装尺寸，正确选配导线的规格、导线通道类型和数量、接线端子板、控制板、紧固件等。

第二步：在控制板上固定电气元件和板前明线布线和套编码套管，并在电气元件附近做好与电路图上相同代号的标记。

第三步：在控制板上进行板前明线布线，并在导线端套编码套管。

第四步：连接电动机和按钮金属外壳的保护接地线，以及电源、电动机等控制板外部的导线。

第五步：自检。

① 根据电路图检查电路的接线是否正确和接地通道是否具有连续性。

② 检查热继电器的整定值和熔断器中熔体的规格是否符合要求。

③ 检查电动机及线路的绝缘电阻。

④ 检查电动机及电气元件是否安装牢固。

⑤ 清理安装现场。

第六步：通电试车。

① 接通电源,点动控制电动机的启动,以检查电动机的转向是否符合要求。

② 试车时,应认真观察各电气元件、线路的工作是否正常。发现异常,应立即切断电源进行检查,待调整或修复后方或再次通电试车。

③ 安装训练应在规定额定时间内完成,同时要做到安全操作和文明生产。

4. 安装与布线工艺要求

安装与布线工艺要求同任务 5.1 中所述。

5. 线路故障检修

检修采用万用表电阻法,在不通电情况下,按住启动按钮 SB2 测控制电路各点的电阻值,确定故障点并排除。合上电源开关 QS,压下接触器衔铁测主电路各点的电阻值,确定主电路故障并排除。

 任务考核

技能考核任务书如下。

继电器控制系统的安装与调试任务书
1. 任务名称
绕线转子电动机单向运行转子串频敏变阻器启动控制线路的安装与调试。
2. 具体任务
有一台设备,采用三相绕线异步电动机拖动。三相绕线异步电动机型号为 YR132M1-4、4kW、380V,其启动方式要求采用转子串频敏变阻器启动,所提供的电路原理图如图 5.4 所示。按要求完成电气控制系统的安装与调试。
3. 工作规范及要求
(1) 手工绘制元件布置图。
(2) 进行系统的安装接线。
要求完成主电路、控制电路的安装布线,按要求进行线槽布线,导线必须沿线槽内走线,接线端加编码套管。线槽出线应整齐美观,线路连接应符合工艺要求,不损坏电气元件,安装工艺符合相关行业标准。
(3) 进行系统调试。
① 进行器件整定。
② 简述系统调试步骤。
(4) 通电试车完成系统功能演示。
4. 考点准备
考点提供的材料从表 5.6 中选择。工具清单见表 5.2 所列。
5. 时间要求
本模块操作时间为 120min,时间到立即终止任务。

针对考核任务,相应的考核评分细则参见表 5.7。

表 5.7　评分细则

序号	考核内容	考核项目	配分	评分标准	得分
1	检测器材	正确使用工具和仪表检测元器件	10 分	元器件检测失误,每个扣 2 分	
2	接线质量	(1) 按电路图接线 (2) 能正确使用工具熟练安装元器件 (3) 布线合理、规范、整齐 (4) 接线紧固、接触良好	40 分	(1) 元器件未按要求布局或布局不合理、不整齐、不匀称,扣 2 分 (2) 安装不准确、不牢固,每只扣 2 分 (3) 造成元器件损坏,每只扣 3 分	
3	时间继电器整定	延时时间(10±1)s	10 分	不会整定扣 10 分	
4	通电试车	检查线路并通电验证	40 分	没有检查扣 10 分;第一次试车不成功扣 10 分,第二次试车不成功扣 20 分	
5	安全文明生产			违反安全文明操作规程酌情扣分	
	合计		100 分		

注：每项内容的扣分不得超过该项的配分。

 思考与练习

1. 简述继电器与接触器的主要区别。

2. 在电气控制系统中,常用的保护电路有哪些?

3. 使用频敏变阻器时应注意哪些问题?

4. 简述绕线转子三相异步电动机转子串电阻或频敏变阻器启动的优缺点及适用范围。

5. 在使用频敏变阻器的过程中,应根据实际需要对频敏变阻器进行调整,简述其调整内容。

项目6　安装与检修三相笼形异步电动机制动控制线路

任务6.1　安装与检修三相异步电动机反接制动控制线路

任务描述

电动机断开电源后,由于惯性的作用不会马上停止转动,而是需要转动一段时间才会完全停下来,这种情况对于某些生产机械是不适宜的。例如,起重机的吊钩需要准确定位;万能铣床要求立即停转等。满足生产机械的这种要求就需要对电动机进行制动。本任务重点分析三相异步电动机的反接制动控制线路。

任务分析

三相异步电动机在使用过程中,需要经常启动与停车。因此,电动机的制动,是对电动机运行进行控制的必不可少的过程。三相异步电动机制动时,既要求电动机具有足够大的制动转矩,使电动机拖动生产机械尽快停车,又要求制动转矩变化不要太大,以免产生较大的冲击,造成传动部件的损坏。另外,能耗要尽可能得小,还要求制动方法方便、可靠,制动设备简单、经济、易操作和维护。因此,对不同情况应采取不同的制动方法。

在电力拖动系统中,无论从提高生产率,还是从安全、迅速、准确停车等方面考虑,当电动机需要停车时,都应采取有效的制动措施。

所谓制动,就是给电动机一个与转动方向相反的转矩,使它迅速停转(或限制其转速)。制动停车的方式有两大类,即机械制动和电气制动。机械制动采用机械抱闸或液压装置制动;电气制动实质上是给电动机产生一个与原来转子的转动方向相反的制动力矩。机床中常用的电气制动方法有反接制动和能耗制动。

- 知识点:了解速度继电器的结构参数、动作原理和选择;了解三相异步电动机反接制动电路的组成和动作原理。
- 技能点:能根据电路图进行三相异步电动机反接制动控制线路的安装与故障检修。

任务资讯

1. 速度继电器

速度继电器是依靠速度的大小为信号与接触器配合,实现对电动机的反接制动。常用的速度继电器有JY1和JFZ0型两种。

(1)结构。速度继电器由转子、定子及触点三部分组成,其结构、动作原理及符号如图6.1所示。

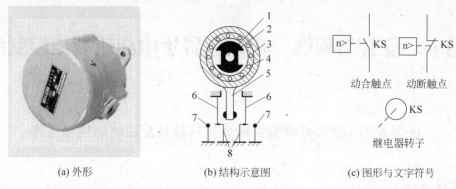

(a) 外形   (b) 结构示意图   (c) 图形与文字符号

1—转轴；2—转子；3—定子；4—绕组；5—摆杆；6—簧片；7—动合触点；8—动断触点

图 6.1 速度继电器

（2）动作原理。速度继电器使用时，其轴与电动机轴相连，外壳固定在电动机的端盖上。当电动机旋转时，带动速度继电器的转子（磁极）转动。于是在气隙中形成一个旋转磁场，定子绕组切割该磁场而产生感应电动势及电流，进而产生力矩，定子受到的磁场力方向与电动机旋转方向相同，从而使定子向轴的转动方向偏摆，通过定子拨杆拨动触点，使触点动作。

（3）用途。在机床电气控制中，速度继电器用于电动机的反接制动控制。速度继电器的动作转速一般不低于 $100\sim300\text{r/min}$，复位转速约在 100r/min 以下。使用速度继电器时，应将其转子装在被控制电动机的同一根轴上，而将其动合触点串联在控制线路中。制动时，控制信号通过速度继电器与接触器的配合，使电动机接通反相序电源而产生制动转矩，使其迅速减速；当转速下降到 100r/min 以下时，速度继电器的动合触点恢复断开，接触器断电释放，其主触点断开而迅速切断电源，电动机便停转而不致反转。

（4）选用。速度继电器主要根据所需控制的转速大小、触点数量和触点的电压、电流来选用。如 JY1 型在 300r/min 以下时能可靠工作；ZF20-1 型适用于 $300\sim1000\text{r/min}$；ZF20-2 型适用于 $1000\sim3600\text{r/min}$。其技术数据见表 6.1。

表 6.1 速度继电器技术数据

型号	触点额定电压/V	触点额定电流/A	触点对数		额定工作转速/(r/min)	允许操作频率/(次/h)
			正转动作	反转动作		
JY1			1 组转换触点	1 组转换触点	$100\sim3000$	
JFZ0-1	380	2	1 动合、1 动断	1 动合、1 动断	$300\sim1000$	<30
JFZ0-2			1 动合、1 动断	1 动合、1 动断	$1000\sim3600$	

（5）安装与使用。

① 速度继电器的转轴应与电动机同轴连接，应使两轴中心线重合。

② 速度继电器有两副动合、动断触点，其中一副为正转动作触点，一副为反向动作触点。接线时，可暂时任选一副动合触点，串接在控制回路中的指定位置。

③ 调试时，看电动机能否迅速制动。若无制动过程，则说明速度继电器动合触点应改

选另一个。若电动机有制动,但制动时间过长,可调节速度继电器的调节螺钉,使弹簧压力增大或减小,调节后,把固定螺母锁紧。切忌用外力弯曲其动、静触点,使之变形。

2. 三相异步电动机反接制动控制线路

(1)电动机单向运行反接制动控制。反接制动的关键在于改变接入电动机电源的相序,且当转速下降到接近于零时,能自动把电源切除,防止电动机反向启动。

图 6.2 为制动电阻对称接法的电动机单向运行反接制动控制电路。

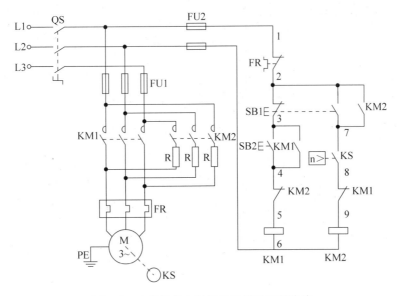

图 6.2　电动机单向运行反接制动控制线路

反接制动控制的工作原理如下:

① 单向启动。合上电源开关 QS,按下 SB2,KM1 线圈得电,KM1(3-4)闭合,自锁;触点 KM1(8-9)断开,互锁;主触点闭合,电动机启动运行,同轴的速度继电器 KS 一起转动。当转速上升到一定值(120r/min 左右),速度继电器 KS 的动合触点 KS(7-8)闭合,为 KM2 线圈通电做准备。

② 反接制动。按下复合按钮 SB1,其动断触点 SB1(2-3)先断开,动合触点 SB1(2-7)后闭合;SB1(2-3)分断,KM1 线圈失电,KM1(3-4)断开,解除自锁;KM1(8-9)闭合,解除互锁,为反接制动做准备;主触点断开,切断电动机电源,由于惯性的作用,电动机转速仍很高,KS(7-8)仍闭合;SB1(2-7)闭合,KM2 线圈得电,KM2(2-7)闭合,自锁;KM2(4-5)断开,互锁;其主触点闭合,电动机定子串接三相对称电阻,接入反相序三相交流电源进行反接制动,电动机转速迅速下降。当转带下降到小于 100r/min 时,速度继电器 KS 的触点 KS(7-8)断开,KM2 线圈断电,KM2(4-5)闭合,解除互锁;KM2(2-7)断开,解除自锁;其主触点分断,断开电动机反相序三相交流电源,反接制动过程结束,电动机转速继续下降至零。

(2)电动机双向运行反接制动控制。电动机双向运行的反接制动控制线路如图 6.3 所示。

由于速度继电器的触点具有方向性,所以电动机的正向和反向制动分别由速度继电器

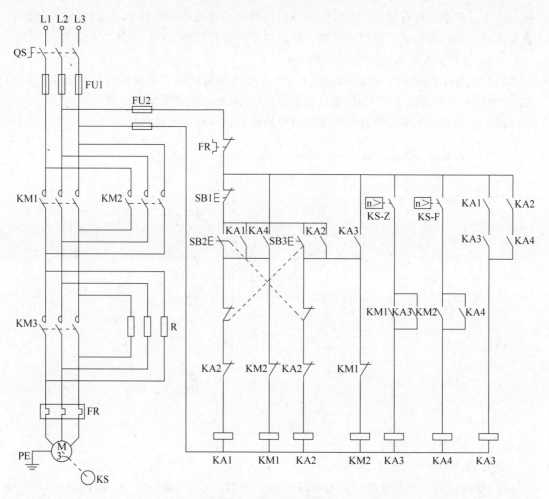

图 6.3　电动机双向运行反接制动控制线路

的两对常开触点 KS-Z、KS-F 来控制。该线路在电动机正反转动和反接制动时在定子中都串接电阻,限流电阻 R 起到了在反接制动时限制制动电流、在启动时限制启动电流的双重作用。可逆反接制动控制线路操作方便,具有触点、按钮双重联锁,运行安全可靠,是一个较完善的控制线路。

双向运行反接制动控制线路的工作原理如下。

1) 按下正向启动按钮 SB2,运行过程如下。

① 中间继电器 KA1 线圈得电,KA1 触点闭合并自锁,同时正向接触器 KM1 线圈得电,其主触点闭合,电动机正向启动。

② 刚启动时未达到速度继电器 KS 动作的转速,常开触点 KS-Z 未闭合,使中间继电器 KA3 线圈不得电,接触器 KM3 线圈也不得电,因而使 R 串在定子绕组中限制启动电流。

③ 当转速升高至速度继电器 KS 动作时,常开触点 KS-Z 闭合,KM3 线圈得电吸合,经其主触点短接电阻 R,电动机启动结束。

2）按下停止按钮 SB1 时，运行过程如下。

① KA1 线圈失电，KA1 常开触点断开接触器 KM3 线圈电路，使电阻 R 再次串入定子电路，同时，KM1 线圈失电，切断电动机三相电源。

② 此时电动机转速仍较高，常开触点 KS-Z 仍闭合，KA3 线圈仍保持得电状态。在KM1 失电同时，KM2 线圈得电吸合，其主触点将电动机电源反接，电动机反接制动，定子电路一直串有电阻 R 以限制制动电流。

③ 当转速接近 0 时，常开触点 KS-Z 恢复断开，KA3 和 KM2 线圈相继失电，制动过程结束，电动机停转。

3）按下反向启动按钮 SB3 时，运行过程如下。

① 如果正在正向运行，反向启动按钮 SB3 同时切断 KA1 和 KM1 线圈。

② 中间继电器 KA2 线圈得电，KA2 触点吸合并自锁，同时反向接触器 KM2 线圈得电，其主触点闭合，电动机先进行反接制动。

③ 当速度降至 0 时，常开触点 KS-Z 恢复断开，电动又反向启动。

④ 只有当反向转速升高达到 KS-F 动作值时，常开触点 KS-F 闭合，KA4 和 KM3 线圈相继得电吸合，切断电阻 R，直至电动机进入反向正常运行。

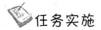**任务实施**

三相笼形异步电动机反接制动控制线路的安装与检修

1. 准备工具、仪表及器材

① 工具：测电笔、螺钉旋具、尖嘴钳、剥线钳和电工刀等。

② 仪表：500V 兆欧表、T301-A 型钳形电流表和 MF47 型万用表。

③ 器材：控制板一块（600×500×20mm³）；导线规格，主电路采用 BVR1.5mm²（红色），控制电路采用 BVR1.0mm²（黑色），按钮线采用 BVR0.75mm²（红色），接地线采用 BVR1.5mm²（黄绿双色）；螺钉、螺母若干；电气元件如表 6.2 所列。

表 6.2　电动机制动控制线路电气元件明细表

序号	名　称	型号与规格	数量	质量检查内容和结果
1	转换开关	HZ10-10/3、380V	1 个	
2	三相笼形异步电动机		1 台	
3	主电路熔断器	RL1-60A、380V（配 10A 熔体）	3 个	
4	控制电路熔断器	RL1-15A、380V（配 6A 熔体）	2 个	
5	交流接触器	CJ20-16、380V	3 个	
6	组合按钮	LA4-3H、500V、5A	1 个	
7	中间继电器	JZ7-44、380V	4 个	
8	热继电器	JR36-20/3(0.4～0.63A)、380V	1 个	
9	速度继电器	JY1/500V、2A	1 台	
10	异型管		若干米	
11	端子排	TD-2010A、660V	1 个	
12	电阻器	25W30RJ	3 个	

2. 识别、读取线路

识读三相笼形异步电动机反接制动控制线路(如图 6.2、图 6.3 所示),明确线路所用电气元件及作用,熟悉线路的工作原理,绘制元件布置图和接线图。

3. 电路安装步骤

第一步:选配并检验电气元件。

① 根据电路图按表 6.2 所列规格配齐所用电气元件,逐个检验其规格和质量,并填入表 6.1 中。

② 根据电动机的容量、线路走向及要求和各元件的安装尺寸,正确选配导线的规格、导线通道类型和数量、接线端子板、控制板、紧固件等。

第二步:在控制板上固定电气元件和板前明线布线和套编码套管,并在电气元件附近做好与电路图上相同代号的标记。

第三步:在控制板上进行板前明线布线,并在导线端套编码套管。

第四步:连接电动机和按钮金属外壳的保护接地线,以及电源、电动机等控制板外部的导线。

第五步:自检。

① 根据电路图检查电路的接线是否正确和接地通道是否具有连续性。

② 检查热继电器的整定值和熔断器中熔体的规格是否符合要求。

③ 检查电动机及线路的绝缘电阻。

④ 检查电动机及电气元件是否安装牢固。

⑤ 清理安装现场。

第六步:通电试车。

① 接通电源,点动控制电动机的启动,以检查电动机的转向是否符合要求。

② 试车时,应认真观察各电气元件、线路的工作是否正常。发现异常,应立即切断电源进行检查,待调整或修复后方或再次通电试车。

③ 安装训练应在规定额定时间内完成,同时要做到安全操作和文明生产。

4. 安装与布线工艺要求

安装与布线工艺要求同任务 5.1 中所述。

5. 常见故障的检修

交流异步电动机反接制动控制线路常用速度继电器来进行控制,因此其典型的故障也常出自速度继电器。

① 电动机有制动作用,但在 KM2 释放时,电动机的转速仍然较高,这说明 KM2 释放太早。如有转速表可测量 KM2 释放时电动机的转速,一般应在 100r/min 左右,若转速太高可进行调节。松开速度继电器 KS 的触点复位弹簧的锁定螺母,将弹簧的压力调小后再将螺母锁紧。重新观察制动的效果,反复调整。

② 电动机制动时,KM2 释放后电动机发生反转。这是由于 KS 复位太迟引起的故障,原因是 KS 触点复位弹簧压力过小,应按上述方法将复位弹簧的压力调大,并反复调整试验,直至达到合适程度。

③ 电动机启动、运行正常,但按下停止按钮 SB1 时电动机断电仍继续惯性旋转,无制动作用。这时应检查接触器 KM2 各触点及其接线有无问题,并检查 SB1 的动合触点。如果

上述检查没有问题,则要检查速度继电器,如其触点接触不良或胶木摆杆断裂,则需要进行修理或更换。另外还可启动电动机,待其转速上升到一定值时观察速度继电器 KS 的摆杆动作情况,如果发现摆杆摆向未使用的另一组触点,则说明是速度继电器的两组触点选错,应改接另一组触点。

 任务考核

技能考核任务书如下。

<table>
<tr><td colspan="2" align="center">继电器控制系统的安装与调试任务书</td></tr>
<tr><td colspan="2">

1. 任务名称

三相异步电动机反接制动控制线路的安装与调试。

2. 具体任务

有一台机床用三相异步鼠笼式电动机拖动实现单向运行,停车采用反接制动。提供的电路原理图如图 6.2 所示。按要求完成电气控制系统的安装与调试。

3. 工作规范及要求

(1) 手工绘制元件布置图。

(2) 进行系统的安装接线。

要求完成主、控制电路的安装布线,按要求进行线槽布线,导线必须沿线槽内走线,接线端加编码套管。线槽出线应整齐美观,线路连接应符合工艺要求,不损坏电气元件,安装工艺符合相关行业标准。

(3) 进行系统调试。

(4) 通电试车完成系统功能演示。

4. 考点准备

考点提供的材料从表 6.2 中选择。工具清单见表 5.2 所列。

5. 时间要求

本模块操作时间为 180min,时间到立即终止任务。
</td></tr>
</table>

针对考核任务,相应的考核评分细则参见表 6.3。

表 6.3　评分细则

序号	考核内容	考核项目	配分	评分标准	得分
1	电动机及电气元件的检查	(1) 电动机质量一般检查 (2) 电气元件质量检查	10 分	每漏检或错检一项扣 5 分	
2	元器件的定位安装	(1) 安装方法、步骤正确,符合工艺要求 (2) 元器件安装美观、整洁	10 分	(1) 安装方法、步骤不正确,每个扣 1 分 (2) 安装不美观、不整洁,扣 5 分	
3	接线质量	(1) 按电路图接线 (2) 能正确使用工具熟练安装元器件 (3) 布线合理、规范、整齐 (4) 接线紧固、接触良好 (5) 速度继电器接线正确	40 分	(1) 元器件未按要求布局或布局不合理、不整齐、不匀称,扣 2 分 (2) 安装不准确、不牢固,每只扣 2 分 (3) 造成元器件损坏,每只扣 3 分 (4) 速度继电器接线不正确扣 10 分	

续表

序号	考核内容	考核项目	配分	评分标准	得分
5	通电试车	检查线路并通电验证	40分	没有检查扣10分；第一次试车不成功扣10分，第二次试车不成功扣20分	
6	安全文明生产			违反安全文明操作规程酌情扣分	
		合计	100分		

注：每项内容的扣分不得超过该项的配分。

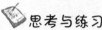 **思考与练习**

1. 在单向运行串电阻反接制动线路的调试中，电动机启动后，速度继电器 KS 的摆杆摆向没有使用的一组触点，使电路中使用的速度继电器 KS 的触点不能实现控制作用。试对此故障现象进行故障分析与处理。

2. 在单向运行串电阻反接制动线路的调试中，电动机启动正常，但制动效果不佳，停车时间较长。试对此故障现象进行故障分析与处理。

3. 在单向运行串电阻反接制动线路的调试中，电动机启动正常，但制动时电动机转速为零后又反转，然后停车，试对此故障现象进行故障分析与处理。

4. 电动机制动的方法一般有机械制动和电气制动两类，试问电气制动常用的有哪几种？

任务 6.2　安装与检修三相异步电动机能耗制动控制线路

 任务描述

三相异步电动机的能耗制动是在切断三相电源的同时立即在任意两相定子绕组之间接入直流电源，于是在定子绕组中将产生一个稳定的磁场，此时旋转的转子切割磁感线，产生感应电流，从而受到电磁力，产生一个与转动方向相反的制动转矩，使电动机迅速停转。本任务重点分析三相异步电动机的能耗制动控制线路。

 任务分析

在对三相交流异步电动机实施制动过程时，先将电动机脱离三相交流电源。然后将一直流电源接入电动机定子绕组的任意两相，在电动机内建立一个恒定磁场。转子因惯性继续转动而切割恒定磁场，则转子回路产生感应电动势和感应电流。载流转子在恒定磁场中受到电磁力的作用，该电磁力作用在转子轴上形成与转子方向相反的电磁转矩。因此，使电动机的转速迅速下降。当电动机的转速下降到零时，转子回路的感应电动势和感应电流都为零，故制动转矩为零，制动过程结束。这种制动方法实质上是通过在定子绕组中通入直流电,将转子所具有的动能转变为电能,消耗在转子回路来进行制动的,所以称为能耗制动,又称动能制动。显然,制动转矩的大小与所通入直流电流的大小和电动机的转速有关。转速越高,磁场越强,则产生的制动转矩越大。但通入的直流电流不能太大,否则会烧坏定子。通常为电动机空载电流的 3~5 倍,可以通过调节制动电阻来调节制动电流。

能耗制动的控制方式有以时间为原则控制和以速度为原则控制两种。

- 知识点:了解三相异步电动机能耗制动电路的组成和动作原理。
- 技能点:能根据电路图进行三相异步电动机能耗制动控制线路的安装与故障检修。

任务资讯

1. 以时间原则控制的电动机单向运行能耗制动

(1)半波整流能耗制动控制线路。该电路与有变压器全波整流能耗制动控制线路相比,省去了变压器。直接利用三相电源中的一相进行半波整流后,向电动机任意两相绕组输入直流电源作为制动电流,这样既简化了电路,又降低了设备成本。

图 6.4 为半波整流能耗制动控制电路图。其工作原理如下:先合上电源开关 QS。

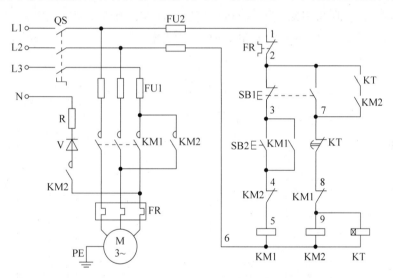

图 6.4　以时间原则控制的电动机单向运行的半波整流能耗制动控制线路

① 单向启动运转。

② 能耗制动停转。

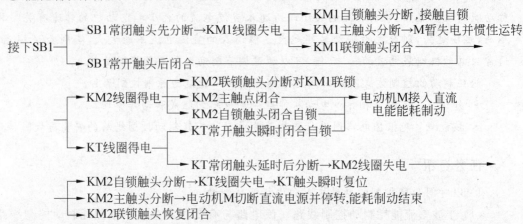

图中 KT 瞬时闭合常开触头的作用是当 KT 出现线圈断线或机械卡住等故障时,按下 SB1 后能使电动机制动后脱离直流电源。

（2）全波整流能耗制动控制线路。图 6.5 所示的是以时间原则控制的电动机单向运行能耗制动控制电路。图中 KM1 为单向运行接触器,KM2 为能耗制动接触器,TC 为整流变压器,VC 为桥式整流电路,KT 为通电延时型时间继电器。SB2 为启动按钮,SB1 为停止按钮。

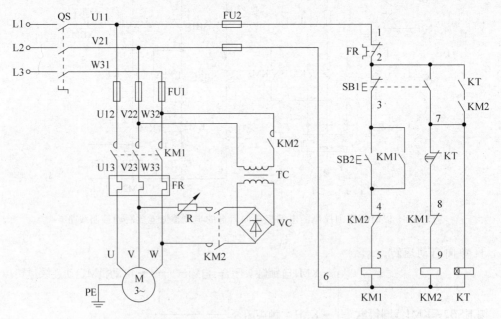

图 6.5　以时间原则控制的电动机单向运行的全波整流能耗制动控制线路

电路的工作原理如下:

① 单向启动运转。按下 SB2,KM1 线圈得电,KM1(3-4)闭合,自锁;KM1(8-9)断开,对 KM2 线圈互锁;其主触点闭合,电动机启动运转。

② 能耗制动停转。按下复合按钮 SB1,SB2(2-3)先分断,KM1 线圈失电,KM1(3-4)分断,解除自锁。KM1(8-9)闭合,解除对 KM2 线圈互锁。其主触点断开,电动机断电并惯性运转。随后 SB1(2-7)闭合,KM2、KT 线圈得电,触点 KT(2-10)和 KM3(10-7)闭合串联自锁。KM2 的主触点闭合,直流电源接入电动机的两相定子绕组,进行能耗制动,电动机的转速迅速下降。经过一定的延时,KT(7-8)分断,KM2 线圈失电,KM2(10-7)分断,解除自锁。其主触点断开,将电动机接入的直流电源断开。KT 线圈失电,制动过程结束。时间继电器的动作时间整定为电动机转速下降接近于零的时间。

2. 以速度原则控制的电动机单向运行能耗制动

图 6.6 所示的是以速度控制的电动机单向运行的能耗制动控制电路。与以时间原则控制的电动机单向运行能耗制动控制电路不同在于,增加了速度继电器 KS,取消了时间继电器 KT,用速度继电器的动合触点代替时间继电器的延时断开触点。

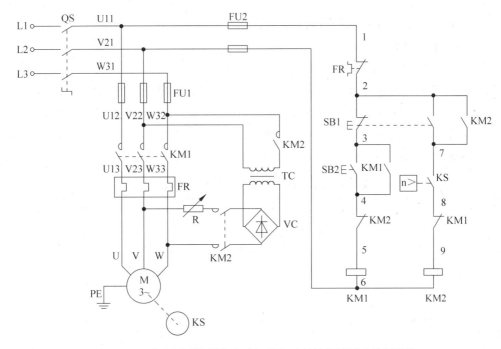

图 6.6　以速度原则控制的电动机单向运行的能耗制动控制线路

电路的工作原理如下:

① 单向启动运转。按下 SB2,KM1 线圈得电,KM1(3-4)闭合,自锁。KM1(8-9)断开,对 KM2 线圈互锁;其主触点闭合,电动机启动运转。当电动机速度上升到一定值时,速度继电器的动合触点 KS(7-8)闭合。

② 能耗制动停转。按下复合按钮 SB1,SB1(2-3)先分断,KM1 线圈失电,KM1(3-4)分断,解除自锁。KM1(8-9)闭合,解除对 KM2 线圈互锁。其主触点断开,电动机断电并惯性运转,但电动机的转速仍很高,触点 KS(7-8)仍然闭合。随后 SB1(2-7)闭合,KM2 线圈地电,KM2(2-7)闭合,自锁。KM2 的主触点闭合,直流电源接入电动机的两相定子绕组进行能耗制动,电动机的转速迅速下降。当电动机的转速下降到接近零时,速度继电器的动合触

点 KS(7-8)分断,KM2(2-7)分断,解除自锁,其主触点断开,将电动机接入的直流电源断开,制动过程结束。

能耗制动的特点是制动准确、平稳、能量消耗小、冲击小,但需要附加直流电源装置,低速时制动力矩小。能耗制动一般用于要求制动准确、平稳的场合,如矿井提升设备、起重机以及机床等的制动控制。

如果电动机的负载转矩较稳定时,可采用以时间原则控制的能耗制动方式,这样时间继电器的整定值比较固定。如果电动机能够通过传动系统实现速度的变换,可以采用以速度原则控制的能耗制动方式。另外,10kW 以下的电动机一般采用无变压器半波整流作为直流电源;10kW 以上的电动机多采用有变压器全波整流作为直流电源。

 任务实施

三相笼形异步电动机能耗制动控制线路的安装与检修

1. 准备工具、仪表及器材

① 工具:测电笔、螺钉旋具、尖嘴钳、剥线钳和电工刀等。

② 仪表:500V 兆欧表、T301-A 型钳形电流表和 MF47 型万用表。

③ 器材:控制板一块($600 \times 500 \times 20 mm^3$);导线规格,主电路采用 BVR1.5mm²(红色),控制电路采用 BVR1.0mm²(黑色),按钮线采用 BVR0.75mm²(红色),接地线采用 BVR1.5mm²(黄绿双色);螺钉、螺母若干;电气元件如表 6.4 所列。

表 6.4 电动机制动控制电路电气元件明细表

序号	名　称	型号与规格	数量	质量检查内容和结果
1	转换开关	HZ10-10/3、380V	1个	
2	三相笼形异步电动机	Y712-4、380V、370W	1台	
3	主电路熔断器	RL1-60A、380V(配 10A 熔体)	3个	
4	控制电路熔断器	RL1-15A、380V(配 6A 熔体)	2个	
5	交流接触器	CJ20-16、380V	3个	
6	组合按钮	LA4-3H、500V5A	1个	
7	时间继电器	JS7-1A、380V	1个	
8	热继电器	JR36-20/3(0.4～0.63A)、380V	1个	
9	速度继电器	JY1/500V、2A	1台	
10	二极管	KP5-7、700V	1个	
11	桥堆	KBPC3510、20A	1个	
12	可调电阻		1个	
13	端子排	TD-2010A、660V	1个	
14	电阻器	25W30RJ	3个	
15	变压器	BK-50VA、380V/36V	1个	

2. 识别、读取线路

识读三相笼形异步电动机的制动控制电路(如图 6.4～图 6.6 所示),明确线路所用电气元件及作用,熟悉线路的工作原理,绘制元件布置图和接线图。

3. 电路安装步骤

第一步:选配并检验电气元件。

① 根据电路图按表 6.4 所列规格配齐所用电器元件,逐个检验其规格和质量,并填入表 6.4 中。

② 根据电动机的容量、线路走向及要求和各元件的安装尺寸,正确选配导线的规格、导线通道类型和数量、接线端子板、控制板、紧固件等。

第二步:在控制板上固定电气元件和板前明线布线和套编码套管,并在电气元件附近做好与电路图上相同代号的标记。

第三步:在控制板上进行板前明线布线,并在导线端套编码套管。

第四步:连接电动机和按钮金属外壳的保护接地线,以及电源、电动机等控制板外部的导线。

第五步:自检。

① 根据电路图检查电路的接线是否正确和接地通道是否具有连续性。

② 检查热继电器的整定值和熔断器中熔体的规格是否符合要求。

③ 检查电动机及线路的绝缘电阻。

④ 检查电动机及电气元件是否安装牢固。

⑤ 清理安装现场。

第六步:通电试车。

① 接通电源,点动控制电动机的启动,以检查电动机的转向是否符合要求。

② 试车时,应认真观察各电气元件、线路的工作是否正常。发现异常,应立即切断电源进行检查,待调整或修复后方或再次通电试车。

③ 安装训练应在规定额定时间内完成,同时要做到安全操作和文明生产。

4. 安装与布线工艺要求

安装与布线工艺要求同任务 5.1 中所述。

5. 线路常见故障检修(以图 6.5 为例分析)

线路停车时没有制动作用。其原因通常是电动机断开交流电源后直流电源没有通入。可检查直流电源有无问题、接触器 KM2 和时间继电器 KT 的触点是否接触良好以及线圈有无损坏等。此外,如果制动电流太小,制动效果也不明显,如无电路故障,可调节可调电阻以调节制动电流。

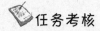 **任务考核**

技能考核任务书如下。

<table>
<tr><td colspan="1" align="center">继电器控制系统的安装与调试任务书</td></tr>
</table>

1. 任务名称
三相异步电动机能耗制动控制线路的安装与调试。
2. 具体任务
有一台机床用三相异步鼠笼式电动机拖动实现单向运行,停车采用能耗制动。提供的电路原理图如图 6.5 所示。按要求完成电气控制系统的安装与调试。
3. 工作规范及要求
(1) 手工绘制元件布置图。
(2) 进行系统的安装接线。
要求完成主电路、控制电路的线槽安装布线,导线必须沿线槽内走线,接线端加编码套管。线槽出线应整齐美观,线路连接应符合工艺要求,不损坏电气元件,安装工艺符合相关行业标准。
(3) 进行系统调试。
(4) 通电试车完成系统功能演示。
4. 考点准备
考点提供的材料从表 6.4 中选择。工具清单见表 5.2 所列。
5. 时间要求
本模块操作时间为 180min,时间到立即终止任务。

针对考核任务,相应的考核评分细则参见表 6.5。

表 6.5 评分细则

序号	考核内容	考核项目	配分	评分标准	得分
1	电动机及电气元件的检查	(1) 电动机质量一般检查 (2) 电气元件质量检查	10 分	每漏检或错检一项扣 5 分	
2	元器件的定位安装	(1) 安装方法、步骤正确,符合工艺要求 (2) 元器件安装美观、整洁	10 分	(1) 安装方法、步骤不正确,每个扣 1 分 (2) 安装不美观、不整洁,扣 5 分	
3	接线质量	(1) 按电路图接线 (2) 能正确使用工具熟练安装元器件 (3) 布线合理、规范、整齐 (4) 接线紧固、接触良好 (5) 速度继电器接线正确	40 分	(1) 元器件未按要求布局或布局不合理、不整齐、不匀称,扣 2 分 (2) 安装不准确、不牢固,每只扣 2 分 (3) 造成元器件损坏,每只扣 3 分 (4) 速度继电器接线不正确扣 10 分	
5	通电试车	检查线路并通电验证	40 分	没有检查扣 10 分;第一次试车不成功扣 10 分,第二次试车不成功扣 20 分	
6	安全文明生产			违反安全文明操作规程酌情扣分	
合计			100 分		

注:每项内容的扣分不得超过该项的配分。

思考与练习

1. 在按时间原则控制的全波整流能耗制动控制线路的调试中,按下停止按钮 SB1,电动机断电自由停车而不是制动停车,试进行故障分析与处理?

2. 在按时间原则控制的全波整流能耗制动控制线路的调试中,按下停止按钮 SB1,电动机进行能耗制动,但比预期的制动时间要长,试分析其故障原因?

3. 概念解释:

制动,反接制动,能耗制动

项目 7　安装与检修双速异步电动机高低速控制线路

任务描述

本项目要完成的任务为安装与检修双速异步电动机高低速控制线路。三相异步电动机的调速方法主要有变极调速、变转差率调速和变频器调速三大类。多速电动机就是通过改变绕组的连接方式来改变磁极对数的。多速电动机能代替笨重的齿轮变速箱，满足几种特定的转速的调速要求，并在对启动性能没有较高要求时，可在空载或轻载下启动。多速电动机在中小型磨床中用得很普遍。双速电动机、三速电动机是变极调速中最常用的两种形式。本任务重点分析双速异步电动机高低速控制线路。

任务分析

根据公式 $n=60f/p$（其中 n 是电动机的同步转速，f 是电动机的电源频率，我国工频为 50Hz，p 是电动机磁极对数）可知，三相异步电动机的转速与它的磁极对数有关，因此，改变电动机定子的磁极对数，即可改变电动机转子转速。而磁极对数的改变是通过改变定子绕组的接线来实现的。

凡是磁极对数可以改变的电动机称为多速电动机，常见的有双速、三速、四速等几种类型。

- 知识点：了解双速异步电动机的结构原理。掌握双速异步电动机高低速控制线路的工作原理。
- 技能点：能根据电路图进行双速异步电动机高低速控制线路的安装与故障排除。

任务资讯

1. 双速异步电动机定子绕组的连接

双速异步电动机定子绕组的△/YY 接线如图 7.1 所示。图中三相定子绕组接成△形，由三个连接点接出三个出线端 U1、V1、W1，从每相绕组的中点各接出三个出线端 U2、V2、W2，这样定子绕组共有 6 个出线端。通过改变这 6 个出线端与电源的连接方式，就可以得到两种不同的转速。

（1）低速运行接线。如图 7.1(a)所示，将出线端 U1、V1、W1 接三相电源，另外三个出线端 U2、V2、W2 空着不接，此时电动机定子绕组接成△连接，这时电动机磁级数为 4 极（磁极对数 $p=2$）同步转速为 1500r/min。

（2）高速运行接线。如图 7.1(b)所示，把电动机定子绕组的三个出线端 U1、V1、W1 连接在一起，另外三个出线端 U2、V2、W2 分别接到三相电源上，此时电动机定子绕组接成

YY 形,磁极数为 2 极(磁极对数 $p=1$),同步转速为 3000r/min。可见,双速电动机高速运转时的转速是低速转速时的两倍。

值得注意的是双速电动机定子绕组从一种接法改变为另一种接法时,必须把电源相序反接,以保证电动机的旋转方向不变。

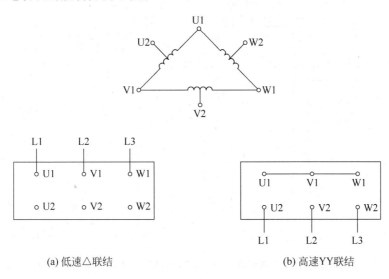

(a) 低速△联结　　　　　　　　　(b) 高速YY联结

图 7.1　双速异步电动机三相定子绕组的△/YY 接线图

2. 双速异步电动机控制线路的分析

用按钮和时间继电器控制双速电动机低速启动高速运转的电路如图 7.2 所示。时间继电器 KT 控制电动机的△启动时间和△/YY 的自动换接运转的时间。

线路工作原理如下：先合上电源开关 QS。

（1）△形低速启动运转

（2）YY 形高速运转

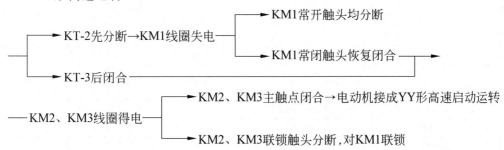

停止时,按下按钮 SB3 即可。若电动机只需高速运转时,可直接按下 SB2,则电动机接成△形低速启动后,YY 变速运转。

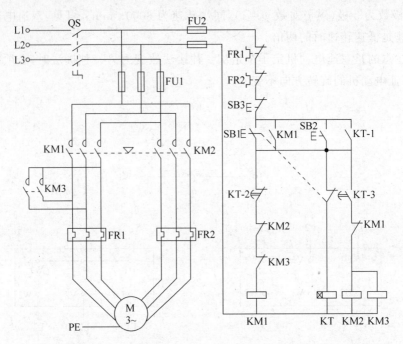

图 7.2　用按钮和时间继电器控制双速电动机低速启动高速运转的控制线路

任务实施

1. 准备工具、仪表及器材

① 工具：测电笔、螺钉旋具、尖嘴钳、剥线钳和电工刀等。

② 仪表：500V 兆欧表、T301-A 型钳形电流表和 MF47 型万用表。

③ 器材：控制板一块（600×500×20mm³）；导线规格，主电路采用 BVR1.5mm²（红色），控制电路采用 BVR1.0mm²（黑色），按钮线采用 BVR0.75mm²（红色），接地线采用 BVR1.5mm²（黄绿双色）；电气元件如表 7.1 所列。

表 7.1　双速电动机高低速控制线路电气元件明细表

序号	名　　称	型号与规格	数量	质量检查内容和结果
1	转换开关	HZ10-10/3、380V	1 个	
2	三相笼形异步电动机	YS5022/4W、60/40W、380V、50HZ	1 台	
3	主电路熔断器	RL1-60A、380V（配 10A 熔体）	3 个	
4	控制电路熔断器	RL1-15A、380V（配 6A 熔体）	2 个	
5	交流接触器	CJ20-16、380V	3 个	
6	组合按钮	LA4-3H、500V5A	1 个	
7	时间继电器	JS14P、99S、380V	1 个	
8	热继电器	JR36-20/3(0.4～0.63A)、380V	2 个	
11	端子排	TD-2010A、660V	1 个	

2. 识别、读取线路

识读双速异步电动机高低速控制线路（见图 7.2），明确线路所用电气元件及作用，熟悉线路的工作原理,绘制元件布置图和接线图。

3. 电路安装步骤及工艺要求

第一步:选配并检验电气元件。

① 根据电路图按表7.1所列规格配齐所用电气元件,逐个检验其规格和质量,并填入表7.1中。

② 根据电动机的容量、线路走向及要求和各元件的安装尺寸,正确选配导线的规格、导线通道类型和数量、接线端子板、控制板、紧固件等。

第二步:在控制板上固定电气元件和板前明线布线和套编码套管,并在电气元件附近做好与电路图上相同代号的标记。

第三步:在控制板上进行板前明线布线,并在导线端套编码套管。

第四步:连接电动机和按钮金属外壳的保护接地线,以及电源、电动机等控制板外部的导线。

第五步:自检。

① 根据电路图检查电路的接线是否正确和接地通道是否具有连续性。

② 检查热继电器的整定值和熔断器中熔体的规格是否符合要求。

③ 检查电动机及线路的绝缘电阻。

④ 检查电动机及电气元件是否安装牢固。

⑤ 清理安装现场。

第六步:通电试车。

① 接通电源,点动控制电动机的启动,以检查电动机的转向是否符合要求。

② 试车时,应认真观察各电器元件、线路的工作是否正常。发现异常,应立即切断电源进行检查,待调整或修复后方或再次通电试车。

③ 安装训练应在规定额定时间内完成,同时要做到安全操作和文明生产。

4. 安装与布线工艺要求

安装与布线工艺要求同任务5.1所述。

5. 线路常见故障检修

① 在低、高速两种转速下,电动机的转向相反。故障原因是主电路中接触器 KM1、KM2 在两种转速下电源相序的改变造成的。把电源相序反接后,就可以保证电动机的旋转方向不变。

② 通电试车之前,检查控制电路合格,但通电时在 YY 形运转时电源就跳闸。故障原因是控制双速电动机△形接法的接触器 KM1 和 YY 接法的 KM2 的主触头对换了接法,互换接法后再通电正常。

③ 电动机能在低速下运行却不能转换到高速运行。故障原因是在于时间继电器 KT 有故障所造成。修复 KT 后,电动机就可转换到高速运行了。

任务考核

技能考核任务书如下。

继电器控制系统的安装与调试任务书
1. 任务名称 双速异步电动机高低速控制线路的安装与调试。
2. 具体任务 有一台机械设备需要采用△/YY接法的双速异步电动机拖动,需要采用分级启动控制,即先低速启动,然后自动切换为高速动转。提供的电路原理图如图 7.2 所示。按要求完成电气控制系统的安装与调试。
3. 工作规范及要求 (1) 手工绘制元件布置图。 (2) 进行系统的安装接线。 　　要求完成主电路、控制电路的线槽安装布线,导线必须沿线槽内走线,接线端加编码套管。线槽出线应整齐美观,线路连接应符合工艺要求,不损坏电气元件,安装工艺符合相关行业标准。 (3) 进行系统调试。 (4) 通电试车完成系统功能演示。
4. 考点准备 考点提供的材料从表 7.1 中选择。工具清单见表 5.2 所列。
5. 时间要求 本模块操作时间为 180min,时间到立即终止任务。

针对考核任务,相应的考核评分细则参见表 7.2。

表 7.2 评分细则

序号	考核内容	考核项目	配分	评 分 标 准	得分
1	电动机及电气元件的检查	(1) 电动机质量一般检查 (2) 电气元件质量检查	10 分	每漏检或错检一项扣 5 分	
2	元器件的定位安装	(1) 安装方法、步骤正确,符合工艺要求 (2) 元器件安装美观、整洁	10 分	(1) 安装方法、步骤不正确,每个扣 1 分 (2) 安装不美观、不整洁,扣 5 分	
3	接线质量	(1) 按电路图接线 (2) 能正确使用工具熟练安装元器件 (3) 布线合理、规范、整齐 (4) 接线紧固、接触良好 (5) 速度继电器接线正确	40 分	(1) 元器件未按要求布局或布局不合理、不整齐、不匀称,扣 2 分 (2) 安装不准确、不牢固,每只扣 2 分 (3) 造成元器件损坏,每只扣 3 分 (4) 速度继电器接线不正确扣 10 分	
5	通电试车	检查线路并通电验证	40 分	没有检查扣 10 分;第一次试车不成功扣 10 分,第二次试车不成功扣 20 分	
6	安全文明生产			违反安全文明操作规程酌情扣分	
	合计		100 分		

注:每项内容的扣分不得超过该项的配分。

思考与练习

1. 改变电动机转速的方法有哪几种?

2．双速电动机其定子绕组的接线方式一般有△/YY 和 Y/YY 两种形式，试述这两种接法各适用于什么场合？

3．为什么变极调速的电动机均为笼形异步电动机？

4．在倍极比变极调速时，在绕组改接时，应对接到电动机端子上的电源相序作相应改变，这是为什么？

5．变极调速中最常用的两种形式是什么？

6．简述变极调速的特点。

7．简述变极调速的基本原理。

8．如图 7.3 所示为双速异步电动机变极调速△/YY 控制原理图。根据原理图回答以下问题。

（1）该电路的功能是什么？

（2）简述电路的工作原理。

（3）在电路安装调试时，有如下故障现象，试针对故障现象，进行故障分析与处理。

① 按下启动按钮 SB2，电动机不能启动。

② 按下 SB2，电动机低速启动，松开 SB2，电动机停车。

③ 电动机能在低速下运行却不能转换到高速运行。

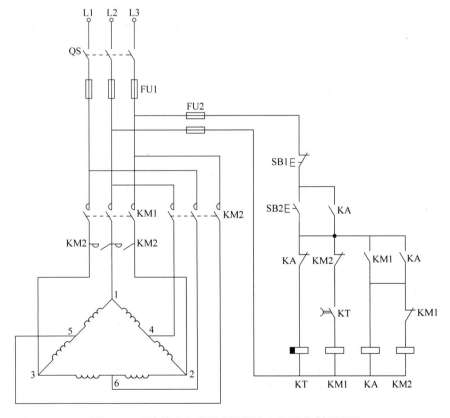

图 7.3　双速异步电动机变极调速△/YY 控制原理图

模块二

典型生产机械设备电气控制与检修

项目 8　安装与检修 C650 型卧式车床电气控制线路

项目 9　安装与检修 Z3040 型摇臂钻床电气控制线路

项目 10　安装与检修 X6132 型卧式铣床电气控制线路

项目 11　安装与检修 T68 型卧式镗床电气控制线路

项目 12　安装与检修 M7130 型平面磨床电气控制线路

项目 13　安装与检修 20/5t 桥式起重机的电气控制线路

项目 14　安装与检修数控机床电气控制线路

项目 15　安装与检修组合机床电气控制线路

项目 16　安装与检修电梯电气控制线路

项目 8　安装与检修 C650 型卧式车床电气控制线路

任务描述

本项目要完成安装与检修 C650 型卧式车床电气控制线路的任务。在该任中,认识卧式车床的结构组成,了解卧式车床的运动特点及电力拖动要求,是进行车床电气控制系统安装与检测、维护与维修的必要前提。作为一名电气自动化专业技术人员必须熟悉车床的结构、电气控制原理及其安装与电气故障排除。

任务分析

车床是金属切削机床中应用最为广泛的一种,它能够车削外圆、内孔、端面、钻孔、铰孔、切槽、切断、螺纹、螺杆及成形表面等,约占机床总数的 25%～50%。在各种车床中,应用最多的是普通车床。C650 是普通车床中较大的机型。

- 知识点:熟悉 C650 型卧式车床的主要结构、运动形式及电力拖动控制要求;掌握 C650 型卧式车床电气电气控制原理图的分析方法。
- 技能点:掌握 C650 型卧式车床控制线路的故障判断与处理方法;能对所设置的人为故障点进行分析与排除。

任务资讯

1. C650 型普通车床的工艺特点与电气控制

(1)普通车床结构。普通车床主要由主轴变速箱、挂轮箱、进给箱、溜板箱、床身、刀架、尾座、光杆与丝杆等部件组成,如图 8.1 所示。

1—进给箱;2—挂轮箱;3—主轴变速箱;4—溜板与刀架;5—溜板箱;6—尾座;7—丝杆;8—光杆;9—床身

图 8.1　普通车床的结构图

(2)卧式车床电气控制系统分析。在金属切削机床中,卧式车床是机械加工中应用最广泛的一种机床,它能完成多种多样的加工工序。卧式车床的工艺特征为对各种回转体类零件进行加工,如各种轴类、套类和盘类零件,可以车削出内外圆柱面、圆锥面及成形回转面、各种常用螺纹及端面等。其运动特征为主轴带动工件旋转,形成切削主运动,刀架移动形成进给运动,刀架的进给运动由主电动机提供动力,刀架的快速运动由快速电动机提供,操作形式为点动。不同型号的卧式车床加工零件的尺寸范围不同,拖动电动机的工作要求不同,因而控制电路也不尽相同。总体上看,由于卧式车床运动形式简单,常采用机械调速的方法,因此相应的控制线路不复杂。在主轴正、反转和制动的控制方面,有电气控制和机械控制。

(3) 电力拖动及控制要求分析。一般的卧式车床配置三台三相笼形异步电动机,分别为提供工作进给运动和主运动的主轴电动机 M1,驱动冷却泵供液的电动机 M2 和驱动刀架快速移动的电动机 M3。电动机的控制要求分述如下:

① 主电动机控制要求。卧式车床的主电动机 M1 完成主轴运动和进给运动的拖动。主轴与刀架运动要求电动机能够直接启动,同时还要求能够正、反转,并可对正、反两个方向进行制动停车控制。为了加工和调整的方便,需要具有点动功能。为了提高加工效率,主轴的转动需要进行制动。

② 冷却泵电动机控制要求。冷却泵电动机 M2 在加工时带动冷却泵工作,提供切削液,可以直接启动,并且为连续工作状态。

③ 快速移动电动机控制要求。快速移动电动机 M3 用于拖动溜板箱带动刀架快速移动,在工作过程中以点动工作方式进行,需要根据使用情况随时手动控制起停。

(4) C650 型卧式车床的电气控制线路分析。C650 型卧式车床电气控制原理图如图 8.2 所示。

① 主电路分析。断路器 QF 将三相交流电源引入,FU1 为电动机 M1 短路保护用熔断器,FR1 为 KM1 过载保护用热继电器。R 为限流电阻,主轴点动时,限制电动机启动电流,而停车反接制动时,又起到限制过大反向制动电流的作用。通过电流互感器 TA 接入的电流表 A,用来监视主电动机 M1 的绕组电流,通过调整切削用量,使电流表的电流接近主电动机 M1 额定电流的对应值,以提高生产效率并充分发挥电动机的潜力。KM1、KM2 分别为主电动机正、反转接触器;KM3 用于短接限流电阻 R。速度继电器 KS 用于在反接制动时检测主电动机 M1 的转速。

冷却泵电动机 M2 通过接触器 KM4 的控制来实现单向连续运转,FU2 为 M2 的短路保护用熔断器,FR2 为其过载保护用热继电器。

快速移动电动机 M3 通过接触器 KM5 的控制实现单向旋转短时工作,FU2 为其短路保护用熔断器。

② 控制电路分析。控制变压器 TC 供给控制电路 110V 交流电源,同时还为照明电路提供 36V 交流电源。FU5 为控制电路短路保护用熔断器,FU4 为照明电路短路保护用熔断器,车床局部照明灯 EL 由开关 SA 控制。

- 主电动机 M1 的点动调整控制。按下点动按钮 SB2 不松手时,接触器 KM1 线圈通电,其常开主触点闭合,电源经限流电阻 R 使主电动机 M1 启动,减少了启动电流。松开 SB2,KM1 线圈断电,主电动机 M1 停转。

工作过程分析如下：按下 SB2→KM1 通电→M1 正转；松开 SB2→KM1 断电→M1 停转。

- 主电动机 M1 的正、反转控制。主电动机 M1 的正转控制过程如下。

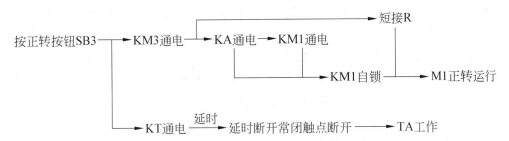

反转按钮 SB4 的工作情况类似，请自行分析。

- 主电动机 M1 的停车控制。主电动机 M1 停车采用反接制动方式，由正反转可逆电路和速度继电器 KS 组成。

假设原来主电动机 M1 正转运行，则电动机转速大于 120r/min，KS 的正向常开触点 KS1 闭合，为正转制动做准备，而此时反向常开触点 KS2 依然断开。按下总停按钮 SB1，原来通电的 KM1、KM3、KT 和 KA 随即断电，它们的所有触点均复位。当 SB1 松开后，反转接触器 KM2 线圈由于 KS1 的闭合而立即通电，电流通路是：

线号 1→SB1 常闭触点→KA 常闭触点→KS 正向常开触点 KS1→KM1 常闭触点→KM2 线圈→线号 0

这样，主电动机 M1 串入电阻 R 反接制动，正向转速很快降下来。当转速降到很低时（$n<100$r/min），KS 的正向常触点 KS1 断开，从而切断了上述电流通路。至此，正向反接制动就结束了。

电路工作过程分析如下。

当 $n<100$r/min 时，KS1 断开→KM2 断电→M1 反接制动结束。

由控制电路可以看出，KM3 的常开触点直接控制 KA，因此 KM3 和 KA 触点的闭合和断开情况相同，从图 8.2 可知，KA 的常开触点用了 3 个，常闭触点用了 1 个。因 KM3 的辅助常开触点只有 2 个，故不得不增设中间继电器 KA 进行扩展，即中间继电器 KA 起扩展接触器 KM3 触点的作用。可见，电气电路要考虑电器元件触点的实际情况，在电路设计时更应引起重视。

反向反接制动过程请自行分析。

- 冷却泵电动机 M2 的控制。由停止按钮 SB5、启动按钮 SB6 和接触器 KM4 组成，构成冷却泵电动机 M2 单向旋转启动、停止控制电路。按下 SB6，KM4 线圈通电并自锁，M2 启动旋转；按下 SB5，KM4 线圈断电释放，M2 断开三相交流电源，自然停车。

- 刀架快速移动电动机 M3 的控制。刀架快速移动是通过转动刀架手柄压动限位开关 SQ 来实现的。当手柄压下限位开关 SQ 时，接触器 KM5 线圈得电吸合，其常开主触点闭合，电动机 M3 启动旋转，拖动溜板箱与刀架作快速移动。松开刀架手柄，限位开关 SQ 复位，KM5 线圈断电释放，M3 停止转动，刀架快速移动结束。刀架移动电动机为单向旋转，而刀架的左右移动由机械传动实现。

- 照明电路和控制电源。图 8.2 中 TC 为控制变压器，其二次绕组有两路，一路电压为交流 110V，为控制电路提供电源；另一路电压为交流 36V，为照明电路提供电源。将灯开关 SA 置于"合"位置时，SA 就闭合，照明灯 EL 点亮；SA 置于"分"位置时，EL 就熄灭。

- 电流表 A 的保护电路。为了监视主电动机的负载情况，在电动机 M1 的主电路中，通过电流互感器 TA 接入电流表 A。为了防止电动机启动、点动时启动电流和停车制动时制动电流对电流表的冲击，电路中接入一个时间继电器 KT，且 KT 线圈与 KM3 线圈并联。启动时，KT 线圈通电吸合，其延时断开的常闭触点将电流表短接，经过一段延时（2s 左右），启动过程结束，KT 延时断开的常闭触点断开，正常工作电流流经电流表，以便监视电动机在工作中电流的变化情况。

2. C650 型卧式车床常见电气故障的分析与检修

根据 C650 型车床自身的特点，在使用中常会出现如下一些故障。

① 主轴不能点动控制。主要检查点动按钮 SB2，检查其动合触点是否损坏或接线是否脱落。

② 刀架不能快速移动。故障的原因可能是行程开关 SQ 损坏或接触器主触点被杂物卡住、接线脱落，或者快速移动电动机损坏。出现这些故障，应及时检查，逐项排除，直至正常运行。

③ 主轴电动机 M1 不能进行反接制动控制。主要原因是速度继电器 KS 损坏或者接线脱落、接线错误，或者是电阻 R 损坏、接线脱落等。

④ 不能检测主轴电动机负载。首先检查电流表是否损坏，如损坏，应先检查电流表损坏的原因，其次可能是时间继电器设定的时间较短或损坏、接线脱落，或者是电流互感器损坏。

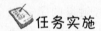 **任务实施**

C650 型卧式车床电气控制线路故障排除

1. 任务要求

① 正确使用电工工具、仪器和仪表。

② 根据故障现象，在电气控制电路图上分析故障可能产生的原因，确定故障发生的范围。

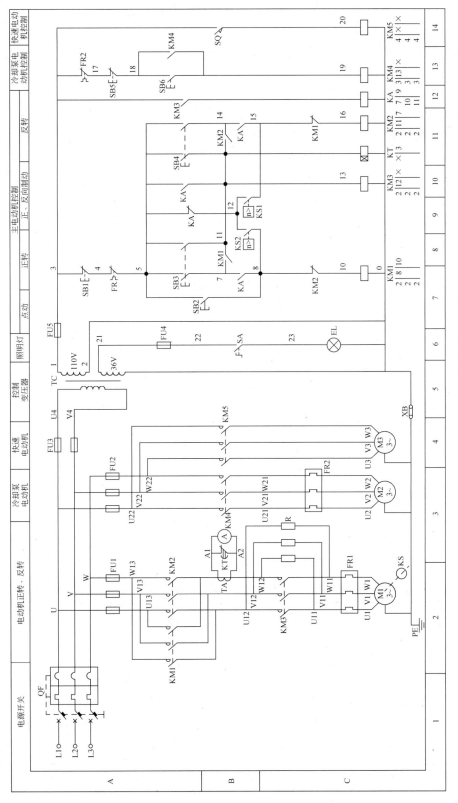

图 8.2 C650 型卧式车床电气控制线路

③ 在训练过程中,带电进行检修时,应注意人身和设备的安全。

2. 工具、设备及技术资料

① 工具。测电笔、螺钉旋具、尖嘴钳、剥线钳和电工刀等常用电工工具;检测用专用导线。

② 仪表。500V 兆欧表和万用表。

③ 设备及技术资料。C650 型卧式车床电气控制屏柜;C650 型卧式车床电气原理图。

3. 任务内容及步骤

① 学生先观摩 C650 型车床控制屏柜上人为设置的一个自然故障点,指导老师示范检修。示范检修时,按检修步骤观察故障现象,判断故障范围,查找故障点,排除故障,通电试车。边解讲边操作。

② 学生预先知道故障点,如何从观察现象着手进行分析,运用正确的检修步骤和方法进行故障排除。

③ 学生练习一个故障点的检修。

④ 在初步掌握了一个故障点的检修方法的基础上,再设置其它故障点,故障现象尽可能不相互重合。

⑤ 排除故障　根据故障点情况,排除故障。

⑥ 通电试车　检查机床各项操作,直到符合技术要求为止。

⑦ 填写表 8.1 故障检修报告内容。

4. 注意事项

① 学生应根据故障现象,采用正确的分析方法,分析产生故障的原因。

② 在排除故障过程中不得随意松动原接线端子,若有必要松动,必须及时复原。

③ 排除故障时,不得采用更换电气元件、借用触点及改动线路的方法,必须修复故障点。

④ 检修时,严禁扩大故障范围或产生新的故障,也不得损坏电气元件。

⑤ 在通电试验和带电检修时,考生必须经指导指导老师同意后方可进行,并由指导老师现场监护,以确保安全。

⑥ 搞好文明生产,保证实训场地的卫生、整洁,仪表、工具摆放整齐。

表 8.1　C650 型卧式车床电气线路故障排除检修报告

项　　目	检修报告栏	备　　注
故障现象与故障部位		
故障分析		
故障检修过程		

任务考核

技能考核任务书如下。

机床电气控制线路故障排除任务书
1. 任务名称
检修 C650 型卧式车床电气控制屏柜的电气故障。
2. 具体任务
在 C650 型卧式车床电气控制屏柜上设隐蔽故障 3 处。其中一次回路 1 处,二次回路 2 处。由考生单独排除故障。考生向考评员询问故障现象时,考评员可以将故障现象告诉考生。
3. 考核要求
(1) 正确使用电工工具、仪表和仪器。
(2) 根据故障现象,在 C650 型卧式车床电气控制屏柜上分析故障可能产生的原因,确定故障发生的范围。
(3) 在考核过程中,带电进行操作时,应注意人身和设备的安全。
(4) 考核过程中,考生必须完成 C650 型卧式车床电气线路故障排除检修报告(见表 8.1)。
4. 考点准备
(1) 常用电工工具及万用表。
(2) C650 型卧式车床电气控制屏柜及电气原理图。
5. 时间要求
本模块操作时间为 45min,时间到立即终止任务。

针对考核任务,相应的考核评分细则参见表 8.2。

表 8.2   评分细则

序号	考核内容	考核要求	评分标准	配分	评分
1	调查研究	对每个故障现象进行调查研究	排除故障前不进行调查研究扣 5 分	5	
2	故障分析	在电气控制线路上分析故障可能的原因,思路正确	1. 错标或不标出故障范围,每个故障点扣 5 分	25	
			2. 不能标出最小故障范围,每个故障点扣 5 分		
3	故障排除	正确作用工具和仪表,找出故障点并排除故障	1. 实际排除故障中思路不清楚,每个故障点扣 5 分	70	
			2. 每少查出 1 处故障点扣 5 分		
			3. 每少排除 1 处故障点扣 6 分		
			4. 排除故障方法不正确,每处扣 10 分		
4	其他	操作有误,此项从总分中扣分	1. 排除故障时产生新的故障后不能自行修复,每个扣 10 分;已经修复,每个扣 5 分		
			2. 损坏电气元件扣 10 分		
			3. 考核超时,每超过 1min 扣 2 分,但不超过 5min		

思考与练习

一、选择题(将正确答案的序号填入空格内)

1. 车床从_____考虑,选用笼形三相异步电动机,不进行电气调速。

(A) 经济性、可靠性　(B) 可行性　　　　(C) 安全性

2. C650 型车床的过载保护采用_____,短路保护采用_____,失压保护采用_____。

(A) 接触器自锁触头　(B) 熔断器　　　(C) 热继电器　　　(D) 接触器线圈

3. C650 型车床主轴电动机若有一相断开,会发出嗡嗡声,转矩下降,可能导致_____。

(A) 烧毁电动机　　(B) 烧毁控制电路　(C) 电动机加速运转

4. C650 型车床主轴电动机制动采用_____制动。

(A) 机械　　　　(B) 电气　　　　(C) 能耗　　　　(D) 反接

5. 在 C650 型车床电气线路中,为了防止电流表被启动电流冲击损坏,利用_____触头在启动时短接电流表。

(A) 延时闭合　　(B) 延时开启　　(C) 通电延时　　(D) 断电延时

二、填空题

1. 普通车床采用_____调速,为了减小振动,采用_____传动。

2. 普通车床电动机没有反转控制,而主轴有反转要求,这点是靠_____实现的。

3. 车床要车削螺纹靠_____实现。

4. C650 型车床采用_____台电动机控制。其中 M1 为_____电动机,完成_____运动和_____运动的驱动。

5. C650 型车床主拖动电动机采用_____启动和_____制动。

三、简答题

1. 在 C650 车床电气控制原理图中,主轴电动机 M1 不能正转,但能点动和反转,试对此故障现象进行故障分析与处理。

2. 在 C650 车床电气控制原理图中,主轴电动机 M1 不能点动及正转,且反转时无反接制动,试对此故障现象进行故障分析与处理。

3. 在 C650 车床电气控制原理图中,主轴电动机 M1 点动缺相运行,正反转运行时正常,但正、反转时均不能停车。试对此故障现象进行故障分析与处理。

项目 9　安装与检修 Z3040 型摇臂钻床电气控制线路

任务描述

本项目要完成安装与检修 Z3040 型摇臂钻床电气控制线路的任务。Z3040 型摇臂钻床是应用最广泛的一种常用典型机床,通过分析 Z3040 型摇臂钻床的电气控制原理,从而进一步提高阅图能力,加深对基本控制电路的认识,为电气故障排除打好基础。

任务分析

钻床是一种用途广泛的万能机床,从机床的结构形式来分,有立式钻床、卧式钻床、深孔钻床及多头钻床。而立式钻床中摇臂钻床用途较为广泛,在钻床中具有一定的典型性。本任务以 Z3040 型摇臂钻床为例进行分析。

- 知识点:熟悉 Z3040 型摇臂钻床的主要结构、运动形式及电力拖动控制要求;掌握 Z3040 型摇臂钻床电气电气控制原理图的分析方法。
- 技能点:掌握 Z3040 型摇臂钻床控制线路的故障判断与处理方法;能对所设置的人为故障点进行分析与排除。

任务资讯

1. Z3040 型摇臂钻床的工艺特点与电气控制

Z3040 型摇臂钻床,最大钻孔直径为 40mm,适用于加工中小零件,可以进行钻孔、扩孔、铰孔、刮平面及攻螺纹等多种形式的加工。增加适当的工艺装备还可以进行镗孔。

(1)摇臂钻床的结构。摇臂钻床主要由底座、内立柱、外立柱、摇臂、主轴箱、工作台等组成,如图 9.1 所示。内立柱固定在底座上,在它外面套着空心的外立柱,外立柱可绕着不动的内立柱回转一周。摇臂一端的套筒部分与外立柱滑动配合,借助于丝杠摇臂可沿着外立柱上下移动,但两者不能做相对转动,因此,摇臂将与外立柱一起相对内立柱回转。主轴箱具有主轴旋转运动部分和主轴进给运动部分的全部传动机构和操作机构,包括主电动机在内,主轴箱可沿着摇臂上的水平导轨做径向移动。当进行加工时,可利用夹紧机构将主轴箱紧固在摇臂上,外立柱紧固在内立柱上,摇臂紧固在外立柱上,然后进行钻削加工。

(2)摇臂钻床的电力拖动特点。由于摇臂钻床的运动部件较多,故采用多电动机拖动,这样可以简化传动装置的结构。整个机床由四台笼形感应电动机拖动,它们分别是:

① 主拖动电动机。钻头(主轴)的旋转与钻头的进给,是由一台电动机拖动的,由于多种加工方式的要求,所以对摇臂钻床的主轴与进给都提出较大的调速范围要求。该机床的主轴调速范围为 80,正转最低速度为 25r/min,最高速度为 2000r/min,分 16 级变速,进给运动的调速范围为 80,最低进给量是 0.04mm/r,最高进给量是 3.2mm/r,也分为 16 级变速。用变速箱改变主轴的转速和进刀量,不需要电气调速。在加工螺纹时,要求主轴能正反

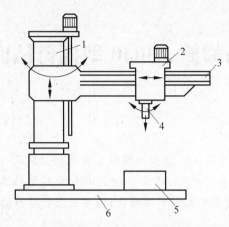

1—内外立柱；2—主轴箱；3—摇臂；4—主轴；5—工作台；6—底座

图 9.1 Z3040 摇臂钻床结构示意图

转,且是由机械方法变换的,所以,电动机不需要反转,主电动机的容量为 3kW。

② 摇臂升降电动机。当工件与钻头相对高度不合适时,可将摇臂升高或降低,是由一台 1.1 kW 笼形感应电动机拖动摇臂升降装置。

③ 液压泵电动机。摇臂、立柱、主轴箱的夹紧放松,均采用液压传动菱形块夹紧机构,夹紧用的高压油是一台 0.6kW 的电动机带动高压油泵送出的。由于摇臂的夹紧装置与主柱的夹紧装置、主轴的夹紧装置不是同时动作,所以,采用一台电动机拖动高压油泵,由电磁阀控制油路。

④ 冷却液泵电动机。切削时,刀具及工件的冷却由冷却液泵供给所需的冷却液,由一台 0.125 kW 笼形感应电动机带动,冷却液流量大小由专用阀门调节,与电动机转速无关。

(3) Z3040 型摇臂钻床的电气控制线路分析。图 9.2 是 Z3040 型摇臂钻床电气控制原理图。

1) 主电路。钻床的总电源由三相断路器 QF 控制,并配有用做短路保护的熔断器。主电动机 M1、摇臂升降电动机 M2 及液压泵电动机 M3 由接触器通过按钮控制。冷却泵电动机 M4 根据工作需要,由三相转换开关 SA1 控制。摇臂升降电动机与液压泵电动机采用熔断器 FU1 保护。长期工作制运行的主电动机及液压泵电动机,采用热继电器作过载保护。

熔断器 FU1 是第二级保护熔断器,需要根据所保护的摇臂升降电动机及液压泵电动机的具体容量选择。因此,在发生短路事故时,FU1 熔断,事故不致扩大。若 FU1 中有一只熔断,电动机单相运行,此时,电流可以使其他两相上的熔断器 FU1 熔断,但不能使总熔断器熔断,所以,FU1 又可以保护电动机单相运行,其设置是必要的。

2) 控制电路。控制电路、照明电路及指示灯均由一台电源变压器 TC 降压供电,有 110V、36V、2.4V 三种电压。110V 电压供给控制电路,36V 电压作为局部照明电源,6.3V 作为信号指示电源。图中,KM2、KM3 分别为上升与下降接触器,KM4、KM5 分别为松开与夹紧接触器,SQ3、SQ4 分别为松开与夹紧限位开关,SQ1、SQ2 分别为摇臂升降极限开关,SB3、SB4 分别为上升与下降按钮,SB5、SB6 分别为立柱、主轴箱夹紧装置的松开与夹紧

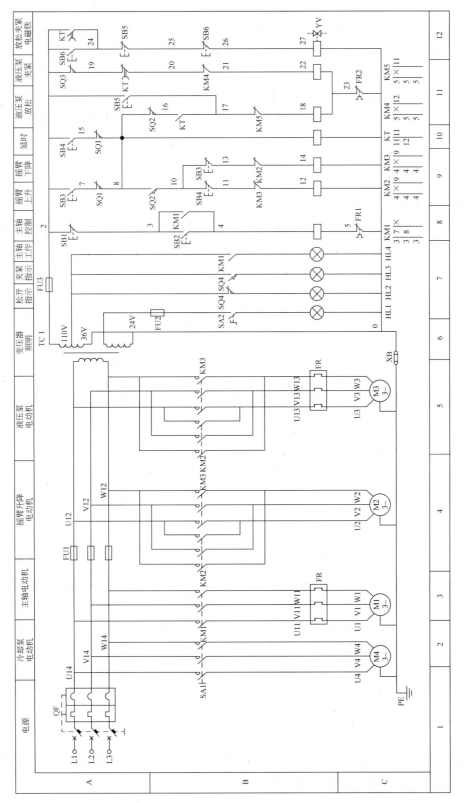

图 9.2　Z3040 型摇臂钻床电气控制原理图

按钮。

① 主电动机控制。按启动按钮 SB2,接触器 KMl 线圈通电吸合并自锁,其主触点接通主拖动电动机的电源,主电动机 M1 旋转。需要使主电动机停止工作时,按停止按钮 SB1,接触器 KM1 断电释放,主电动机 M1 被切断电源而停止工作。主电动机采用热继电器 FR1 作过载保护,采用 QF 中的熔断器作短路保护。

主电动机的工作指示由 KMl 的辅助动合触点控制指示灯 HLl 来实现,当主电动机在工作时,指示灯 HL1 亮。

② 摇臂的升降控制。摇臂的升降对控制要求如下:

• 摇臂的升降必须在摇臂放松的状态下进行。

• 摇臂的夹紧必须在摇臂停止时进行。

• 按下上升(或下降)按钮,首先使播臂的夹紧机构放松,放松后,摇臂自动上升(或下降),上升到位后,放开按钮,夹紧装置自动夹紧,夹紧后液压泵电动机停止。

横梁的上升或下降操作应为点动控制,以保证调整的准确性。

• 横梁升降应有极限保护。

线路的工作过程如下:首先由摇臂的初始位置决定按动哪个按钮,若希望摇臂上升,则按动 SB3,否则应按动 SB4。当摇臂处于夹紧状态时,限位开关 SQ4 是处于被压状态的,即其动合触点闭合,动断触点断开。

摇臂上升时,按下启动按钮 SB3,断电延时型时间继电器 KT 线圈通电,尽管此时 SQ4 的动断触点断开,但由于 KT 的延时打开的动合触点瞬时闭合,电磁阀 YV 线圈通电,同时 KM4 线圈通电,其动合触点闭合,接通液压泵电动机 M3 的正向电源,M3 启动正向旋转,供给的高压油进入摇臂松开油腔,推动活塞和菱形块,使摇臂夹紧装置松开。当松开到一定位置时,活塞杆通过弹簧片压动限位开关 SQ3,其动断触点断开,接触器 KM4 线圈断电释放,油泵电动机停止,同时 SQ3 的动合触点闭合,接触器 KM2 线圈通电,主触点闭合接通升降电动机 M2,带动播臂上升。由于此时摇臂已松开,SQ4 被复位。

当摇臂上升到预定位置时,松开按钮 SB3,接触器 KM2、时间继电器 KT 的线圈同时断电,播臂升降电动机停止,断电延时型时间继电器开始断电延时(一般为 1~3s),当延时结束,即升降电动机完全停止时,KT 的延时闭合动断触点闭合,接触器 KM5 线圈通电,液压泵电动机反相序接通电源而反转,压力油经另一条油路进入摇臂夹紧油腔,反方向推动活塞与菱形块,使摇臂夹紧。当夹紧到一定位置时,活塞杆通过弹簧片压动限位开关 SQ4,其动断触点动作断开接触器 KM5 及电磁阀 YV 的电源,电磁阀 YV 复位,液压泵电动机 M3 断电停止工作。至此,摇臂升降调节全部完成。

摇臂下降时,按下按钮 SB4,各电器的动作次序与上升时类似,在此就不再重复了,请读者自行分析。

③ 联锁保护环节。

• 用限位开关 SQ3 保证摇臂先松开然后才允许升降电动机工作,以免在夹紧状态下启动摇臂升降电动机,造成升降电动机电流过大。

- 用时间继电器 KT 保证升降电动机断电后完全停止旋转,即摇臂完全停止升降时,夹紧机构才能夹紧摇臂,以免在升降电动机旋转时夹紧,造成夹紧机构磨损。
- 摇臂的升降都设有限位保护,当摇臂上升到上极限位置时,行程开关 SQ1 动合触点断开,接触器 KM2 断电,断开升降电动机 M2 电源,M2 电动机停止旋转,上升运动停止。反之,当摇臂下降到下极限位置时,行程开关 SQ2 动断触点断开,使接触器 KM3 断电,断开 M2 的反向电源,M2 电动机停止旋转,下降运动停止。
- 液压泵电动机的过载保护,若夹紧行程开关 SQ4 调整不当,夹紧后仍不动作,则会使液压泵电动机长期过载而损坏电动机。所以,这个电动机虽然是短时运行,也采用热继电器 FR2 作过载保护。

④ 指示环节。

- 当主电动机工作时,KM1 通电,其辅助动合触点闭合,接通"主电动机工作"指示灯 HL4。
- 当摇臂放松时,行程开关 SQ4 动断触点闭合,接通"松开"指示灯 HL2。
- 当摇臂夹紧时,行程开关 SQ4 动合触点闭合,接通"夹紧"指示灯 HL3。
- 当需要照明时,接通开关 SA2,照明灯 HL1 亮。

⑤ 主轴箱与立柱的夹紧与放松。线路的工作过程如下:

立柱与主轴箱均采用液压操纵夹紧与放松,二者同时进行工作,工作时要求电磁阀 YV 不通电。

若需要使立柱和主轴箱放松(或夹紧),则按下松开按钮 SB5(或夹紧按钮 SB6),接触器 KM4(或 KM5)吸合,控制液压泵电动机正转(或反转),压力油从一条油路(或另一条油路)推动活塞与菱形块,使立柱与主轴箱分别松开(或夹紧)。

2. Z3040 型摇臂钻床常见电气故障的分析与检修

(1) 主轴电动机无法启动

① 电源总开关 QF 接触不良,需调整或更换。
② 控制按钮 SB1 或 SB2 接触不良,需调整或更换。
③ 接触器 KM1 线圈断线或触点接触不良,需重接或更换。
④ 低压断路器的熔体已断,应更换熔体。

(2) 摇臂不能升降

① 行程开关 SQ2 的位置移动,使摇臂松开后没有压下 SQ2。
② 电动机的电源相序接反,导致行程开关 SQ2 无法压下。
③ 液压系统出现故障,摇臂不能完全松开。
④ 控制按钮 SB3 或 SB4 接触不良,需调整或更换。
⑤ 接触器 KM2、KM3 线圈断线或触点接触不良,重接或更换。

(3) 摇臂升降后不能夹紧

① 行程开关 SQ3 的安装位置不当,需进行调整。

② 行程开关 SQ3 发生松动而过早动作,液压泵电动机 M3 在摇臂还未充分夹紧时就停止了旋转。

（4）液压系统的故障

电磁阀芯卡住或油路堵塞,将造成液压控制系统失灵,需检查疏通。

任务实施

Z3040 型摇臂钻床电气控制线路故障排除

1. 任务要求

① 正确使用电工工具、仪器和仪表。

② 根据故障现象,在电气控制电路图上分析故障可能产生的原因,确定故障发生的范围。

③ 在训练过程中,带电进行检修时,应注意人身和设备的安全。

2. 工具、设备及技术资料

① 工具。测电笔、螺钉旋具、尖嘴钳、剥线钳和电工刀等常用电工工具;检测用专用导线。

② 仪表。500V 兆欧表和万用表。

③ 设备及技术资料。Z3040 型摇臂钻床电气控制屏柜;Z3040 型摇臂钻床电气原理图。

3. 任务内容及步骤

① 学生先观摩 Z3040 型摇臂钻床控制屏柜上人为设置的一个自然故障点,指导老师示范检修。示范检修时,按检修步骤观察故障现象;判断故障范围;查找故障点;排除故障;通电试车。边解讲边操作。

② 学生预先知道故障点,如何从观察现象着手进行分析,运用正确的检修步骤和方法进行故障排除。

③ 学生练习一个故障点的检修。

④ 在初步掌握了一个故障点的检修方法的基础上,再设置其他故障点,故障现象尽可能不相互重合。

⑤ 排除故障　根据故障点情况,排除故障。

⑥ 通电试车　检查机床各项操作,直到符合技术要求为止。

⑦ 填写表 9.1 故障检修报告内容。

4. 注意事项

注意事项同项目 8 所述。

表 9.1　C650 型卧式车床电气线路故障排除检修报告

项　　目	检修报告栏	备　　注
故障现象与故障部位		
故障分析		
故障检修过程		

任务考核

技能考核任务书如下。

<table>
<tr><td colspan="2" align="center">机床电气控制线路故障排除任务书</td></tr>
<tr><td colspan="2">1. 任务名称
检修 Z3040 型摇臂钻床电气控制屏柜的电气故障。
2. 具体任务
在 Z3040 型摇臂钻床电气控制屏柜上设隐蔽故障 3 处。其中一次回路 1 处,二次回路 2 处。由考生单独排除故障。考生向考评员询问故障现象时,考评员可以将故障现象告诉考生。
3. 考核要求
(1) 正确使用电工工具、仪表和仪器。
(2) 根据故障现象,在 Z3040 型摇臂钻床电气控制屏柜上分析故障可能产生的原因,确定故障发生的范围。
(3) 在考核过程中,带电进行操作时,应注意人身和设备的安全。
(4) 考核过程中,考生必须完成 Z3040 型摇臂钻床电气线路故障排除检修报告(见表 9.1)。
4. 考点准备
(1) 常用电工工具及万用表。
(2) Z3040 型摇臂钻床电气控制屏柜及电气原理图。
5. 时间要求
本模块操作时间为 45min,时间到立即终止任务。</td></tr>
</table>

针对考核任务,相应的考核评分细则参见表 9.2。

表 9.2　评分细则

序号	考核内容	考核要求	评分标准	配分	评分
1	调查研究	对每个故障现象进行调查研究	排除故障前不进行调查研究扣 5 分	5	
2	故障分析	在电气控制线路上分析故障可能的原因,思路正确	1. 错标或不标出故障范围,每个故障点扣 5 分	25	
			2. 不能标出最小故障范围,每个故障点扣 5 分		
3	故障排除	正确作用工具和仪表,找出故障点并排除故障	1. 实际排除故障中思路不清楚,每个故障点扣 5 分	70	
			2. 每少查出 1 处故障点扣 5 分		
			3. 每少排除 1 处故障点扣 6 分		
			4. 排除故障方法不正确,每处扣 10 分		
4	其他	操作有误,此项从总分中扣分	1. 排除故障时产生新的故障后不能自行修复,每个扣 10 分;已经修复,每个扣 5 分		
			2. 损坏电气元件扣 10 分		
			3. 考核超时,每超过 1min 扣 2 分,但不超过 5min		

思考与练习

一、选择题(将正确答案的序号填入空格内)

1. Z3040 型摇臂钻床的摇臂与_____滑动配合。

   (A) 内立柱　　　　　(B) 外立柱　　　　　(C) 升降丝杆

2. Z3040 型摇臂钻床主轴箱在摇臂上的径向移动靠_____。

   (A) 人工拉　　　　　(B) 电动机拖动　　　　(C) 机械拖动

3. Z3040 型摇臂钻床摇臂与外立柱一起相对内立柱回转靠_____。

   (A) 电动机拖动　　　(B) 人工拖动　　　　(C) 机械拖动

4. Z3040 型摇臂钻床的主轴箱与立柱采用_____油缸控制

   (A) 一个　　　　　　(B) 两个　　　　　　(C) 三个

二、填空题

1. 钻床是一种_____机床。可用来_____、_____、_____、_____及_____等多种形式的加工。

2. Z3040 型摇臂钻床采用先进的_____,主轴电动机拖动齿轮泵输送_____,通过操纵机械实现主轴_____、_____、_____与_____。由液压泵电动机实现摇臂的_____与_____、_____和_____的夹紧与放松。

3. 钻床有_____钻床、_____钻床、_____钻床及_____钻床,Z3040 是_____式钻床。

4. Z3040 型摇臂钻床为适应多种形式的加工,主轴及进给要有较大的_____。

5. 摇臂钻床具有两套液压控制系统,一个是_____液压系统,一个是_____液压系统。

三、简答题

1. 简要分析图 9.2 所示的 Z3040 型摇臂钻床电气控制线路原理图的看图要点。

2. 在 Z3040 型摇臂钻床电气控制原理图中,摇臂上升后不能夹紧,试对此故障现象进行故障分析与处理。

3. 在 Z3040 型摇臂钻床电气控制原理图中,主轴电动机不能停转,试对此故障现象进行故障分析与处理。

4. 在 Z3040 型摇臂钻床电气控制原理图中,主轴电动机不能启动,试对此故障现象进行故障分析与处理。

5. Z3040 型摇臂钻床电气控制线路中摇臂不能下降,原因有哪几种,如何检修?

项目 10　安装与检修 X6132 型卧式铣床电气控制线路

任务描述

本项目要完成安装与检修 X6132 型卧式铣床电气控制线路的任务。铣床在机械加工中应用十分广泛,通过分析铣床的电气控制原理,从而进一步提高阅图能力,加深对基本控制电路的认识,为电气故障排除打好基础。

任务分析

铣削是一种高效率的加工方式。它可用来加工各种表面,如平面、阶台面、各种沟槽、成形面等。在一般机械加工中铣床的数量仅次于车床,在金属切削机床中占第二位。铣床按结构形式和加工性能分为立式铣床、卧式铣床、龙门铣床、仿形铣床及各种专用铣床。

本任务以 X6132 型卧式铣床为例对铣床电气控制进行分析。

- 知识点:了解速度继电器的工作原理与接线方法;熟悉 X6132 型卧式铣床的主要结构、运动形式及电力拖动控制要求;掌握 X6132 型卧式铣床电气电气控制原理图的分析方法。
- 技能点:掌握 X6132 型卧式铣床控制线路的故障判断与处理方法;能对所设置的人为故障点进行分析与排除。

任务资讯

1. X6132 型卧式铣床的工艺特点与电气控制

(1) 机床结构及工作要求。

① 机床机构。X6132 卧式铣床主要由底座、床身、悬梁、刀杆支架、升降台、工作台和滑座(及车鞍)等部分组成,如图 10.1 所示。

② 工作要求。X6132 卧式铣床的主运动是主轴带动铣刀的旋转运动。为了完成顺铣和逆铣,要求主轴实现正转和反转。X6132 卧式铣床的进给运动是工作在工作台上实现三个相互垂直方向的直线移动,及升降台带动工件作垂直方向进给,床鞍带动工件作平行于主轴线方向的横向进给。工作台带动工件作垂直余主轴轴线方向的从想进给纵向进给。另外,X6132 卧式铣床的工作台可绕垂直轴线转动一个角(偏转范围±45°),即工件能被带动作倾斜方向进给,以满足螺旋槽的加工要求。

(2) 电力拖动及控制要求。根据铣削加工工艺要求,电力拖动与控制应满足以下要求:

① 铣削加工要求主轴能够变速,采用一台笼形电动机经齿轮变速箱单独拖动主轴,实现在各种铣削速度下保持恒功率。主轴电动机 M1 功率为 7.5kW,转速为 1440r/min,空载时采用直接启动方式启动。

② 为了实现顺铣和逆铣加工,要求主轴能实现正传何方转。当然应根据铣削方式预先

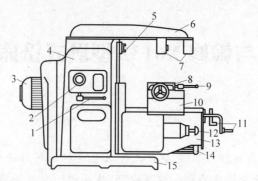

1—主轴变速手柄；2—主轴变速盘；3—主轴电动机；4—床身；5—主轴；6—悬梁；7—刀杆支架；8—工作台；
9—工作台左右进给手柄；10—滑座；11—工作台前后、上下进给操作手柄；12—进给变速手柄及变速盘；
13—升降工作台；14—进给电动机；15—底座

图 10.1　卧式铣床结构示意图

选定主轴转动方向，在铣削加工过程中主轴旋转方向无需变换。

③ 铣削加工是一种多刀刃刀具的断续切削过程，容易引起冲击和振动。为了提高主轴的抗振性，减少负载波动以免影响加工质量，在主轴上装有飞轮增加惯性，这就引起了主轴因惯性大而使停车时间变长。为了达到迅速停车节省辅助时间而提高生产效率的目的，主轴采用电气制动方式。

④ 因主轴变速是通过操纵滑移齿轮滑移实现的。为了主轴变速箱内齿轮滑移时易于啮合，要求主轴电动机在主轴变速时具有变速冲动控制。

⑤ 进给运动由另一台笼形异步电动机拖动，其功率 1.5kW，转速 1400r/min。采用直接启动方式启动。由于相互垂直的三个方向的进给运动均匀为往返运动，故要要求进给电动机能实现正传和反转。相互垂直的三个方向上还要求分别实现快速进给。快速进给与进给运动有同一台电动机驱动，通过牵引电磁铁转换接通传动链分别实现。

⑥ 相互垂直的三个方向上的进给运动要求互锁，每次只能接通一个方向上的进给运动。

⑦ 加工时要求进给运动变速。进给变速通过齿轮滑移实现。为了便于齿轮滑移时易于啮合，也要求进给变速时具有变速冲动控制。

⑧ 加工时，要求主轴先启动，工作台可进给。停车时，工作台应先停止进给，主轴才停止旋转，或者同时停止，以免造成刀具和工件的损坏。但主轴不转动时，允许工作台快速移到加工位置。

⑨ 为了实现工件和刀具的冷却，需要有一台电动机带动冷却泵电动机功率 0.125kW，转速 2790r/min，采用直接启动方式启动。

⑩ 为了便于操作，采用两地控制。

⑪ 应有必要的保护、连锁及照明电路。

（3）电气控制系统分析。X6132 卧式铣床的电气控制线路如图 10.2 所示。

1）主轴电动机 M1 的控制。

① 主轴电动机控制的启动和停止控制。主轴电动机 M1 由转换开关 SA4 选择正传和

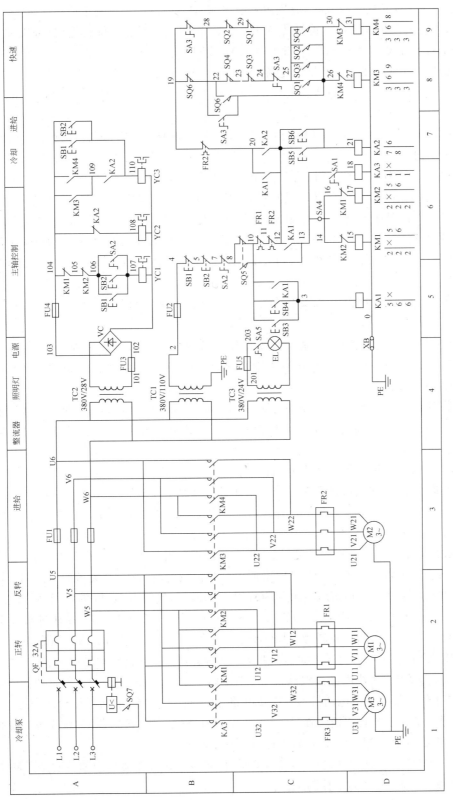

图 10.2　X6132 型卧式铣床电气控制原理图

反转,来满足顺铣和逆铣的工作要求,分别由接触器 KM1 和 KM2 来控制正传和反转。

启动时,首先闭合断路器 QF,再将转换开关 SA4 转到主轴所需的旋转方向(顺铣和逆铣),然后按下启动开关 SB3 或 SB4,使继电器 KA1 线圈经过线路(2-4-5-7-8-10-3-0)得电并自锁。其辅助接头 KA1(12-13)闭合,使接触器 KM1 线圈经过线路(2-4-5-7-8-10-11-12-13-14-15-0)或接触器 KM2 线圈经过线路(2-4-5-7-8-10-11-12-13-16-17-0)得电,其主触头闭合,主电动机 M1 直接启动旋转。

停止时,按下停止开关 SB1 或 SB2,使 KA1、KM1(或 KM2)线圈停电,释放其触头,切断主电动机 M1 的三相电源。

② 主轴变速冲动控制。变速时,为了便于齿轮滑移时易于啮合,须在齿轮即将啮合前调整齿轮方位,使主轴电动机瞬间转动,即主轴变速冲动控制。变速操纵手柄复位过程中,手柄带动凸轮在以位置压下行程开关 SQ5,使其动合触点 SQ5(8-13)闭合,瞬间使接触器 KM1 线圈经过线路(2-4-5-7-8-13-14-15-0)得电(或 KM2 线圈得电),使主轴电动机 M1 瞬间转动。当手柄继续复位时,凸轮松开 SQ5,接触器 KM1 或 KM2 线圈断电释放,主轴电动机 M1 断电停止。

注意:变速手柄应快速操纵,以免长期压下行程开关 SQ5,使电动机转速过高而打坏齿轮。

③ 主轴电动机制动及主轴装刀制动。按复合按钮 SB1 和 SB2 停止主轴时,动合触点 SB1(106-107)或 SB2(106-107)闭合,接通主轴制动离合器 YC1,对主轴停止制动。松开按钮 SB1 或 SB2,YC1 断电,制动结束。

当进行装刀或换刀时,现将转换开关 SA2 扳倒接通位置,使 YC1 得电制动。其动断触点 SA2(7-8)断开,主轴不能启动旋转。此时进行装刀或换刀。装完刀具后,转换开关 SA2 需复位方可启动主轴。

2)进给电动机 M2 的控制。进给电动机 M2 由接触器 KM3 或 KM4 控制正、反转方向。工作台的进给运动,快速移动和圆工作台工作都由进给电动机 M2 拖动。

① 进给运动的控制。工作台移动由操纵收并通过联动机构控制行程开关实现。当纵向操纵手柄扳向右和扳向左位置时,分别压下行程开关 SQ1 和 SQ2,横向及垂直方向操纵手柄扳向前和扳向下位置压下行程开关 SQ3,扳向后或扳向上位置压下行程开关 SQ4。

- 工作台纵向进给运动控制。当纵向手柄扳到"右"位置时,行程开关 SQ1 被压下,其动合触点 SQ1(25-26)闭合,动触点 SQ1(29-24)断开,接触器 KM3 的线圈经过线路(2-4-5-7-8-10-11-12-20-19-22-23-24-25-26-27-0)得电,其主触头合上,接通进给电动机 M2 的三相电源,M2 正转,经过转动机构拖动工作台向右进给。当操纵手柄扳到"左"位置时,压下行程开关 SQ2,其动合触点 SQ2(25-30)闭合,动触点 SQ2(28-29)断开,接触器 KM4 线圈经过线路(2-4-5-7-8-10-11-12-20-19-22-23-24-25-30-31-0)得电,其主触头接通进给电动机 M2 反转电路,进给电动机 M2 拖动工作台向左进给。当操纵手柄处于中间空挡位置时,行程开关 SQ1、SQ2 复位接触器 KM3、KM4 均不得电,进给电动机 M2 无法启动,工作台停止纵向进给。

工作台纵向进给在主轴启动之后,才能实现左右移动。纵向移动与主轴转动是否同步停止,由动合触点 KA1(12-20)来控制。

- 工作台横向进给和垂直进给运动的控制。横向进给与垂直进给由一个手柄集中操纵。当手柄扳到"前"或"后",接通横向进给传动链。当手柄扳到"上"或"下"位置时,接通垂直进给传动链。

当手柄扳到"前"或"下"位置时,行程开关 SQ3 被压下,其动合触点 SQ3(25-26)闭合,动断触点 SQ3(23-24)断开,接触器 KM3 的线圈经过线路(2-4-5-7-8-10-11-12-20-19-28-29-24-25-26-27-0)得电,其主触头合上,接通进给电动机 M2 正转电路,进给电动机 M2 正向旋转,经横向进给或垂直进给传动机构拖动工作台向前或向下进给。

同理,工作台向后或向上进给时,扳动手柄压下行程开关 SQ4,接触器 KM4 线圈经过线路(2-4-5-7-8-10-11-12-20-19-28-29-24-25-30-31-0)得电,其主触头合上,接通进给电动机 M2 反转电路,拖动工作台向后或向上进给。

同样由动合触点 KA1(12-20)来控制主轴启动后,经横向进给或垂直进给才能实现,并且主轴和横向进给、垂直进给能同时停止。

② 工作台快速移动的控制。工作台进给操纵手柄与启动按钮 SB5 或 SB6 配合使用来控制工作台快速移动的控制。

先将进给操纵手柄扳倒相应方向的位置上,再按下快速移动的启动按钮 SB5 或 SB6,KA2 线圈经过线路(2-4-5-7-8-10-11-12-21-0)得电,其动断触点 KA2(104-108)断开,使进给离合器 YC2 断开。动合触点 KA2(110-109)闭合,接通快速离合器 YC3,工作台按选定方向快速进给。松开按钮 SB5 或 SB6 时,快速移动停止。

又由于常开触点 KA2(12-20)与 KA1(12-20)并联,因此当主轴为驱动时,即动合触点 KA1(12-20)断开时,工作台也可快速移动。若主轴已启动,按下 SB5 或 SB6,接通快速传动链。松开按钮 SB5 或 SB6 时,KA2 线圈断电释放触点,动合触点 KA2(110-109)断开,使快速离合器 YC3 断电,快速移动停止。其动断触头 KA2(104-108)闭合,使进给离合器 YC2 得电,工作台仍在选定方向上工作进给运动。

③ 圆工作台的控制。圆工作台是铣床的一个附件,可手动回转,亦可由进给电动机 M2 经传动机构拖动回转,由转换开关 SA3 控制。

当转换开关 SQ3 扳到接通位置时,即 SA3(28-26)闭合,SA3(19-28)断开,SA3(24-25)断开。再按下启动按钮 SB1 或 SB2,接触器 KM1 或 KM2 控制主轴电动机的正向和反向启动时,接触器 KM3 线圈经过线路(2-4-5-7-8-10-11-12-20-19-23-24-29-28-26-27-0)得电,其主触头合上,进给电动机 M2 启动,拖动圆工作台工作。

在使用圆工作台时,转换开关 SA3(24-25)断开,控制不能进行其他进给运动。同时仍由动合触点 KA1(12-22)控制主轴启动后圆工作台才能工作,且圆工作台与主轴同时停止。

④ 进给变速冲动控制。与主轴变速类似,为了使变速齿轮易于啮合,需设置进给变速冲动控制环节。

进给变速前应先启动主轴电动机 M1,再将操纵手柄向下拉出压下行程开关,其动断触点 SQ6(19-22)断开,动合触点 SQ6(22-26)闭合,使接触器 KM3 线圈经过线路(2-4-5-7-8-10-11-12-20-19-28-29-24-23-22-26-27-0)得电,其主触头合上,进给电动机 M2 瞬时启动。且立即推回操纵手柄,松开 SQ6 完成进给变速冲动。

注意:进给变速冲动只有在启动主电动机 M1 后才能实现,并且进给变速冲动时,不允许工作台有任何方向的进给。

3）冷却泵电动机 M3 的控制。冷却泵电动机 M3 由转换开关 SA1 控制，当转换开关扳到"接通"位置时，即 SA1(13-18)闭合，KA3 线路经过线路(2-4-5-7-8-10-11-12-13-18-0)得电，其主触头合上，冷却泵电动机 M3 得电启动并拖动冷却泵工作。

由动合触点 KA1(12-13)控制冷却泵电动机 M3 与主拖电动机 M1 同时停止。

4）照明电路。由变压器 TC3 为机床照明灯 EL 供给 24V 电压，由转换开关 SA5 接通照明灯回路。

5）电路的联锁与保护。

① 联锁环节。

- 主运动与进给运动和顺序联锁。继电器 KA1 的动合触点 KA1(12-20)确保了主拖动电动机 M1 先启动，进给电动机 M2 后启动，并且 M1、M2 同时停止。

- 工作台六个方向移动的联锁。工作台纵向操作手柄和行程开关 SQ1、SQ2 控制了工作台向右与向左不能同时进给。横向及垂直方向操作手柄和行程开关 SQ3、SQ4 控制了前、后、上、下只能进行一个方向的进给。为了确保纵向与横向、纵向与垂直方向不能同时进给，分别设置了动断触点 SQ1(29-24)、SQ2(28-29)、SQ3(23-24)、SQ4(22-23)来实现互锁。

- 圆工作台与六个方向进给互锁，圆工作台工作时，转换开关动断触点 SA3(24-25)断开，确保六个方向不能进给。同时行程开关 SQ1、SQ2、SQ3、SQ4 的动断触点保证六个方向中任一个方向进给时，圆工作台不能工作。

- 进给变速与工作台工作的互锁。进给变速冲动时，接触器 KM3 线圈得电，由动断触点 SA3(19-28)和 SQ1、SQ2、SQ3、SQ4 的四个动断触点，确保了进给变速时，不允许圆工作台工作，也不允许工作台有任一方向进给。

② 保护环节。

- 短路保护。主电路、控制电路及照明电路均有熔断器实现短路保护。

- 过载保护。热继电器 FR1、FR2 和 FR3 分别对主拖动电动机、进给电动机和冷却泵电动机实现过载保护。为保护刀具和工件不受损坏，不允许进给电动机在主电动机之后停止，由热继电器 FR1(10-11)、FR2(11-12)保证主轴电动机 M1 过载或冷却泵电动机过载时，进给电动机 M2 亦停止。若进给电动机 M2 过载，由热继电器动断触点 FR2(20-19)只控制进给电动机 M2 停止。

- 限位保护。工作台六个方向的进给运动的终端限位保护，由各自的限位挡铁来碰撞对应的操纵手柄，使手柄回到中间空挡位置，释放行程开关，停止进给运动。

2. X6132 型卧式铣床常见电气故障的分析与检修

（1）全部电动机都不能启动

① 首先检查换刀制动开关 SA2 应在正确位置。检查熔断器的熔体有无熔断。若有熔体熔断，应进一步检查熔体熔断的原因，排除后再更新熔体。

② 检查热继电器 FR1、FR2、FR3 是否跳开了,应查明动作原因,排除后将其复位。

③ 检查控制变压器 TC 的输出电压是否正常。如果电压正常,可检查瞬动限位开关 SQ5 的动断触点是否良好,相关的连线的连接有无问题。如果 SQ5 触点接触不良,可进行修理或更换。如果连线有问题,应按图样正确连接好。

④ 如果制变压器 TC 无输出电压,可检查其输入电压(交流 380V)是否正常。如果电压正常,则控制变压器有问题,应进行检查、修理或更换。如果变压器无输入电压,可检查电源开关 QF 触点是否接触好,检查相关的连线是否连接好。如果电源开关接触不良,可进行修理或更换。另外,由于各种原因引起的电动机电源缺相,也会引起电动机不转,可检查原因将其排除。

(2) 主轴电动机变速时无冲动

① 主轴电动机变速瞬时冲动,主要是靠变速瞬动限位开关 SQ5 的动作来完成的。应首先检查变速过程中,机械顶销是否动作,或者虽动作了却碰不上瞬动限位开关 SQ5。如果是这样,应检修机械顶销,使其动作正常,在变速手柄推回过程中,能够压下瞬动限位开关 SQ5。

② 如果瞬动限位开关 SQ5 能够正常被压下,则可能是 SQ5 的动合触点接触不良,或者是相关的连线连接不好。可相应对 SQ5 进行检修或更换,或者检查连接好相关的连线。

(3) 按停止按钮后主轴不停

① 停止按钮动断触点或相关的连线短路,可找出原因进行修复。

② 接触器主触点熔焊到一起,应首先找出原因,将其排除,然后再更换主触点。

(4) 主轴停车时没有制动作用

首先检查制动,主轴电磁离合器 YC1 两端是否有直流 24V 电压。

① 如果无电压,可检查熔断器 FU4 是否熔断;直流 24V 电源是否正常;接触器 KM1 的动断触点、主轴停止按钮 SB1、SB2 的动合触点是否接触良好;相应电路连接是否有开路的地方。可采用电压测量法找出问题,进行相应的修理或更换。

② 如果电压低,可能是直流电源整流桥路中有一臂开路而成为半波整流,也可能因 YC1 线圈内部有局部短路,引起电流过大把电压拉下来,还有可能是电路中有接触不良的地方,可进一步进行检查并将其排除。

③ 如果电压正常,可检查 YC1 线圈是否断路,机械部分、离合器摩擦片等是否有卡阻或是需要调整,可进行相应的检修或处理。

(5) 进给电动机不能启动

当主轴电动机已启动,而进给电动机不能启动时,首先检查接触器 KM3 或 KM4 是否吸合。

① 接触器 KM3、KM4 未吸合。

- 检查圆工作台转换开关 SA3 是否有接触不良现象,如果是接触不良,应对转换开关的触点进行检修。

- 检查接触器 KM3、KM4 线圈是否断线,如果有线圈断线,可对线圈进行检修或更换。

- 检查接触器 KM3、KM4 的联锁辅助触点是否接触不良;检查接触器 KM1、KM2 的辅助动合触点接触是否良好;检查相应各限位开关的触点接触是否良好。如果有问题,应进行相应的修理。

② 接触器 KM3 或 KM4 已吸合,进给电动机不转。

- 检查进给电动机 M3 的进线端电压是否正常,如果正常,则应检查进给电动机是否有问题,或者机械卡死。如果是电动机的问题,可检修电动机;如果是机械卡死,应检修机械部分。

- 如果进给电动机进线端电压不正常,应检查熔断器 FU2 是否因熔体熔断而造成的电动机断相。如果是熔体熔断,应先查出其原因,排除后再更换熔体。检查接触器 KM3、KM4 的主触点是否接触不良,如果接触不良,应对主触点进行检修。检查相应连线是否连接好。热继电器是否烧断。如果是,则可进行相应的修理或更换。

(6) 工作台升降和横向进给正常,纵向(左、右)不能进给

① 检查限位开关 SQ3、SQ4、SQ6 的动断触点,这三个动断触点只要有一个接触不良,纵向就不能进给。如果有接触不良现象,应对其触点进行检修。

② 检查限位开关 SQ1 或 SQ2 的动合触点是否接触不良。如果接触不良,应对其触点进行检修。

③ 也可能会由于纵向操作手柄联动机构机械磨损,根本就没有压住限位开关 SQ1 或 SQ2,所以也不能纵向进给。这时应检查修理纵向操作手柄联动机构。

(7) 进给电动机没有冲动控制

进给电动机没有冲动控制的原因可能是冲动限位开关 SQ6 的动合触点接触不良,应检查修理 SQ6 的动合触点。

(8) 工作台不能快速进给

① 检查接触器 KM2 是否吸合,如果未吸合,检查接触器 KM2 的线圈是否断线,快速进给按钮 SB5、SB6 触点是否接触不良,相应连线是否连接好。如果有问题,应进行相应的修理或更换。

② 检查电磁铁 YC3 线圈是否断路,是否有机械卡阻或动铁芯超行程。如果有问题,可对电磁铁 YC3 的线圈和铁芯进行相应的修理或处理。

③ 检查离合器摩擦片,如果调整不当,可对摩擦片进行重新调整。

任务实施

X6132 型卧式铣床电气控制线路故障排除

1．任务要求

① 正确使用电工工具、仪器和仪表。

② 根据故障现象，在电气控制电路图上分析故障可能产生的原因，确定故障发生的范围。

③ 在训练过程中，带电进行检修时，应注意人身和设备的安全。

2．工具、设备及技术资料

① 工具：测电笔、螺钉旋具、尖嘴钳、剥线钳和电工刀等常用电工工具；检测用专用导线。

② 仪表：500V 兆欧表和万用表。

③ 设备及技术资料：X6132 型卧式铣床电气控制屏柜；X6132 型卧式铣床电气原理图。

3．任务内容及步骤

① 学生先观摩 X6132 型卧式铣床控制屏柜上人为设置的一个自然故障点，指导老师示范检修。示范检修时，按检修步骤观察故障现象；判断故障范围；查找故障点；排除故障；通电试车。边解讲边操作。

② 学生预先知道故障点，如何从观察现象着手进行分析，运用正确的检修步骤和方法进行故障排除。

③ 学生练习一个故障点的检修。

④ 在初步掌握了一个故障点的检修方法的基础上，再设置其它故障点，故障现象尽可能不相互重合。

⑤ 排除故障　根据故障点情况，排除故障。

⑥ 通电试车　检查机床各项操作，直到符合技术要求为止。

⑦ 填写表 10.1 故障检修报告内容。

4．注意事项

注意事项同项目 8 所述。

表 10.1　X6132 型卧式铣床电气线路故障排除检修报告

项　　目	检修报告栏	备　　注
故障现象与故障部位		
故障分析		
故障检修过程		

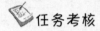 **任务考核**

技能考核任务书如下。

机床电气控制线路故障排除任务书
1. 任务名称
检修 X6132 型卧式铣床电气控制屏柜的电气故障。
2. 具体任务
在 X6132 型卧式铣床电气控制屏柜上设隐蔽故障 3 处。其中一次回路 1 处,二次回路 2 处。由考生单独排除故障。考生向考评员询问故障现象时,考评员可以将故障现象告诉考生。
3. 考核要求
(1) 正确使用电工工具、仪表和仪器。
(2) 根据故障现象,在 X6132 型卧式铣床电气控制屏柜上分析故障可能产生的原因,确定故障发生的范围。
(3) 在考核过程中,带电进行操作时,应注意人身和设备的安全。
(4) 考核过程中,考生必须完成 X6132 型卧式铣床电气线路故障排除检修报告(见表 10.1)。
4. 考点准备
(1) 常用电工工具及万用表。
(2) X6132 型卧式铣床电气控制屏柜及电气原理图。
5. 时间要求
本模块操作时间为 45min,时间到立即终止任务。

针对考核任务,相应的考核评分细则参见表 10.2。

表 10.2 评分细则

序号	考核内容	考核要求	评分标准	配分	评分
1	调查研究	对每个故障现象进行调查研究	排除故障前不进行调查研究扣 5 分	5	
2	故障分析	在电气控制线路上分析故障可能的原因,思路正确	1. 错标或不标出故障范围,每个故障点扣 5 分 2. 不能标出最小故障范围,每个故障点扣 5 分	25	
3	故障排除	正确作用工具和仪表,找出故障点并排除故障	1. 实际排除故障中思路不清楚,每个故障点扣 5 分 2. 每少查出 1 处故障点扣 5 分 3. 每少排除 1 处故障点扣 6 分 4. 排除故障方法不正确,每处扣 10 分	70	
4	其他	操作有误,此项从总分中扣分	1. 排除故障时产生新的故障后不能自行修复,每个扣 10 分;已经修复,每个扣 5 分 2. 损坏电气元件扣 10 分 3. 考核超时,每超过 1min 扣 2 分,但不超过 5min		

思考与练习

一、选择题(将正确答案的序号填入空格内)

1. X6132 型卧式铣床主轴电动机 M1 要求正反转,不用接触器控制而用组合开关控制,是因为_____。

　　(A) 节省接触器　　　(B) 改变转向不频繁

　　(C) 操作方便

2. X6132 型卧式铣床中由于主轴系统中装有_____,为了减小停车时间,采取制动措施。

　　(A) 摩擦轮　　　　　(B) 惯性轮　　　　　(C) 电磁离合器

3. 在铣床中主轴变速冲动是为了_____。

　　(A) 使齿轮易啮合　　(B) 提高齿轮转速　　(C) 使齿轮不滑动

4. 为了可靠,电磁离合器 YC1、YC2、YC3 必须用_____电源。

　　(A) 直流　　　　　　(B) 交流　　　　　　(C) 高频交流

5. X6132 型卧式铣床工作台必须在主轴启动后才允许进给,是为了_____。

　　(A) 安全需要　　　　(B) 加工工艺的需要

　　(C) 电路安装的需要

二、填空题

1. 在铣床中,_____是主运动,工作台_____、_____、_____运动都是进给运动,工作台的旋转运动是_____运动。

2. 万能铣床可采用_____铣刀、_____铣刀、_____铣刀及_____铣刀等工具对零件进行_____面_____面及_____表面的加工。

3. 卧式万能铣床中,铣头位于_____方向放置,立式万能铣床中铣头位于_____方向放置。

4. X6132 型卧式铣床的主轴电动机的正反转采用_____实现控制。

5. 铣床中铣刀的切削是一种不连续切削,但为了避免机械传动系统发生振动,设有_____,停车时采用_____制动。

一、简答题

1. 在 X6132 型卧式铣床控制电路中组合开关的触点 SA2(7-8)的功能是什么?

2. X6132 型卧式铣床的工作台可以在哪些方向上进给?

3. X6132 型卧式铣床电气控制线路中三个电磁离合器的作用分别是什么?

4. X6132 型卧式铣床电气控制线路中为什么要设置变速冲动?

5. X6132 型卧式铣床主轴电动机的控制包括哪些内容?

6. 在 X6132 型卧式铣床电气控制线路中,主电动机启动,进给电动机就转动,但扳动任一进给手柄,都不能进给。试对此故障现象进行故障分析与处理。

7. X6132 型卧式铣床电气控制具有哪些连锁与保护?

8. X6132 型卧式铣床进给变速能否在运行中进行? 为什么?

9. X6132 型卧式铣床主轴变速能否在主轴停止或主轴旋转时进行? 为什么?

项目 11　安装与检修 T68 型卧式镗床电气控制线路

 任务描述

本项目要完成安装与检修 T68 型卧式镗床电气控制线路的任务。镗床在机械加工中应用十分广泛,通过分析镗床的电气控制原理,从而进一步提高阅图能力,加深对基本控制电路的认识,为电气故障排除打好基础。

任务分析

镗床主要用于精确加工零件的孔与孔系。T68 型卧式镗床是镗床中广泛使用的一种,主要用于钻孔、铰孔及加工端平面等。配用附件后,还可以车削螺纹。

- 知识点:熟悉 T68 型卧式镗床的主要结构、运动形式及电力拖动控制要求;掌握 T68 型卧式镗床电气电气控制原理图的分析方法。
- 技能点:掌握 T68 型卧式铣床控制线路的故障判断与处理方法;能对所设置的人为故障点进行分析与排除。

任务资讯

1. T68 型卧式镗床的工艺特点与电气控制

(1) 卧式镗床的结构。卧式镗床主要由床身、前后立柱、工作台、上下溜板、床头架升降丝杆、主轴、花盘等组成,如图 11.1 所示。

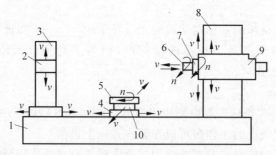

1—床身;2—尾座;3—后立柱;4—下溜板;5—工作台;6—主轴;7—花盘;8—前立柱;9—主轴箱;10—上溜板
图 11.1　卧式镗床结构示意图

(2) 工艺特点。镗床是冷加工中使用比较普遍的设备,它分为卧式镗床、坐标镗床两种。卧式镗床 T68 比较典型,又称为卧式铣镗床,其工艺范围非常广泛。在镗杆主轴上装上钻头、镗刀、铰刀、铣刀等刀具,在主轴带动下作旋转主运动,可以用于钻孔、镗孔、铰孔及铣削加工端面等。使用一些附件后,还可以车削圆柱表面、螺纹以及尺寸较大的环槽和端面。在镗床上加工时,工件固定在工作台上,由镗杆或花盘上的固定刀进行切削。主运动为镗杆或花盘的旋转运动,进给运动为工作台的前、后、左、右及主轴箱的上、下和镗杆的进退运动,以上八个方向的进给运动除了可以自动进给外,还可以进行手动进给和快速移动。

其电气特点表现在以下几个方面:

① 为了适应各种工件加工工艺的要求,镗床主轴要有较大的调速范围,多采用交流电动机驱动的滑移齿轮有级变速系统。由于镗床主拖动要求恒功率调速,所以采用三角形—双星形双速电动机。

② 当采用滑移齿轮变速时,在变速过程中经常出现顶齿现象,使滑移齿轮不能正常啮合。为了克服这种现象,要求主轴运动系统在变速过程中能作低速断续冲动。

③ 一般情况下,该镗床的进给运动和主轴运动用同一电动机传动,利用滑移齿轮变速。

④ 镗床各进给部分都应能快速移动,快速进给由另一台电动机拖动。

(3)控制要求分析。

① 主运动:主轴的旋转和平旋盘的旋转运动。

② 进给运动:主轴在主轴箱中的进出进给,平旋盘上刀具的径向进给,主轴箱的升降(即垂直进给),工作台的横向和纵向进给。这些进给运动都可以进行手动或机动。主运动和进给运动由电动机 M1 完成拖动。

③ 快速移动:由电动机 M2 完成拖动。

(4)T68 型卧式镗床运动对电气控制电路的要求。

① 主运动与进给运动是由同一台双速电动机拖动,高、低速可以选择。

② 为适应加工过程中调整的需要,要求主轴可以正、反转点动调整,这是通过主轴电动机低速点动来实现的,同时还要求主轴可以正、反向旋转。

③ 卧式镗床主轴的制动要求快而准确,所以必须采用效果较好的停车制动。常采用反接制动。

④ 主轴变速应有变速冲动环节。

⑤ 快速移动电动机采用正、反转点动控制方式。

⑥ 进给运动和工作台移动两种只能取一,必须互锁。

(5)T68 型卧式镗床运动电气控制电路的分析。T68 型卧式镗床电气原理图如图 11.2 所示。

1)主电路分析。

• 主电动机 M1 为三角形-双星形接法的双速笼形异步电动机,有接触器 KM1,KM2 控制其正、反转电源的通断。低速时由接触器 KM6 控制。将定子绕组接成三角形;高速时由 KM7 KM8 控制,将定子绕组接成双星形。高、低速转换由限位开关 SQ 控制。低速时可直接启动。高速时,先低速启动,延时后自动转换为高速运行。这种二级启动可减少启动电流。

M1 能正/反转运行、正/反向点动及反接制动。点动、制动以及变速中的脉动慢转时,在定子电路中均串入限流电阻 R,以减少启动和制动电流;主轴变速和进给变速均可在停车情况或在运行中进行。只要进行变速,M1 电动机就脉动缓慢转动,以利于齿轮啮合,使变速过程顺利进行。

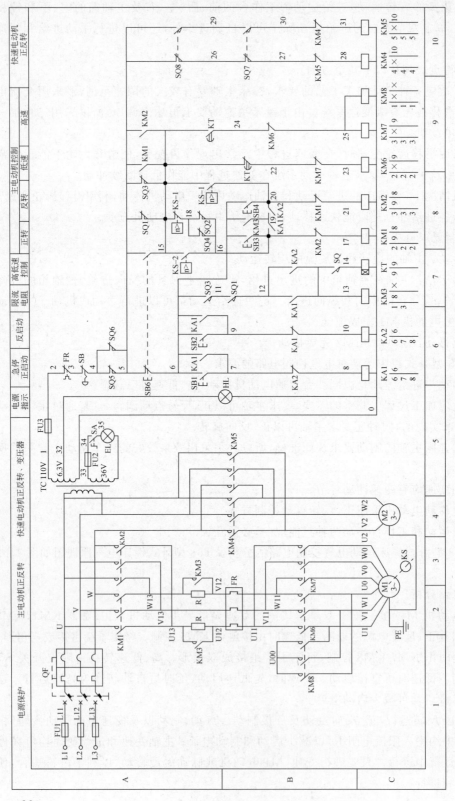

图 11.2 T68 型卧式镗床电气控制原理图

热继电器 FR 为过载保护,电阻 R 为反接制动及点动控制的限流电阻,接触器 KM3 为电阻 R 短接接触器。

- 主轴箱、工作台、与主轴由快速移动电动机 M2 拖动实现其快速移动,由接触器 KM4、KM5 控制其正、反转电源的通断。它们之间的机动进给有机械和电气联锁保护。由于快速进给电动机 M2 为短时工作,故不设过载保护。

2)控制电路分析。三相交流电源由熔断器 FU1 经断路器 QF 加在变压器 TC 的一次绕组,经降压后输出 110V 交流电压作为控制回路的电源,36V 交流电压作为机床工作照明灯电源。合上 QF,电源信号灯 HL 亮,表示控制电路电源电压正常。

该机床各限位开关的名称及动作条件如表 11.1 所示。

表 11.1　T68 型卧式镗床所用限位开关的名称及动作条件

限 位 开 关	名　　称	参考图区位		受压动作时手柄的情况
		常开	常闭	
SQ	主轴高低速开关	B7		主轴高速时手柄压下
SQ1	主轴变速开关	B7	A8	主轴变速盘的操作手柄未拉出
SQ2	主轴变速开关		A8	主轴变速盘的操作手柄未拉出
SQ3	进给变速开关	A7	A8	主轴变速盘的操作手柄未拉出
SQ4	进给变速开关		A8	主轴变速盘的操作手柄未拉出
SQ5	主轴箱、工作台进给开关		A6	主轴、工作台机动进给位置
SQ6	主轴、平旋盘进给开关		A6	主轴、平旋盘进给机动进给位置
SQ7	快速正向	B10	B10	快速正向位置
SQ8	快速反向	A10	A10	快速反向位置

① 主电动机启动控制(以正转为例分析)。

- 低速启动控制。将高、低变速手柄扳倒"低速"挡,限位开关 SQ 未受压。由于限位开关 SQ3、SQ1 在不变速时受压,它们的常开触点闭合,常闭触点断开。

按下正转启动按钮 SB1,中间继电器 KA1 线圈通电吸合并自锁→KA1 常开触点闭合→接触器 KM3 线圈通电吸合→KM3 主触点短接了主电动机 M1 并联电阻 R。KA1 常开触点闭合,接触器 KM1 线圈通电吸合→KM6 线圈通电吸合。接触器 KM1 主触点接通 M1 正转电源、接触器 KM6 主触点将绕组结成三角形联结,主电动机 M1 低速正转启动运行。按下主电动机 M1 停止按钮 SB6,KA1、KM3、KM1、KM6 线圈断电释放,主电动机 M1 制动停止。工作过程分析如下:

按SB1→KA1通电自锁 ┬→KM3通电→KM6通电 ┬→M1星形联结低速运行
　　　　　　　　　　 └→KM1通电 ──────┘

- 高速启动控制。将高、低速手柄扳倒"高速"档,限位开关 SQ 受压。

按下正转启动按钮 SB1 →中间继电器 KA1 线圈通电吸合并自锁→接触器 KM3、KM1、KM6 及时间继电器 KT 得电吸合→主电动机 M1 绕组被接成三角形,低速启动。

经过一定时间后(3s 左右)→时间继电器 KT 的延时断开常闭触断开→接触器 KM6 线圈断开释放；KT 的延时闭合常开触头闭合→接触器 KM7、KM8 线圈得电吸合→主触头将主电动机 M1 绕组接成双星形联结,高速正转。工作过程分析如下

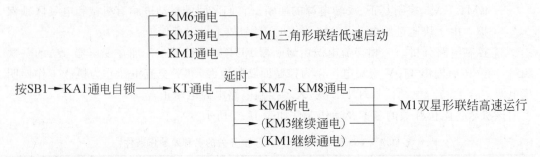

反转启动按钮 SB2 的工作过程与正转启动按钮 SB1 类似,请读者自行分析。

② 主电动机 M1 制动控制。当主电动机 M1 高速或低速正向运行时,因主轴转速 $n >$ 120r/min,速度继电器 KS-1 正向常开触点闭合,为主电动机 M1 的反接制动做准备。

按下停止按钮 SB6→中间继电器 KA1、接触器 KM3、KM1 断电释放→接触器 KM2、KM6 线圈得电吸合→KM1 反向三角形联结,并串电阻 R 反接制动,转速迅速下降。当转速下降到 $n < 100$r/min 时→已经闭合的 KS-1 常开触点断开→接触器 KM2、KM6 断电→M1 反接制动结束。

主电动机 M1 高速或低速反向运动的情况与此类似,请读者自行分析。

③ 主轴点动制动。按下正转点动按钮 SB3→接触器 KM1、KM6 线圈得电吸合→M1 三角形联结→串电阻 R 低速正转点动。

主轴反转点动按钮 SB3 的工作过程与点动按钮 SB3 类似,请读者自行分析。

④ 主轴与进给变速控制。由 SQ1、SQ2、SQ3、SQ4、KT、KM1、KM2、KM6 组成主轴与进给变速冲动控制电路。

主轴变速是通过转动变速操作盘,选择合适的转速来进行变速的,主轴变速时可直接拉出主轴变速操作盘的操作手柄变速,而不必要按主电机的停止按钮。具体操作过程如下: 当主电机 M1 在加工过程中需要进行变速时,设电动机 M1 运行于正转状态,主轴转速 $n >$ 120r/min,速度继电器 KS-1 常开触点闭合。

将主轴变速操作盘的操作手柄拉出,SQ1、SQ2 复位。SQ1 常开触点断开→KM3 与 KT 线圈断电→KM3 主触头断开→限流电阻 R 串入电动机回路；SQ1 常闭触头闭合→KM2 线圈得电吸合→KM2 常开触点闭合→KM6 线圈得电→M1 三角形联结→串电阻 R 反接制动。

主电动机速度下降,当转速 $n < 100$r/min 时→速度继 KS-1 电器 KS-1 动合触点断开→KM2 线圈断电释放→主电动机停转,同时,KM1 线圈得电吸合→主电动机 M1 低速正转启动。当转速 $n > 120$r/min 时,速度继电器 KS-1 常闭触点断开→主电机 M1 又停转,当转速 $n < 100$r/min 时,速度继电器 KS-1 常闭触点又复位闭合→主电动机 M1 又正转启动。如此反复,直到新的变速齿轮合好为止。

此时转动变速操作盘,选择新的速度后,将变速手柄压回原位。

进给变速控制过程与主轴变速控制过程基本相似,拉出的变速手柄是进给变速操作手柄,分析时将主轴变速控制中的限位开关 SQ1、SQ2 换成 SQ3、SQ4。

⑤ 快速移动进给电动机 M2 的控制,机床工作台的纵向和横向快速进给、主轴的轴向快速进给、主轴箱的垂直快速进给都是由电动机 M2 通过机械齿轮的啮合来实现的。将快速手柄扳至反向移动位置,限位开关 SQ7 被压下,SQ7 常开触点闭合→KM4 线圈得电闭合→进给电动机 M2 启动正转→带动各种进给正向快速移动。

将快速手柄扳至反向位置压下限位开关 SQ8 时,情况同上类似,请自行分析。

当快速操作手柄扳回中间位置时,SQ7、SQ8 均不受压,M2 停车,快速进给移动结束。

⑥ 联锁环节。

- 为了防止工作台或主轴箱机动进给时,出现将主轴或平旋盘刀具也扳倒机动进给的误操作,设置了与工作台、主轴箱进给操纵手柄有机械联动的限位开关 SQ5,在主轴箱设置了与主轴、平旋盘刀具溜板进给手柄扳有机械联动的限位开关 SQ6。

当工作台、主轴箱进给操纵手柄扳在机动进给位置时,压下 SQ5,SQ5 常闭触点断开。如此时又将主轴、平旋盘刀具溜扳进给手柄在机动进给位置,则压下 SQ6,其常闭触点断开,于是切断了控制电路电源,使主电动机 M1 和快速移动电动机 M2 无法启动,从而避免了由于误操作带来的运动部件相撞事故的发生,实现了主轴箱或工作台与主轴或平旋盘刀具溜板的联锁保护。

- M1 主电动机正转与反转与之间,高速与低速运行之间,快速移动电动机 M2 的正转与反转之间均设有互锁控制环节。

⑦ 保护环节。该机床设有紧急停止按钮 SB5,此按钮为红色蘑菇头自锁按钮,机床出现紧急情况时按下,其常闭触点断开,控制电路保持断电,电动机停止运行。故障排除后,右旋蘑菇头使按钮恢复到常态,其常闭触点闭合,为正常工作准备。

3)辅助电路分析。T68 型卧式镗床设有 36V 安全电压局部照明灯 EL,有开关 SA 手动控制。电路还设有 6.3V 电源指示灯 HL,表明电源电压是否正常。

2. T68 型卧式镗床常见电气故障的分析与检修

(1)主轴的转速与铭牌不符。这种故障一般有两种现象:一种是主轴的实际转速比铭牌增加或减少一倍;另一种是电动机的转速没有高速挡或没有低速挡。这两种故障现象,前者大多数由于安装调整不当引起的。因为 T68 镗床有 18 种转速,是采用双速电动机和机械滑移齿轮来实现的。变速后,1、2、4、6、8……挡是电动机以低速运转驱动,而 3、5、7、9……挡是电动机以高速运转驱动。由电气原理图可知,主轴电动机的高低速转换,是靠微动开关 SQ 的通断来实现的。靠微动开关 SQ 安装在主轴调速手柄的旁边,主轴调速机构转动时推动一个撞钉,撞钉推动簧片使微动开关 SQ 通或断。如果安装调整不当,使 SQ 动作恰恰相反,则会发生主轴的实际转速比铭牌指示数增加或减少一倍。

后者的故障原因较多,常见的是时间继电器 KT 不动作,或微动开关 SQ 安装的位置移动,造成微动开关 SQ 始终处于接通或断开的状态等。如 KT 不动作或 SQ 始终处于断开状态,则主轴电动机 M1 只有低速;若 SQ 始终处于闭合状态,则 M1 只有高速。但要注意,如果 KT 虽然吸合,但由于机械卡住或触点损坏,使常开触点不能闭合,则 M1 也不能转换到高速挡运转,而只能在低速挡运转。

（2）主轴电动机不能冲动。主轴变速手柄拉出后,主轴电动机不能冲动,产生这一故障一般有两种现象:一种是变速手柄拉出后,主轴电动机 M1 仍以原来转向和转速旋转;另一种是变速手柄拉出后,M1 能反接制动,但制动到转速为零时,不能进行低速冲动。产生这两种故障的原因,前者多数是由于行程开关 SQ3 的常开触点 SQ3(6-11)绝缘被击穿造成的。而后者则由于行程开关 SQ3 和 SQ4 的位置移动,触点接触不良等,使触点 SQ3(5-15)、SQ4(16-18)不能闭合或速度继电器的常闭触点 KS-2(15-16)不能闭合所致。

（3）主轴电动机不能正反转的点动与制动。产生这种故障的原因,往往在控制电路的公共回路上出现故障,如果伴随着不能进行低速运行,则故障可能在控制线路 15-24-25-0 中有断开点,否则,故障可能在主电路的制动电阻器及引线上有断开点。若主电路仅断开一相电源时,电动机还会伴有缺相运行时发出的嗡嗡声。

（4）双速电动机电源进线接错。这种故障常在机床安装接线后进行调试时产生。其故障的现象常见的有两种:一是电动机不能启动,发出类似缺相时的嗡嗡声并熔体熔断;二是电动机高速运行时的转向与低速时相反。产生上述故障的原因常见的是,前者误将电动机 M1 接线端子 U1、V1、W1 与线端 U0、V0、W0 互换,使 M1 在△接法时,把三相电源从 U0、V0、W0 引入,而在 YY 接法时,把三相电源从 U1、V1、W1 引入,将 U0、V0、W0 短接所致。而后者是误将三相电源在高速和低速运行时,都接成同相序所致。

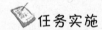 **任务实施**

T68 型卧式镗床电气控制线路故障排除

1. 任务要求

① 正确使用电工工具、仪器和仪表。

② 根据故障现象,在电气控制电路图上分析故障可能产生的原因,确定故障发生的范围。

③ 在训练过程中,带电进行检修时,应注意人身和设备的安全。

2. 工具、设备及技术资料

① 工具:测电笔、螺钉旋具、尖嘴钳、剥线钳和电工刀等常用电工工具;检测用专用导线。

② 仪表:500V 兆欧表和万用表。

③ 设备及技术资料:T68 型卧式镗床电气控制屏柜;T68 型卧式镗床电气原理图。

3. 任务内容及步骤

① 学生先观摩 T68 型卧式镗床控制屏柜上人为设置的一个自然故障点,指导老师示范检修。示范检修时,按检修步骤观察故障现象;判断故障范围;查找故障点;排除故障;通电试车。边解讲边操作。

② 学生预先知道故障点,如何从观察现象着手进行分析,运用正确的检修步骤和方法进行故障排除。

③ 学生练习一个故障点的检修。

④ 在初步掌握了一个故障点的检修方法的基础上,再设置其他故障点,故障现象尽可

能不相互重合。

⑤ 排除故障：根据故障点情况,排除故障。

⑥ 通电试车：检查机床各项操作,直到符合技术要求为止。

⑦ 填写表 11.2 故障检修报告内容。

表 11.2　X6132 型卧式铣床电气线路故障排除检修报告

项　　　目	检修报告栏	备　　　注
故障现象与故障部位		
故障分析		
故障检修过程		

4. 注意事项

注意事项同项目 8 所述。

 任务考核

技能考核任务书如下。

机床电气控制线路故障排除任务书
1. 任务名称 检修 T68 型卧式镗床电气控制屏柜的电气故障。 2. 具体任务 在 T68 型卧式镗床电气控制屏柜上设隐蔽故障 3 处。其中一次回路 1 处,二次回路 2 处。由考生单独排除故障。考生向考评员询问故障现象时,考评员可以将故障现象告诉考生。 3. 考核要求 (1) 正确使用电工工具、仪表和仪器。 (2) 根据故障现象,在 T68 型卧式镗床电气控制屏柜上分析故障可能产生的原因,确定故障发生的范围。 (3) 在考核过程中,带电进行操作时,应注意人身和设备的安全。 (4) 考核过程中,考生必须完成 T68 型卧式镗床电气线路故障排除检修报告(见表 11.2)。 4. 考点准备 (1) 常用电工工具及万用表。 (2) T68 型卧式镗床电气控制屏柜及电气原理图。 5. 时间要求 本模块操作时间为 45min,时间到立即终止任务。

针对考核任务,相应的考核评分细则参见表 11.3 所示。

表 11.3　评分细则

序号	考核内容	考核要求	评分标准	配分	评分
1	调查研究	对每个故障现象进行调查研究	排除故障前不进行调查研究扣 5 分	5	
2	故障分析	在电气控制线路上分析故障可能的原因,思路正确	1. 错标或不标出故障范围,每个故障点扣 5 分 2. 不能标出最小故障范围,每个故障点扣 5 分	25	
3	故障排除	正确作用工具和仪表,找出故障点并排除故障	1. 实际排除故障中思路不清楚,每个故障点扣 5 分 2. 每少查出 1 处故障点扣 5 分 3. 每少排除 1 处故障点扣 6 分 4. 排除故障方法不正确,每处扣 10 分	70	
4	其他	操作有误,此项从总分中扣分	1. 排除故障时产生新的故障后不能自行修复,每个扣 10 分;已经修复,每个扣 5 分 2. 损坏电气元件扣 10 分 3. 考核超时,每超过 1min 扣 2 分,但不超过 5min		

思考与练习

一、选择题(将正确答案的序号填入空格内)

1. T68 镗床主轴电动机采用双速电动机是为了_____。
　(A) 因调速范围大,简化机械传动　　　(B) 加大切削功率
　(C) 分别拖动镗轴和平旋盘

2. T68 镗床主轴电动机的快慢速由位置开关 SQ 决定,若调速手柄未压着 SQ,则电动机将处于_____;若调速手柄压着 SQ,则电动机将处于_____。
　(A) 三角形联结,低速运行　　　(B) 双星形联结,高速运行
　(C) 双星形联结,低速运行　　　(C) 三角形联结,高速运行

3. T68 镗床主电动机高速运行先低速启动的原因是_____。
　(A) 减小机械冲动　(B) 减小启动电流　(C) 提高电动机的输出功率

4. T68 镗床主轴电动机高速运行时,M1 定子绕组接成_____。
　(A) Y 联结　　　(B) △联结　　　(C) YY 联结

二、填空题

1. 按不同用途,镗床可分为_____镗床、_____镗床、_____镗床和_____镗床等。

2. T68 镗床的主切削有镗轴的镗孔和平旋盘的铣削平面;镗轴与花盘主轴是通过_____传动链传动,因此它们可以独立转动。

3. T68 镗床中,主电动机在低速运行时接成_____形,由接触器_____控制;高速运行时,接成_____形,由接触器_____、_____和_____控制。

4. T68 镗床中,若选择 M1 在低速运行,应使 SQ 处于_____位置;若选择 M1 在高速运行,应使 SQ 处于_____位置。

三、简答题

1. 简述 T68 镗床主轴反转时的制动过程。

2. T68 镗床的主运动、进给运动和辅助运动分别是什么?

项目 12　安装与检修 M7130 型平面磨床电气控制线路

任务描述

本项目要完成安装与检修 M7130 型平面磨床电气控制线路的任务。磨床是用砂轮的周边或端面对工件的表面进行机械加工的一种精密机床,根据用途不同可分为平面磨床、内圆磨床、外圆磨床、无心磨床等。

M7130 型平面磨床是平面磨床中使用较普遍的一种机床,其作用是用砂轮磨削加工各种零件的平面。它操作方便,磨削精度和光洁度都比较高,适于磨削精密零件和各种工具,并可作镜面磨削。

M7130 型平面磨床型号的含义为:

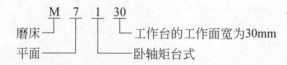

M7130 型平面磨床采用卧轴矩形工作台,主要由床身、工作台、电磁吸盘、砂轮架(又称磨头)、滑座和立柱等部分组成。其外形结构如图 12.1 所示。

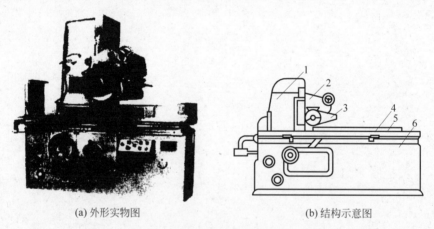

(a) 外形实物图　　　　　　　　　　(b) 结构示意图

1—立柱;2—滑座;3—砂轮架;4—电磁吸盘;5—工作台;6—床身

图 12.1　M7130 型平面磨床外形结构图

本项目完成的 2 个任务为:

① M7130 型平面磨床电气控制线路的安装调试。

② M7130 型平面磨床电气控制线路的电气线路检修。

任务分析

- 知识点：了解 M7130 平面磨床的基本结构、主要技术参数、主要技术指标；能够分析 M7130 平面磨床的电气主电路及控制电路及动作过程,能够进行平面磨床的电气线路的检修。
- 技能点：能够熟练操作 M7130 型模拟平面磨床,能够根据平面磨床的故障现象快速分析出故障范围,能够进行故障排查,具有扣除电气故障的综合检修能力,具有自我学习,信息处理等方法能力,具有自查 6S 执行力。

任务资讯

1. M7130 型平面磨床的主要运动形式及控制要求

主运动是砂轮的快速旋转,辅助运动是工作台的纵向往复运动以及砂轮的横向和垂直进给运动。

工作台每完成一次纵向往返运动,砂轮架横向进给一次,从而能连续地加工整个平面。当整个平面磨完一遍后,砂轮架在垂直于工件表面的方向移动一次,称为吃刀运动。通过吃刀运动,可将工件尺寸磨到所需的尺寸。

M7130 型平面磨床的主要运动形式及控制要求见表 12.1。

表 12.1　M7130 型平面磨床的主要运动形式及控制要求

运动种类	运动形式	控制要求
主运动	砂轮的高速旋转	(1) 为保证磨削加工质量,要求砂轮有较高的转速,通常采用两极笼形异步电动机拖动 (2) 为提高主轴的刚度,简化机械结构,采用装入式电动机,将砂轮直接装到电动机轴上
进给运动	工作台的往复运动(纵向进给)	(1) 液压传动。因液压传动换向平稳,易于实现无级调速。液压泵电动机 M3 拖动液压泵,工作台在液压作用下作纵向运动 (2) 由装在工作台前侧的换向挡铁碰撞床身上的液压换向开关控制工作台进给方向
	砂轮架的横向(前后)进给	(1) 在磨削的过程中,工作台换向一次,砂轮架就横向进给一次 (2) 在修正砂轮或调整砂轮的前后位置时,可连续横向移动 (3) 砂轮架的横向进给运动可由液压传动,也可用手轮来操作
	砂轮架的升降运动(垂直进给)	滑座沿立柱的导轨垂直上下移动,以调整砂轮架的上下位置,或使砂轮磨入工件,以控制磨削平面时工件的尺寸
辅助运动	工件的夹紧	(1) 工件可以用螺钉和压板直接固定在工作台上 (2) 在工作台上也可以装电磁吸盘,将工件吸附在电磁吸盘上,此时要有充磁和退磁控制环节。为保证安全,电磁吸盘与三台电动机 M1、M2、M3 之间有电气联锁装置,即电磁吸盘吸合后,电动机才能启动。电磁吸盘不工作或发生故障时,三台电动机均不能启动
	工作台的快速移动	工作台能在纵向、横向和垂直三个方向快速移动,由液压传动机构实现
	工件的夹紧与放松	由人力操作
	工件冷却	冷却泵电动机 M2 拖动冷却泵旋转供给冷却液;要求砂轮电动机 M1 和冷却泵电动机 M2 要实现顺序控制

对其自动控制有如下要求：

① 砂轮电动机、液压泵电动机和冷却泵电动机都只要求单方向旋转。

② 冷却泵电动机随砂轮电动机运转而运转，但冷却泵电动机不需要时，可单独断开冷却泵电动机。

③ 具有完善的保护环节：各电路的短路保护，电动机的长期过载保护，零压保护，电磁吸盘的欠电流保护，电磁吸盘断开时产生高电压而危及电路中其他电气设备的保护等。

④ 保证在使用电磁吸盘的正常工作时和不用电磁吸盘在调整机床工作时，都能开动机床各电动机。但在使用电磁吸盘的工作状态时，必须保证电磁吸盘吸力足够大时，才能开动机床各电动机。

⑤ 具有电磁吸盘吸持工件、松开工件，并使工件去磁的控制环节。

⑥ 必要的照明与指示信号。

2. 电气控制线路分析

M7130 平面磨床的电气控制线路如图 12.2 所示，整个电气控制线路按功能不同可分为主电路、电动机控制电路、电磁吸盘控制电路与机床照明电路四部分。

(1) 主电路分析。电源由总开关 QS1 引入，为机床开动做准备。整个电气线路由熔断器 FUI 作短路保护。主电路中有三台电动机，Ml 为砂轮电动机，M2 为冷却泵电动机，M3 为液压泵电动机。

冷却泵电动机和砂轮电动机同时工作，同时停止，共用接触器 KM1 来控制，液压泵电动机由接触器 KM2 来控制。M1、M2、M3 分别由 FR1、FR2、FR3 实现过载保护。其控制和保护电器见表 12.2。

表 12.2　主电路的控制和保护电器

名称及代号	作　　用	控　制　电　器	过载保护电器	短路保护电器
砂轮电动机 M1	拖动砂轮高速旋转	接触器 KM1	热继电器 FR1	熔断器 FU1
冷却泵电动机 M2	供应冷却液	接触器 KM2	热继电器 FR1	熔断器 FU1
液压泵电动机 M3	为液压系统提供动力	接触器 KM3	热继电器 FR1	熔断器 FU1

(2) 电动机控制电路分析。控制电路采用交流 380V 电压供电，由熔断器 FU2 作短路保护。控制电路只有在触点(3-4)接通时才能起作用，而触点(3-4)接通的条件是转换开关 SA2 扳到触点(3-4)接通位置（即 SA2 置"退磁"位置），或者欠电流继电器 K1 的常开触点 (3-4)闭合时（即 SA2 置"充磁"位置，且流过 K1 线圈电流足够大，电磁吸盘吸力足够大时）。言外之意，电动机控制电路只有在电磁吸盘去磁情况下，磨床进行调整运动及不需电磁吸盘夹持工件时；或在电磁吸盘充磁后正常工作，且电磁吸力足够大时，才可启动电动机。

按下启动按钮 SB2，接触器 KM1 因线圈通电而吸合，其常开辅助触点(4-5)闭合进行自锁，砂轮电动机 M1 及冷却泵电动机 M2 启动运行。按下启动按钮 SB4 接触器 KM2 因线圈通电而吸合，其常开辅助触点(4-7)闭合进行自锁，液压泵电动机启动运转。SB3 和 SB5 分别为它们的停止按钮。

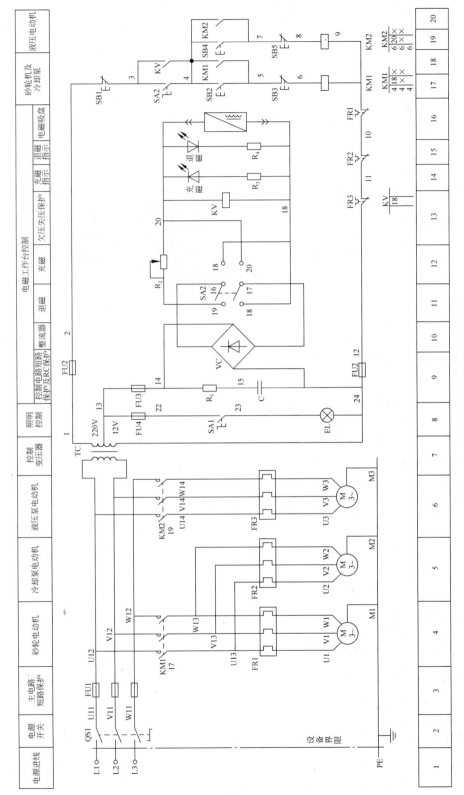

图 12.2　M7130 平面磨床的电气原理图

（3）电磁吸盘(又称电磁工作台)电路的分析。电磁吸盘用来吸住工件以便进行磨削，它比机械夹紧迅速、操作快速简便、不损伤工件、一次能吸住多个小工件，以及磨削中工件发热可自由伸缩、不会变形等优点。不足之处是只能对导磁性材料如钢铁等的工件才能吸住。对非导磁性材料如铝和铜的工件没有吸力。电磁吸盘的线圈通的是直流电，不能用交流电，因为交流电会使工件振动和铁芯发热。电磁吸盘原理结构图如图 12.3 所示，其外形如图 12.4 所示。

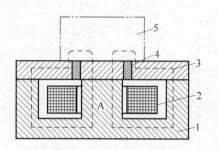

1—钢制吸盘体；2—线圈；3—钢制盖板；
4—隔磁层；5—工件；A—芯体
图 12.3　电磁吸盘原理结构图

图 12.4　电磁吸盘外形图

电磁吸盘的控制线路可分成三部分：整流装置、转换开关和保护装置。整流装置由控制变压器 TC 和桥式整流器 VC 组成，提供直流电压。

转换开关 SA2 是用来给电磁吸盘接上正向工作电压和反向工作电压的。它有"充磁"、"放松"和"退磁"三个位置。当磨削加工时转换开关 SA2 扳到"充磁"位置，SA2(16-18)、SA2(17-20)接通，SA2(3-4)断开，电磁吸盘线圈电流方向从下到上。这时，因 SA2(3-4)断开，由 KV 的触点(3-4)保持 KM1 和 KM2 的线圈通电。若电磁吸盘线圈断电或电流太小吸不住工件，则欠电流继电器 K1 释放，其常开触点(3-4)也断开，各电动机因控制电路断电而停止。否则，工件会因吸不牢而被高速旋转的砂轮碰击而飞出，可能造成事故。当工件加工完毕后，工件因有剩磁而需要进行退磁，故需再将 SA2 扳到"退磁"位置，这时 SA2(16-19)、SA2(17-18)、SA2(3-4)接通。电磁吸盘线圈通过了反方向(从上到下)的较小(因串入了电阻 R2)电流进行去磁。去磁结束，将 SA2 扳回到"松开"位置(SA2 所有触点均断开)，就能取下工件。

如果不需要电磁吸盘可将工件夹在工作台上，如机床在检修或调试时，则可将转换开关 SA2 扳到"退磁"位置，这时 SA2 在控制电路中的触点(3-4)接通，各电动机就可以正常启动。

电磁吸盘控制线路的保护装置有：

① 欠电压保护，由 KV 实现。

② 短路保护，由 FU3 实现。

③ 整流装置 VC 的输入端浪涌过电压保护。由 14、24 号线间的 R1、C 来实现。

（4）机床照明电路。照明电路由照明变压器 TC 将 380V 的交流电压降为 36V 的安全电压供给照明电路，经 SA1 供电给照明灯 EL，在照明变压器副边设有熔断器 FU4 作短路保护。

2. 电气控制线路分析

（1）常见故障一

① 故障现象：三台电动机均不能启动，照明工作正常。

② 故障原因：可能存在的故障原因如下。

- 熔断器 FU2 对应控制回路的干线上有故障。
- 欠电压继电器 KV 不得电，或 KV 常开触头（3-4）不能闭合。
- 转换开关 SA2 不能闭合。
- 控制变压器 TC 二次侧 220V 供电电源不正常，如产生 220V 电源的变压器二次绕组开路。

③ 故障位置的确定：用万用表交流电压 500 V 挡，测量控制变压 TC 二次侧输出电压 220V 是否正常。

- 若无 220V 电压，则控制变压器 TC 的二次侧 220V 的供电电源有问题或绕组损坏。
- 若有 220V 电压，则故障在控制电路，故障范围如图 12.5 中虚线路径所示。

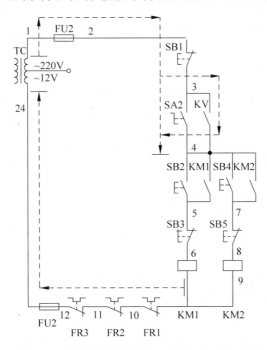

图 12.5　虚线所示路径为常见故障一的故障范围

由图 12.5 可见，虚线路径 3 到 4 号接线桩时，分成两路分支，一路是处于退磁状态下的转换开关 SA2，另一路是电磁吸盘正常运行时的欠电压监控 KV，按照电路功能要求，3 到 4 号接线桩的两条支路必须有一条处于接通状态。为此可将转换开关 SA2 置于退磁位置，即 SA2（3-4）闭合，或将转换开关 SA2 置于充磁位置，即 KV（3-4）闭合，并对此支路可能存在的故障进行排除。

（2）常见故障二

① 故障现象：在电磁吸盘充磁状态下，砂轮电动机和冷却泵电动机不能工作，但液压

电动机可以工作。在电磁吸盘退磁状态下,砂轮电动机和冷却泵电动机点动运行,但液压泵电动机不能工作。以上两种情况的照明等均能正常工作。

② 故障原因:可能存在的故障原因为控制电路接触器 KM1 自锁触点(4-5)的自锁支路上有故障。

③ 故障位置的确定:确定本故障范围要抓住故障现象中"点动"要素,并以此确定故障范围在"自锁"支路里,再利用在电磁吸盘充磁状态下的故障现象来最终确定故障位置。

 任务实施

一、M7130 型平面磨床电气控制线路的安装调试

1. 任务要求

① M7130 型平面磨床电气控制线路的安装调试。

② M7130 型平面磨床电气控制线路的检修。

2. 工具、设备及技术资料

① 工具:测电笔、螺钉旋具、尖嘴钳、剥线钳和电工刀等常用电工工具;检测用专用导线。

② 仪表:500V 兆欧表和万用表、钳形电流表。

③ 设备及技术资料:M7130 型平面磨床电气控制屏柜;M7130 型平面磨床电气原理图。

④ 器材:控制板、走线槽、各种规格软线及坚固件、编码套管等。

3. 任务内容及步骤

第一步,选配并检验元件和电气设备。

① 配齐电气设备和元件,并逐个检验其规格和质量。

② 据电动机的容量、线路走向及要求和各元件的安装尺寸,正确选配导线的规格、导线通道类型和数量、接线端子板、控制板、紧固体等。

第二步,按接线图在控制板上固定电气元件和走线槽,并在电气元件附近做好与电路图上相同代号的标记。安装走线槽时,应做到横平竖直、排列整齐匀称、安装牢同和便于走线等。

第三步,在控制板上进行板前线槽配线,并在导线端部套编码套管。按板前线槽配线的工艺要求进行。

第四步,进行控制板外的元件固定和布线。

① 选择合理的导线走向,做好导线通道的支持准备。

② 控制箱外部导线的线头上要套装与电路图相同线号的编码套管;可移动的导线通道应留适当的余量。

③ 按规定在通道内放好备用导线。

第五步,自检。

① 根据电路图检查电路的接线是否正确和接地通道是否具有连续性。

② 检查热继电器的整定值和熔断器中熔体的规格是否符合要求。

③ 检查电动机及线路的绝缘电阻。

④ 检查电动机的安装是否牢固,与生产机械传动装置的连接是否可靠。

⑤ 清理安装现场。

第六步,通电试车。

① 接通电源,点动控制各电动机的启动,以检查各电动机的转向是否符合要求。

② 先空载试车,正常后方可接上负载试车。空载试车时,应认真观察各电气元件、线路、电动机及传动装置的工作是否正常。若发现异常,应立即切断电源进行检查,待调整或修复后方可再次通电试车。

4. 注意事项

① 电动机和线路的接地要符合要求。

② 导线的中间不允许有接头。

③ 试车时,要先合上电源开关,后按启动按钮;停车时,要先按停止按钮,后断电源开关。

④ 通电试车必须在教师的监护下进行,必须严格遵守安全操作规程。

二、M7130 型平面磨床电气控制线路的检修

1. 工具

试电笔、电工刀、尖嘴钳、斜口钳、剥线钳、螺钉旋具、活扳手等。

2. 仪表

万用表、兆欧表和钳形电流表。

3. 电气控制柜

M7130 平面磨床电气控制柜。

4. 检修内容及步骤

① 学生先观摩 M7130 平面磨床电气控制柜上人为设置的一个自然故障点,指导老师示范检修。示范检修时,按检修步骤观察故障现象;判断故障范围;排除故障;通电动车边解进边操作。

② 学生预先知道故障点,如何从观察现象着手进行分析,运用正确的检修步骤和方法进行故障排除。

③ 学生练习一个故障点的检修。

④ 在初步掌握了一个故障点的检修方法的基础上,再设置其他故障点,故障现象尽可能不相互重合。

⑤ 排除故障:根据故障点情况,排除故障。

⑥ 通电试车:检查和床各项操作,直到符合技术要求为止。

⑦ 填写表 12.2 故障检修报告内容。

表 12.2 　M7130 型平面磨床电气线路故障排除检修报告

项　　目	检修报告栏	备　　注
故障现象与故障部位		
故障分析		
故障检修过程		

5. 部分故障检修方法

故障 1：电磁吸盘无吸力。若照明灯 EL 正常工作而电磁吸盘无吸力，如图 12.6 所示。

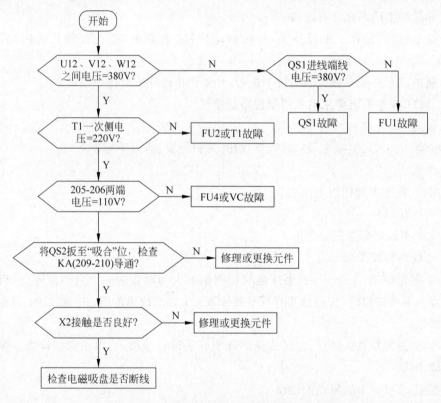

图 12.6　电磁吸盘无吸力的故障推测流程图

提示：在故障测量时，对于同一个线号至少有两个相关接线连接点，应根据电路逐一测量，判断是属于连接点处故障还是同一线号两连接点之间的导线故障。另外，吸盘控制电路还有其他元件，应根据电路测量各点电压，判断故障位置，进行修理或更换。

故障 2：砂轮电动机的热继电器 FR1 经常脱扣。故障检测流程如图 12.7 所示。

砂轮电动机 M1 为装入式电动机，它的前轴承是铜瓦，易磨损，磨损后易发生堵转现象，使电流增大，导致热继电器脱扣。

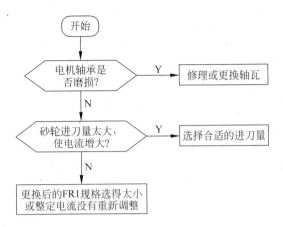

图 12.7　热继电器 FR1 经常脱扣故障推测流程图

故障 3：三台电动机不能启动。故障检测流程如图 12.8 所示。

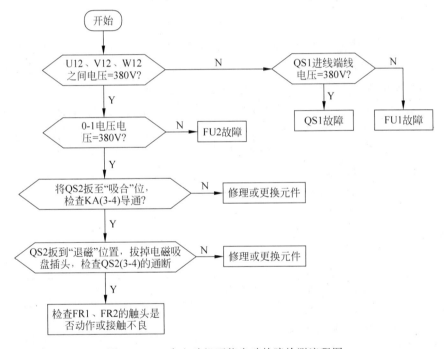

图 12.8　三台电动机不能启动故障检测流程图

提示：控制电路的故障检测尽量采用电压法，当故障测量到后应断开电源再排除。

故障 4：电磁吸盘退磁不充分，使工件取下困难。故障检修流程如图 12.9 所示。

提示：对于不同材质的工件，所需的退磁时间不同，注意掌握好退磁时间。

故障 5：工作台不能往复运动。液压泵电动机 M3 未工作，工作台不能做往复运动。当液压泵电动机运转正常，电动机旋转方向正确，而工作台不能往复运动时，故障在液压传动部分。

故障 6：电磁吸盘吸力不足。这种故障是电磁吸盘损坏或整流器输出电压不正常造

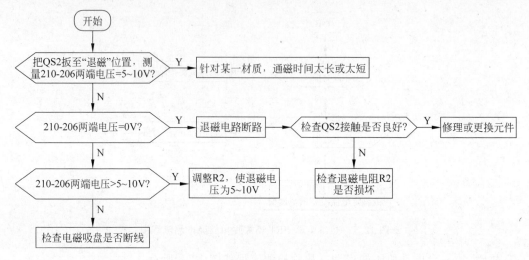

图 12.9　电磁吸盘退磁不充分故障检测流程图

成的。

M7130 型平面磨床电磁吸盘的电源由整流器 VC 供给。空载时,整流器直流输出电压应为 130～140V,负载时不应低于 110V。若整流器空载输出电压正常,带负载时电压远低于 110V,则表明电磁吸盘线圈已短路,一般需更换电磁吸盘线圈。

电磁吸盘电源电压不正常,大多是因为整流元件短路或断路造成的。应检查整流器 VC 的交流侧电压及直流侧电压。若交流侧电压正常,直流输出电压不正常,则表明整流器发生元件短路或断路故障,可用万用表测量整流器的输出及输入电压,判断出故障部位,查出故障元件,进行更换或修理。

在直流输出回路中加装熔断器,可避免损坏整流二极管。

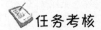 **任务考核**

M7130 型平面磨床电气控制线路的安装调试技能考核任务书如下。

M7130 型平面磨床电气控制线路的安装调试任务书
1. 任务名称 M7130 型平面磨床电气控制线路的安装调试 **2. 具体任务** (1) 选配并检验元件和电气设备。 (2) 按接线图在控制板上固定电气元件和走线槽,并在电气元件附近做好与电路图上相同代号的标记。 (3) 在控制板上进行板前线槽配线,并在导线端部套编码套管。按板前线槽配线的工艺要求进行。 (4) 进行控制板外的元件固定和布线。 (5) 自检。 (6) 通电,试车。 **3. 考核要求** (1) 元件导线等选用正确。

M7130 型平面磨床电气控制线路的安装调试任务书
（2）合理检查元件。 （3）元件安装合理，导线敷设规范，接线正确。 （4）试车无故障。 （5）按生产规程操作。 （6）符合 6S 管理要求。 4．考点准备 （1）M7130 控制板。 （2）工具、器材、导线。 5．时间要求 本模块操作时间为 180min，时间到立即终止任务。

针对考核任务，相应的考核评分细则参见表 12.3。

表 12.3 　评分细则

序号	考核内容	考核要求	评分标准	配分	评分
1	器材选用	元件导线等选用正确	（1）电气元件选错型号和规格，每个扣 2 分 （2）导线选用不符合要求，扣 4 分 （3）穿线管、编码套管等选用不当，每项扣 2 分	20	
2	装前准备	合理检查元件	电气元件漏检，每处扣 1 分	10	
3	安装布线	（1）元件安装合理 （2）导线敷设规范 （3）接线正确	（1）电气元件安装不牢固，每只扣 5 分 （2）损坏电器零件，每只扣 10 分 （3）电动机安装不符合要求，每台扣 5 分 （4）走线不符合要求，每处扣 5 分 （5）不按电路图接线，扣 20 分 （6）导线敷设不符合要求，每根扣 5 分	40	
4	通电试车	试车无故障	（1）热继电器未整定或整定不正确，每只扣 5 分 （2）熔体规格选用不当，每只扣 5 分 （3）试车不成功，扣 30 分	30	
5	安全文明生产	按生产规程操作，符合 6S 管理	违反安全文明生产规程扣 10～30 分，不符合 6S 管理，扣 10～20 分		
6	起始时间 结束时间		教师签字		

注：每项内容的扣分不得超过该项的配分。

M7130 型平面磨床电气控制线路检修技能考核任务书如下。

M7130 型平面磨床电气控制线路检修任务书
1. 任务名称 M7130 型平面磨床电气控制线路的检修。 2. 具体任务 （1）电磁吸盘无吸力。 （2）砂轮电动机的热继电器 FR1 经常脱扣。 （3）电磁吸盘吸力不足。 （4）三台电动机不能启动。 3. 考核要求 （1）分析故障范围。 （2）编写检修流程。 （3）排除故障。 （4）按生产规程操作，符合 6S 管理。 4. 考点准备 （1）M7130 控制柜。 （2）工具、器材、导线。 5. 时间要求 本模块操作时间为 180min，时间到立即终止任务。

针对考核任务，相应的考核评分细则参见表 12.4。

表 12.4 评分细则

序号	考核内容	考核要求	评分标准	配分	评分
1	电磁吸盘无吸力	分析故障范围，编写检修流程，排除故障	不能找出原因，扣 10 分 编写流程不正确，扣 5 分 不能排除故障，扣 10 分	25	
2	砂轮电动机的热继电器 FR1 经常脱扣	分析故障范围，编写检修流程，排除故障	不能找出原因，扣 10 分 编写流程不正确，扣 5 分 不能排除故障，扣 10 分	25	
3	电磁吸盘吸力不足	分析故障范围，编写检修流程，排除故障	不能找出原因，扣 10 分 编写流程不正确，扣 5 分 不能排除故障，扣 10 分	25	
4	三台电动机不能启动	分析故障范围，编写检修流程，排除故障	不能找出原因，扣 10 分 编写流程不正确，扣 5 分 不能排除故障，扣 10 分	25	
5	安全文明生产	按生产规程操作，符合 6S 管理	违反安全文明生产规程扣 10～30 分，不符合 6S 管理，扣 10～20 分		
6	起始时间 结束时间	教师签字			

注：每项内容的扣分不得超过该项的配分。

思考与练习

　　1. M7130 型平面磨床电磁吸盘夹持工件有什么特点？为什么电磁吸盘要用直流电而不用交流电？

　　2. M7130 型平面磨床电磁吸盘吸力不足会造成什么后果？如何防止出现这种现象？

　　3. M7130 平面磨床的电气控制线路中，欠电流继电器 KA 和电阻 R3 的作用分别是什么？

　　4. M7130 型平面磨床电磁吸盘退磁不好的原因有哪些？

　　5. M7130 平面磨床砂轮电动机过载保护的热继电器经常发生脱扣现象，是什么原因？

项目 13 安装与检修 20/5t 桥式起重机的电气控制线路

任务描述

本项目要完成安装与检修 20/5t 桥式起重机的电气控制线路的任务。起重机是指在一定范围内垂直提升和水平搬运重物的多动作起重机械,广泛应用于工矿企业、车站、港口、仓库、建筑工地等部门。它对减轻工人劳动强度、提高劳动生产率、促进生产过程机械化起着重要作用,是现代化生产中不可缺少的工具。起重机按结构形式主要分为桥式、门式、臂架式、自行式、塔式、旋转式、浮船式、桅杆式、缆索式等,如图 13.1 所示。

不同形式的起重机分别应用在不同场合,如车站货场使用的门式起重机,建筑工地使用的塔式起重机,港口使用的旋转式起重机,生产车间使用的桥式起重机。常见的桥式起重机有 5t、10t 单钩及 15/3t、20/5t 双钩等,其中 20/5t 桥式起重机应用比较广泛,它是一种电动双梁式起重机,承载能力强、跨度大、整体稳定性好,多用于车间内重物的起吊搬运。本任务就以 20/5t 桥式起重机为例,介绍起重设备电气控制线路的安装与检修。

任务分析

- 知识点:

1. 了解 20/5t 桥式起重机的主要运动形式;
2. 掌握 20/5t 桥式起重机电气控制线路工作原理;
3. 掌握 20/5t 桥式起重机电气控制线路故障分析、检测方法及故障排除流程。

- 技能点:

能对 20/5t 桥式起重机电气控制线路进行安装、调试与检修。

任务资讯

1. 20/5t 桥式起重机的主要结构及运动形式

20/5t 桥式起重机的外形如图 13.2 所示,它一般由桥架(又称大车)、大车移行机构、装有提升机构的小车、司机室、小车导电装置(辅助滑线)、起重机总电源导电装置(主滑线)等部分组成,其横截面结构示意图如图 13.3 所示。

(1) 桥架。桥架是桥式起重机的基本构件,它由主梁、端梁、走台等部分组成。主梁跨架在跨间的上空,有箱型、桁架、腹板、圆管等结构型式。主梁两端连有端梁,在两主梁外侧安有走台,设有安全栏杆。在一侧的走台上装有大车移行机构,在另一侧走台上装有往小车电气设备供电的装置,即辅助滑线。在主梁上方铺有导轨,供小车移动。整个桥式起重机在大车移行机构拖动下,沿车间长度方向的导轨移动。

(a) 桥式　　　　　(b) 门式　　　　　(c) 臂架式

(d) 塔式　　　　　(e) 自行式　　　　　(f) 旋转式

(h) 浮船式　　　　　(i) 桅杆式　　　　　(j) 缆索式

图 13.1　起重机种类

图 13.2　20/5t 桥式起重机外形图

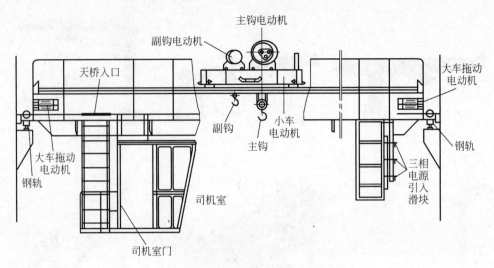

主钩电动机

副钩电动机

天桥入口

大车拖动
电动机

副钩

主钩

小车
电动机

钢轨

大车拖动
电动机

钢轨

三相
电源
引入
滑块

司机室

司机室门

图 13.3 20/5t 桥式起重机结构示意图

（2）大车移行机构。大车移行机构由大车拖动电动机、传动轴、联轴节、减速器、车轮及制动器等部件构成。安装方式有集中驱动与分别驱动两种。集中驱动是由一台电动机经减速机构驱动两个主动轮，而分别驱动则由两台电动机分别驱动两个主动轮。后者自重轻，安装调试方便，实践证明使用效果良好。目前我国生产的桥式起重机大多采用分别驱动。

（3）小车。小车安放在桥架导轨上，可顺车间宽度方向移动。小车主要由小车架以及其上的小车移行机构和提升机构等组成。小车移行机构由小车电动机、制动器、联轴节、减速器及车轮等组成。小车电动机经减速器驱动小车主动轮，拖动小车沿导轨移动，由于小车主动轮相距较近，故由一台电动机驱动。

（4）提升机构。提升机构由提升电动机、减速器、卷筒、制动器、吊钩等组成。提升电动机经联轴节、制动轮与减速器联接，减速器的输出轴与缠绕钢丝绳的卷筒相联接，钢丝绳的另一端装有吊钩，当卷筒转动时，吊钩就随钢丝绳在卷筒上的缠绕或放开而上升与下降。对于起重量在 15t 及以上的起重机，备有两套提升机构，即主钩与副钩。

（5）司机室。司机室是操纵起重机的吊舱，又称驾驶室。司机室内有大、小车移行机构控制装置、提升机构控制装置以及起重机的保护装置等。司机室一般固定在主梁的一端，也有少数装在小车下方随小车移动的。司机室上方开有通向走台的舱口，供检修大车与小车机械及电气设备时人员上下用。

由上可知，桥式起重机的运动形式有三种：

① 起重机由大车电动机驱动沿车间两边的轨道作纵向前后运动。

② 小车及提升机构由小车电动机驱动沿桥架上的轨道作横向左右运动。

③ 在升降重物时由起重电动机驱动作垂直上下运动。

这样桥式起重机就可实现重物在垂直、横向、纵向三个方向的运动，把重物移至车间任一位置,完成车间内的起重运输任务。

2. 20/5t 桥式起重机的主要技术参数

桥式起重机的主要技术参数有起重量、跨度、提升高度、运行速度、提升速度、工作类别等。

(1) 起重量。起重量又称额定起重量,是指起重机实际允许起吊的最大负荷量,以吨(t)为单位。国产的桥式起重机系列其起重量有 5、10(单钩)、15/3、20/5、30/5、50/10、75/20、100/20、125/20、150/30、200/30、250/30(双钩)等多种。数字的分子为主钩起重量,分母为副钩起重量。

桥式起重机按照起重量可分为三个等级,即 5~10t 为小型,10~50t 为中型,50t 以上为重型起重机。

(2) 跨度。起重机主梁两端车轮中心线间的距离,即大车轨道中心线间的距离称为跨度,以米(m)为单位。国产桥式起重机的跨度有 10.5、13.5、16.5、19.5、22.5、25.5、28.5、31.5m 等,每 3m 为一个等级。

(3) 提升高度。起重机吊具或抓取装置的上极限位置与下极限位置之间的距离,称为起重机的提升高度,以 m 为单位。常用的起升高度有 12、16、12/13.1、12/18、16/18、19/21、20/22、21/23、22/26、24/26m 等几种。其中分子为主钩提升高度,分母为副钩提升高度。

(4) 运行速度。运行机构在拖动电动机额定转速下运行的速度,以 m/min 为单位。小车运行速度一般为 40~60m/min,大车运行速度一般为 100~135m/min。

(5) 提升速度。提升机构的提升电动机以额定转速取物上升的速度,以 m/min 为单位。一般提升速度不超过 30m/min,依货物性质、重量、提升要求来决定。

(6) 通电持续率。由于桥式起重机为断续工作,其工作的繁重程度用通电持续率 JC% 表示。通电持续率为工作时间与周期时间之比,一般一个周期通常定为 10min。标准的通电持续率规定为 15%、25%、40%、60% 四种。

(7) 工作类型。起重机按其载荷率和工作繁忙程度可分为轻级、中级、重级和特重级四种工作类型。

① 轻级:工作速度低,使用次数少,满载机会少,通电持续率为 15%,用于不需紧张及繁重工作的场所,如在水电站、发电厂中用作安装检修用的起重机。

② 中级:经常在不同载荷下工作,速度中等,工作不太繁重,通电持续率为 25%,如一般机械加工车间和装配车间用的起重机。

③ 重级:工作繁重,经常在重载荷下工作,通电持续率为 40%,如冶金和铸造车间内使用的起重机。

④ 特重级:经常起吊额定负荷,工作特别繁忙,通电持续率为 60%,如冶金专用的桥式起重机。起重量、运行速度和工作类型是桥式起重机最重要的三个参数。

3. 20/5t 桥式起重机的供电特点

20/5t 桥式起重机的电源电源为 380V，由公共的交流电源供给。由于起重机在工作时是经常移动的，大车与小车之间、大车与厂房之间存在着相对运动，因此，20/5t 桥式起重机要采用可移动的电源设备供电，常用的供电方法是采用滑触线和集电刷供电。三根主滑触线是沿着平行于大车轨道的方向敷设在车间厂房的一侧，三相交流电经由三根主滑触线与滑动的集电刷，引入到起重机司机室内的保护控制柜上，再从保护控制柜引出两相电源至凸轮控制器，另一相则作为电源公用相，直接从保护控制柜接到各电动机的定子接线端。小车上电气设备的供电及电气设备之间的连接则通过桥架一侧装设的 21 根小车导电滑线经滑动集电刷引入。

21 根小车导电滑线的作用是：主钩部分 10 根，其中 3 根连接主钩电动机 M5 定子绕组（5U、5V、5W）接线端，3 根连接主钩电动机 M5 转子绕组与转子附加电阻 5R，主钩电磁抱闸制动器 YB5、YB6 接交流电磁控制柜 2 根，主钩上升位置开关 SQ5 接交流电磁控制柜与主令控制器 2 根；副钩部分 6 根，其中 3 根连接副钩电动机 M1 转子绕组与转子附加电阻 1R，2 根连接定子绕组（1U、1W）接线端与凸轮控制器 AC1，1 根连接副钩上升位置开关 SQ6 与交流保护柜；小车部分 5 根，其中 3 根连接小车电动机 M2 转子绕组与转子附加电阻 2R，2 根连接 M2 定子绕组（2U、2W）接线端与凸轮控制器 AC2。

4. 20/5t 桥式起重机对电力拖动的要求

20t/5t 桥式起重机的工作条件比较差，往往处在高温、高湿度、易受风雨侵蚀或多粉尘的环境而且，经常经常在重载下进行频繁启动、制动、反转、变速等操作，要承受较大的过载和机械冲击。因此，其对电力拖动和电气控制有以下特殊的要求。

（1）对起重电动机的要求。

① 20t/5t 起重电动机为重复短时工作制。所谓"重复短时工作制"，即 FC 介于 25%～40%。重复短时工作制的特点是电动机较频繁地通、断电，经常处于启动、制动和反转状态，而且负载不规律，时轻时重，因此受过载和机械冲击较大；同时，由于工作时间较短，其温升要比长期工作制的电动机低（在同样的功率下），允许过载运行。因此，要求电动机有较强的过载能力。

② 有较大的启动转矩。起重电动机往往是带负载启动，因此要求有较好的启动性能，即启动转矩大，启动电流小。

③ 能进行电气调速。由于起重机对重物停放的准确性要求较高，在起吊和下降重物时要进行调速，但是起重机的调速大多数是在运行过程中进行的，而且变换次数较多，所以不宜采用机械调速，而应采用电气调速。因此，起重电动机多采用绕线转子异步电动机，且采用转子电路串电阻的方法启动和调速。

④ 为适应较恶劣的工作环境和机械冲击，电动机采用封闭式，要求有坚固的机械结构，采用较高的耐热绝缘等级。

（2）电力拖动系统的构成及电气控制要求。20/5t 桥式起重机的电力拖动系统由三至五台电动机组成：

① 小车驱动电动机一台。

② 大车驱动电动机一至两台。大车如果采用集中驱动,则只有一台大车电动机,如果采用分别驱动,则由两台相同的电动机分别驱动左、右两边的主动轮。

③ 单钩的小型起重机只有一台起重电动机,对于 15t 以上的中型和重型起重机,则有两台(主钩和副钩)起重电动机。

20/5t 桥式起重机电力拖动及其控制的主要要求是:

① 空钩能够快速升降,以减少辅助工时。轻载时的提升速度应大于额定负载时的提升速度。

② 有一定的调速范围,普通的起重机调速范围(高低速之比)一般为 3:1,要求较高的则要达到(5~10):1。

③ 有适当的低速区,在刚开始提升重物或重物下降至接近预定位置时,都应低速运行。因此要求在 30% 额定速度内分成若干低速挡以供选择。同时要求由高速向低速过渡时应逐级减速以保持稳定运行。

④ 提升的第一挡为预备挡,用以消除传动系统中的齿轮间隙,并将钢丝绳张紧,以避免过大的机械冲击。预备级的启动转矩一般限制在额定转矩的 50% 以下。

⑤ 起重电动机负载的特点是位能性反抗力矩(即负载转距的方向并不随电动机的转向而改变),因此要求在下放重物时起重电动机可工作在电动机状态、反接制动或再生发电制动状态,以满足对不同下降速度的要求。

⑥ 为确保安全,要求采用电气和机械双重制动,既可减轻机械抱闸的负担,又可防止因突然断电而使重物自由下落造成事故。

⑦ 要求有完备的电气保护与联锁环节,例如:要有短时过载的保护措施,由于热继电器的热惯性较大,因此起重机电路多采用过流继电器作过载保护,要有零压保护,行程终端限位保护等。

以上要求都集中反映在对提升机构的拖动及其控制上,桥式起重机对大车、小车驱动电动机一般没有特殊的要求,只是要求有一定的调速范围、采用制动停车,并有适当的保护。

任务实施

1. 任务要求

掌握 20/5t 桥式起重机电气控制线路的安装、调试及检修。

2. 仪器、设备、元器件及材料

测电笔、电工刀、尖嘴钳、斜口钳、剥线钳、十字起、梅花起、活络扳手、万用表、钳形电流表、兆欧表等。

3. 任务原理与说明

20/5t 桥式起重机的电气原理图如图 13.4 所示。

X-表示触头闭合　　0-表示触头转向0位时闭合

AC1

	向下						向上				
	5	4	3	2	1	0	1	2	3	4	5
V13-1W							×	×	×	×	×
V13-1U	×	×	×	×	×						
U13-1U							×	×	×	×	×
U13-1W	×	×	×	×	×						
1R5	×	×	×	×				×	×	×	×
1R4	×	×	×						×	×	×
1R3	×	×								×	×
1R2	×										×
1R1	×										×
AC1-5						×	×	×	×	×	×
AC1-6	×	×	×	×	×	×					
AC1-7					×						

副钩凸轮控制器触头分合表

AC2

	向左						向右				
	5	4	3	2	1	0	1	2	3	4	5
V14-2W							×	×	×	×	×
V14-2U	×	×	×	×	×						
U14-2U							×	×	×	×	×
U14-2W	×	×	×	×	×						
2R5	×	×	×	×				×	×	×	×
2R4	×	×	×						×	×	×
2R3	×	×								×	×
2R2	×										×
2R1	×										×
AC2-5						×	×	×	×	×	×
AC2-6	×	×	×	×	×	×					
AC2-7						×					

小车凸轮控制器触头分合表

AC3

	向后						向前				
	5	4	3	2	1	0	1	2	3	4	5
V12-3W 4U							×	×	×	×	×
V12-3U 4W	×	×	×	×	×						
U12-3U 4W							×	×	×	×	
U12-3W 4U	×	×	×	×	×						
3R5	×	×	×	×				×	×	×	
3R4	×	×	×						×	×	×
3R3	×	×								×	×
3R2	×										×
3R1	×										×
4R5	×	×	×	×				×	×	×	
4R4	×	×	×						×	×	×
4R3	×	×								×	×
4R2	×										×
4R1	×										×
AC3-5						×	×	×	×	×	×
AC3-6	×	×	×	×	×	×					
AC3-7						×					

大车凸轮控制器触头分合表

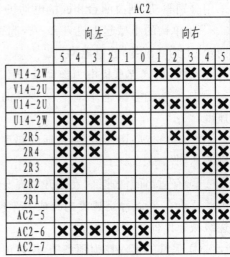

AC4

		下降						0	上升					
		强力			制动									
		5	4	3	2	1	J	0	1	2	3	4	5	6
	S1							×						
	S2	×	×	×										
	S3				×	×	×		×	×	×	×	×	×
KM3	S4	×	×	×	×	×	×		×	×	×	×	×	×
KM1	S5	×	×	×										
KM2	S6			×	×	×			×	×	×	×	×	×
KM4	S7	×	×	×	×	×	×		×	×	×	×	×	×
KM5	S8	×	×	×			×		×	×	×	×	×	
KM6	S9	×	×								×	×	×	×
KM7	S10	×										×	×	×
KM8	S11												×	×
KM9	S12	×	0	0										×

主令控制器触头分合表

(a)

图 13.4　20/5t 桥式起重机的电气原理图

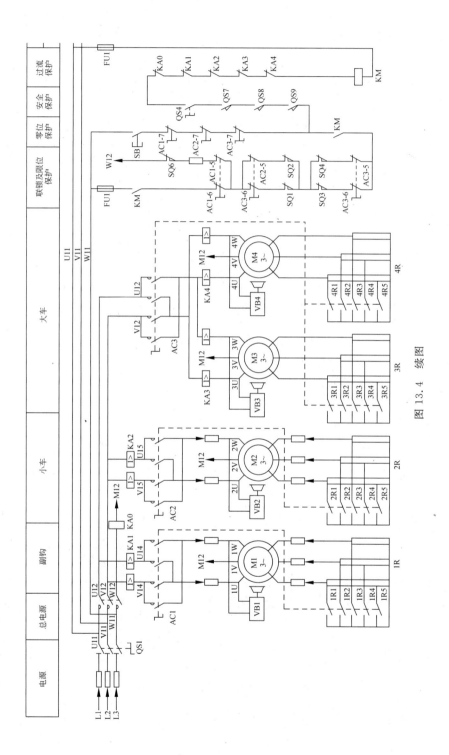

图 13.4　续图

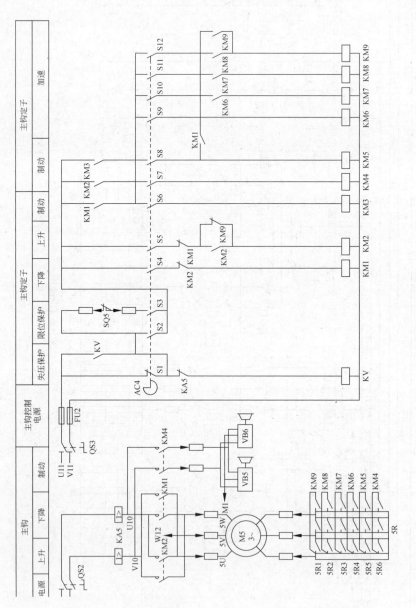

图 13.4 续图

（1）20/5t 桥式起重机电气设备及保护装置。桥式起重机的大车桥架跨度较大，两侧装置两个主动轮，分别由两台同型号、同规格的电动机 M3 和 M4 驱动，两台电动机的定子并联在同一电源上，由凸轮控制器 AC3 控制，沿大车轨道纵向两个方向同速运动。位置开关 SQ3 和 SQ4 作为大车前后两个方向的终端限位保护，安装在大车端梁的两侧。YB3 和 YB4 分别为大车两台电动机的电磁抱闸制动器，当电动机通电时，电磁抱闸制动器的线圈获电，使闸瓦与闸轮分开，电动机可以自由旋转；当电动机断电时，电磁抱闸制动器失电，闸瓦抱住闸轮使电动机被制动停转。

小车移动机构由电动机 M2 驱动，由凸轮控制器 AC2 控制，沿固定在大车桥架上的小车轨道横向两个方向运动。YB2 为小车电磁抱闸制动器，位置开关 SQ1、SQ2 为小车终端限位提供保护，安装在小车轨道的两端。

副钩升降由电动机 M1 驱动，由凸轮控制器 AC1 控制。YB1 为副钩电磁抱闸制动器，位置开关 SQ6 为副钩提供上升限位保护。

主钩升降由电动机 M5 驱动，主令控制器 AC4 配合交流电磁控制柜（PQR）完成对主钩电动机 M5 的控制。YB5、YB6 为主钩三相电磁抱闸制动器，位置开关 SQ5 为主钩上升限位保护。

起重机的保护环节由交流保护控制柜（GQR）和交流电磁控制柜（PQR）来实现，各控制电路用熔断器 FU1、FU2 作为短路保护。总电源及各台电动机分别采用过电流继电器 KA0、KA1、KA2、KA3、KA4、KA5 实现过载和过流保护，过电流继电器的整定值一般整定在被保护的电动机额定电流的 2.25～2.5 倍。用于总电流过载保护的过电流继电器 KA0 串接在公用线的 W12 相中，通过它线圈的电流为所有电动机定子电流的和。它的整定值一般整定为全部电动机额定电流总和的 1.5 倍。

为了保障维修人员的安全，在驾驶室舱门盖上装有安全开关 SQ7。在横梁两侧栏杆门上分别装有安全开关 SQ8、SQ9。为了在发生紧急情况时操作人员能立即切断电源，防止事故扩大，在保护控制柜上装有一只单刀单掷的紧急开关 QS4。上述各开关在电路中均使用动合触头，与副钩、小车、大车的过流继电器及总过流继电器的动断触头相串联，这样，当驾驶室舱门或横梁栏杆门开启时，主接触器 KM 线圈不能获电运行，或在运行中也会断电释放，使起重机的全部电动机都不能启动运转，保证了人身安全。

电源总开关 QS1、熔断器 FU1 与 FU2、主接触器 KM、紧急开关 QS4 以及过电流继电器 KA0～KA5 都安装在保护控制柜中。保护控制柜、凸轮控制器及主令控制器均安装在驾驶室内，以便于司机的操作。交流电磁控制柜、绕线转子异步电动机转子串联的电阻箱安装在大车桥架上。起重机的接地保护接于大车轨道上。

（2）主接触器 KM 的控制。

准备阶段：在启动接触器 KM 之前，应将副钩、小车、大车凸轮控制器的手柄置于"0"位，零位联锁触头 AC1-7、AC2-7、AC3-7 均处于闭合状态。关好横梁栏杆门（SQ8、SQ9 闭合）及驾驶舱门盖（SQ7 闭合），合上紧急开关 QS4。在各过电流继电器没有保护动作（KA0～KA4 动断触点处于闭合状态）的情况下，按下启动按钮 SB，接触器 KM 线圈得电，主触点闭合，两对动合辅助触点闭合自锁。KM 线圈得电路径如下：

FU1→1→SB→11→AC1→7→12→AC2-7→13→AC3-7→13.1→SQ9→18→SQ8→17→SQ7┐

└→16→QS4→15→KA0→19→KA1→20→KA2→21→KA3→22→KA4→23→KM→24→FU1

KM 线圈闭合自锁路径如下：

W13→SQ6→8→AC1-5┐

FU1→1→KM→AC1-6→3─┬→AC2-6→SQ1┐ ┌→SQ3→AC3-6┐
　　　　　　　　　 │　　　　　　├→5→┤　　　　　　├→7→KM
　　　　　　　　　 └→AC2-5→SQ2┘ └→SQ4→AC3-5┘

SQ9→18→SQ8→17→SQ7→16→QS4→15→KA0～KA4→23→KM→24→FU1

KM 吸合，将两相电源（U12、V12）引入各凸轮控制器，另一相电源（W12）经总过电流继电器 KA0 后（W13）直接引入各电动机定子接线端。此时，由于各凸轮控制器手柄均在零位，电动机不会运转。

（3）主钩控制电路。主钩电动机时桥式起重机容量最大的一台电动机，一般采用主令控制器配合电磁控制柜进行控制，即用主令控制器控制接触器，再由接触器控制电动机。主令控制器类似凸轮控制器，不过它的触头小，操作较灵活，可操作频率高，其触头开合表如图13.4(d)所示。为提高主钩电动机运行的稳定性，在切除转子外接电阻时，采取三相平衡切除，使三相转子电流平衡。

① 主钩启动准备。合上电源开关 QS1、QS2、QS3，接通主电路和控制电路电源，将主令控制器 AC4 手柄置于零位，触头 S1（18 区）处于闭合状态，电压继电器 KV 线圈得电吸合，其动合触头闭合自锁，为主钩电动机 M5 启动控制做好准备。KV 为电路提供失压与欠压保护，以及主令控制器的零位保护。

② 主钩上升控制。主钩上升与副钩凸轮控制器的上升动作基本相似，但它是由主令控制器 AC4 通过接触器控制的。控制流程如下：

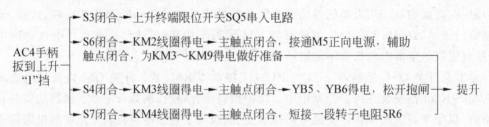

AC4手柄扳到上升"1"挡

S3闭合→上升终端限位开关SQ5串入电路

S6闭合→KM2线圈得电→主触点闭合，接通M5正向电源，辅助触点闭合，为KM3～KM9得电做好准备

S4闭合→KM3线圈得电→主触点闭合→YB5、YB6得电，松开抱闸→提升

S7闭合→KM4线圈得电→主触点闭合，短接一段转子电阻5R6

若将 AC4 手柄逐级扳向"2"、"3"、"4"、"5"、"6"挡，主令控制器的动合触头 S8、S9、S10、S11、S12 逐次闭合，依次使交流接触器 KM5～KM9 线圈得电，接触器的主触点对称短接相应段主钩电动机转子回路电阻 5R5～5R1，使主钩上升速度逐步增加。

③ 主钩下降控制。主钩下降有 6 挡位置，"J"、"1"、"2"挡为制动下降位置，防止在吊有重载下降时速度过快，电动机处于倒拉反接制动运行状态，"3"、"4"、"5"挡为强力下降位置，主要用于轻负载时快速强力下降。主令控制器在下降位置时，6 个挡次的工作情况如下：

• 制动下降"J"挡。制动下降"J"挡是下降准备挡，虽然电动机 M5 加上正序相电压，由于电磁抱闸未打开,电动机不能启动旋转。该档停留时间不宜过长,以免电动机烧坏。

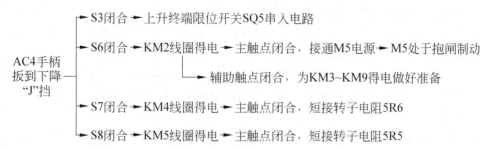

- 制动下降"1"挡。主令控制器 AC4 的手柄扳到制动下降"1"挡,触头 S3、S4、S6、S7 闭合,和主钩上升"1"挡触头闭合一样。此时电磁抱闸器松开,电动机可运转于正向电动状态(提升重物)或倒拉反接制动状态(低速下放重物)。当重物产生的负载倒拉力矩大于电动机产生的正向电磁转矩时,电动机 M5 运转在负载倒拉反接制动状态,低速下放重物;反之,则重物不但不能下降反而被提升,这时必须把 AC4 的手柄迅速扳到制动下降"2"挡。

接触器 KM3 通电吸合后,与 KM2 和 KM1 辅助动合触点(25 区、26 区)并联的 KM3 自锁触点(27 区)闭合自锁,以保证主令控制器 AC4 从制动下降,"2"挡向强力下降"3"挡转换时,KM3 线圈仍通电吸合,电磁抱闸制动器 YB5 和 YB6 保持得电状态,防止换挡时出现高速制动而产生强烈的机械冲击。

- 制动下降"2"挡。主令控制器触头 S3、S4、S6 闭合,触头 S7 分断,接触器 KM4 线圈断电释放,外接电阻器全部接入转子回路,使电动机产生的正向电磁转矩减小,重负载下降速度比"1"挡时加快。
- 强力下降"3"挡。下降速度与负载质量有关,若负载较轻(空钩或轻载),电动机 M5 处于反转电动状态;若负载较重,下放重物的速度会很高,可能使电动机转速超过同步转速,电动机 M5 将进入再生发电制动状态。负载越重,下降速度越大,应注意操作安全。

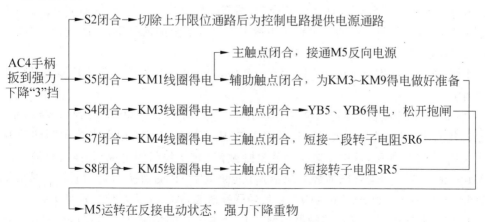

- 强力下降"4"挡。主令控制器 AC4 的触头在强力下降"3"挡闭合的基础上,触头 S9

又闭合，使接触器 KM6（29 区）线圈得电吸合，电动机转子回路电阻 5R4 被切除，电动机 M5 进一步加速反向旋转，下降速度加快。另外，KM6 辅助动合触点（30 区）闭合，为接触器 KM7 线圈得电做好准备。

- 强力下降"5"挡。主令控制器 AC4 的触头在强力下降"4"挡闭合的基础上，又增加了触头 S10、S11、S12 闭合，接触器 KM7～KM9 线圈依次得电吸合。电动机转子回路电阻 5R3、5R2、5R1 依次逐级切除，以避免过大的冲击电流，同时电动机 M5 旋转速度逐渐增加，待转子电阻全部切除后，电动机以最高转速运行，负载下降速度最快。

此挡若下降的负载很重，当实际下降速度超过电动机的同步转速时，电动机将会进入再生发电制动状态，电磁力矩变为制动力矩，由于转子回路未串任何电阻，保证了负载的下降速度不至于太快，且在同一负载下"5"挡下降速度要比"4"挡和"3"挡速度低。

再生发电制动后，如果需要降低下降速度，就需要把主令控制器手柄扳回到制动下降位置"1"挡或"2"挡，进行反接制动下降。这时必然要通过强力下降"4"挡和"3"挡，由于"4"挡、"3"挡转子回路串联的电阻增加，根据绕线式电动机的机械特性可知，正在高速下降的负载速度不但得不到控制，反而使下降速度增加。很可能造成恶性事故。为了避免在主令控制器转换过程中或操作人员不小心，误把手柄停在了强力下降"3"或"4"挡，导致发生过高的下降速度，在接触器 KM9 电路中用辅助动合触点 KM9 自锁，同时在该支路中再串联一个动合辅助触点 KM1。这样可以保证主令控制器手柄由强力下降位置向制动下降位置转换时，接触器 KM9 线圈始终得电，切除所有转子回路电阻。另外，在主令控制器 AC4 触头分合表中可以看到，强力下降位置"4"挡、"3"挡上有"0"的符号，表示手柄由强力下降"5"挡向制动下降"2"挡回转时，触头 S12 保持接通，只有手柄扳至制动下降位置后，接触器 KM9 线圈才断电。

以上联锁装置保证了在手柄由强力下降位置"5"向制动下降位置转换时，电动机转子回路电阻全部切除，下降速度不会进一步提高。

主钩电动机在不同挡位时的机械特性如图 13.5 所示。

串接在接触器 KM2 支路中的 KM2 动合触点与 KM9 动断触点并联，主要作用是当接触器 KM1 线圈断电释放后，只有在 KM9 线圈断电释放的情况下，接触器 KM2 线圈才允许获电并自锁，保证了只有在转子电路中串接一定外接电阻的前提下，才能进行反接制动，以防止反接制动时直接启动产生过大的冲击电流。

注意：20/5t 桥式起重机在实际生产工作中，操作人员应根据负载的具体情况合理选择不同挡位。

（4）副钩控制电路。副钩凸轮控制器 AC1 共有 11 个位置，中间位置是零位，左、右两边各 5 个位置，用来控制电动机 M1 在不同转速下的正、反转，即用来控制副钩的升、降。AC1 共用了 12 对触头，其中 4 对动合触头控制 M1 定子绕组的电源，并换接电源相序以实现 M1 的正反转，5 对动合辅助触头控制 M1 转子电阻 1R 的切换，3 对动断辅助触头作为联锁触头，其中 AC1-5 和 AC1-6 为 M1 正反转联锁触头，AC1-7 为零位联锁触头。

① 副钩上升控制。在主接触器 KM 线圈获电吸合的情况下，转动凸轮控制器 AC1 的手轮至向上"1"挡，AC1 主触头 V13-1W 和 U13-1U 闭合，触头 AC1-5 闭合，AC1-6 和 AC1-

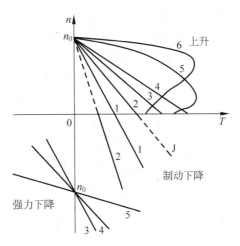

图 13.5　主钩电动机在不同挡位时的机械特性

7 断开,电动机 M1 接通三相电源正转,同时电磁抱闸制动器线圈 YB1 获电,闸瓦与闸轮分开,M1 转子回路中串接的全部外接电阻器 1R 启动,M1 以最低转速、较大的启动力矩带动副钩上升。

转动 AC1 手轮,依次到向上的"2"～"5"挡位时,AC1 的 5 对动合辅助触头依次闭合,短接电阻 1R5～1R1,电动机 M1 的提升转速逐渐升高,直到预定转速。

由于 AC1 拨至向上挡位,AC1-6 触头断开,KM 线圈自锁回路电源通路只能通过串入副钩上升限位开关 SQ6 支路,副钩上升到调整的限位位置时 SQ6 被挡铁分断,KM 线圈失电,切断 M1 电源,同时 YB1 失电,电磁抱闸制动器在反作用弹簧的作用下对电动机 M1 进行制动,实现终端限位保护。

② 副钩下降控制。凸轮控制器 AC1 的手轮转至向下挡位时,触头 V13-1U 和 U13-1W 闭合,改变接入电动机 M1 的电源相序,M1 反转,带动副钩下降。依次转动手轮,AC1 的 5 对动合辅助触头依次闭合,短接电阻 1R5～1R1,电动机 M1 的下降转速逐渐升高,直到预定转速。

将手轮依次回拨时,电动机转子回路中串入的电阻增加,转速逐渐下降。将手轮转至"0"位时,AC1 的主触头切断电动机 M1 电源,同时电磁抱闸制动器 YB1 也断电,M1 被迅速制动停转。

注意:终端限位位置应手动调整、试验,避免发生顶撞事故。

(5)小车控制电路。小车的控制与副钩的控制相似,转动凸轮控制器 AC2 手轮,可控制小车在小车轨道上左右运行。

注意:小车的左右两端装有终端限位保护,限位位置、方向应手动调整和检验,确保正确可靠;小车轨道较短,应控制小车速度,尤其是在吊钩处于下放位置或吊有重物状态下,以防缆绳甩动发生危险。

(6)大车控制电路。大车的控制与副钩和小车的控制相似,由于大车由两台电动机驱动,因此,采用同时控制两台电动机的凸轮控制器 AC3,它比小车凸轮控制器多 5 对触头,以供短接第二台大车电动机的转子外接电阻。两台大车电动机的定子绕组是并联的,用 AC3 的 4 对触头进行控制。

注意：两台大车电磁抱闸制动器的抱闸力度调成一致，短接的电阻保持一致，确保两台大车运行速度、运行方向一致。大修、更换电动机或凸轮控制器时应先调试好两台电动机转向，再将电动机与离合器相连，避免产生相反的扭力矩而发生危险。

（7）元器件明细表。20/5t 桥式起重机元器件明细如表 13.1 所示。

表 13.1　20/5t 桥式起重机元器件明细表

代号	元件名称	型号	规格	数量
M1	副钩电动机	YZR-200L-8	15kW	1
M2	小车电动机	YZR-132MB-6	3.2kW	1
M4、M4	大车电动机	YZR-160MB-6	7.5kW	1
M5	主钩电动机	YZR-315M-10	75kW	1
AC1	副钩凸轮控制器	KTJI-50/1		1
AC2	小车凸轮控制器	KTJI-50/1		1
AC3	大车凸轮控制器	KTJI-50/5		1
AC4	主钩主令控制器	LK1-12/90		1
YB1	副钩电磁抱闸制动器	MZD1-300	单相 AC380V	1
YB2	小车电磁抱闸制动器	MZD1-100	单相 AC380V	1
YB3、YB4	大车电磁抱闸制动器	MZD1-200	单相 AC380V	2
YB5、YB6	主钩电磁抱闸制动器	MZS1-45H	三相 AC380V	2
1R	副钩电阻器	2K1-41-8/2		1
2R	小车电阻器	2K1-12-6/1		1
3R、4R	大车电阻器	4K1-22-6/1		2
5R	主钩电阻器	4P5-63-10/9		1
QS1	电源总开关	HD-9-400/3		1
QS2	主钩电源开关	HD11-200/2		1
QS3	主钩控制电源开关	DZ5-50		1
QS4	紧急开关	A-3161		1
SB	启动按钮	LA19-11		1
KM	主交流接触器	CJ20-300/3	300A，线圈电压 380V	1
KA0	总过电流继电器	JL4-150/1		1
KA1	副钩过电流继电器	JLA-40		1
KA2～KA4	大车、小车过电流继电器	JLA-15		1
KA5	主钩过电流继电器	JLA-150		1
KM1、KM2	主钩正反转交流接触器	CJ20-250/3	300A，线圈电压 380V	2
KM3	主钩抱闸接触器	CJ20-75/2	45A，线圈电压 380V	1
KM4、KM5	反接电阻切除接触器	CJ20-75/3	750A，线圈电压 380V	2
KM6～KM9	调速电阻切除接触器	CJ20-75/3	75A，线圈电压 380V	4
KV	欠电压继电器	JT4-10P		1
FU1	电源控制电路熔断器	RL1-15/5	15A，熔体 5A	2

续表

代号	元件名称	型号	规格	数量
FU2	主钩控制电路熔断器	RL1-15/10	15A，熔体 10A	2
SQ1～SQ4	大、小车限位位置开关	LK4-11		4
SQ5	主钩上升限位位置开关	LK4-31		1
SQ6	副钩上升限位位置开关	LK4-31		1
SQ7	舱门安全开关	LX2-11H		1
SQ8、SQ9	横梁栏杆门安全开关	LX2-111		2

4. 任务内容及步骤

20/5t 桥式起重机典型故障分析如下。

故障 1：合上电源总开关 QS1 并按下启动按钮 SB 后主接触器 KM 不吸合。

故障原因可能是：线路无电压，熔断器 FU1 熔断；紧急开关 QS4 或安全门开关 SQ7、SQ8、SQ9 未合上；主接触器 KM 线圈短路；有凸轮控制器手柄没在零位，或凸轮控制器零位触头 AC1-7、AC2-7、AC3-7 触头分断；过电流继电器 KA0～KA4 动作后未复位。

该故障检测流程如图 13.6 所示。

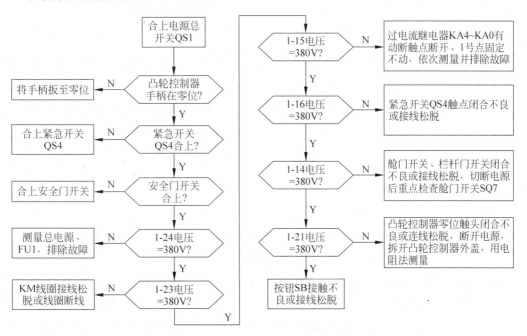

图 13.6　KM 不吸合故障检测流程图

注意：该故障发生概率较高，排除时先目测检查，然后在保护控制柜中和出线端子上测量、判断，确定故障大概位置后，切断电源，然后用电阻法测量，查找故障具体位置。

故障 2：按下启动按钮 SB 后交流接触器 KM 不能自锁。

故障原因是 1～14 号线之间出现断点，而故障点多出现在 7～14 号之间的 KM 自锁触点上。断开总电源，用电阻法测量。

故障 3：副钩能下降但不能上升。

该故障检测流程图如图 13.7 所示。

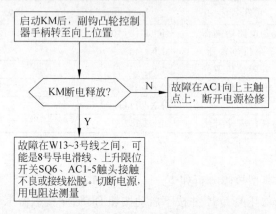

图 13.7　副钩能降不能升故障检测流程图

注意：对于小车、大车朝一个方向工作正常，而朝另一个方向不能工作的故障，故障检测流程与图类似。在检修试车时不能朝一个运行方向试车行程太大，以免产生终端限位故障。

故障 4：制动抱闸器噪声大

故障原因可能是：交流电磁铁短路环开路；动、静铁芯端面有油污；铁芯松动或有卡滞现象；铁芯端面不平、变形；电磁铁过载。

注意：主钩电磁抱闸制动器的线圈有三角形连接和星形连接两种，更换时不能接错。线圈头尾错误、接法错误可能使线圈过热烧毁，或造成吸力不足使制动器不能打开的故障。

故障 5：主钩既不能上升也不能下降

故障原因是多方面的，可从主钩电动机运转状态、电磁抱闸器吸合声音、继电器动作状态来判断故障。交流电磁保护柜装于桥架上，观察交流电磁保护柜中继电器的动作状况，测量需与吊车司机配合进行，并注意高空操作安全，测量尽量在驾驶室端子排上进行并判断故障的大致位置。该故障检测流程图如图 13.8 所示。

故障 6：接触器 KM 吸合后过电流继电器 KA0～KA4 立即动作

故障现象表明有接地短路故障存在，引起过电流保护继电器动作，故障原因可能是：凸轮控制器 AC1～AC3 电路接地；电动机 M1～M4 绕组接地；电磁抱闸 YB1～YB4 线圈接地。一般采用分段、分区和分别试验的方法，查找出故障具体点。

故障分析注意事项：20/5t 桥式起重机的结构复杂，工作环境比较恶劣，同时工作频繁，副钩、小车、大车电气连接通过导电滑线完成，故障率较高，必须坚持经常性地维护保养和检修。检修和维护属于高空作业，应特别注意人身安全。

任务考核

考核内容与评分标准可参见表 13.2 。

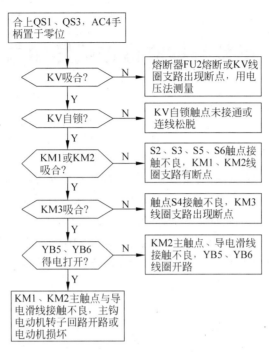

图 13.8　主钩不能升降故障检测流程图

表 13.2　考核内容与评分标准

项目内容	配分	评分标准	扣分	得分
故障分析	30	(1) 不能根据设置的故障说出故障现象，扣 10～15 分 (2) 不能根据试车的状况说出故障现象，每个故障扣 5 分 (3) 找不出可能的故障点或找错故障点位置，每个故障扣 5 分		
排除故障	70	(1) 停电不验电，扣 5 分 (2) 测量仪表使用不正确，每次扣 5 分 (3) 排除故障方法、步骤不正确，扣 10 分 (4) 损坏元器件，扣 40 分 (5) 能查出但不能排除故障，每个故障扣 20 分 (6) 不能查出故障，每个故障扣 35 分 (7) 扩大故障范围或产生新的故障，每个故障扣 40 分		
安全文明生产		违反安全文明生产规程，未清理场地，扣 10～70 分		
备注		各项内容的最高扣分不得超过配分数　　合计		

思考与练习

1. 20/5t 桥式起重机有哪些保护措施？

2. 20/5t 桥式起重机为什么在启动前各控制器手柄都要置于零位？

3. 20/5t 桥式起重机，若合上电源开关并按下启动按钮 SB 后，主接触器 KM 不吸合，则可能的故障原因是什么？

项目 14　安装与检修数控机床电气控制线路

任务描述

　　本项目要完成安装与检修数控机床电气控制线路的任务。数控机床是一种装有程序控制系统的自动化机床。该控制系统能够逻辑地处理具有控制编码或其他符号指令规定的程序,并将其译码,用代码化的数字表示,通过信息载体输入数控装置。然后经运算处理再由数控装置发出各种控制信号,控制机床的动作,并按图纸要求的形状和尺寸,自动地将零件加工出来。数控机床较好地解决了复杂、精密、小批量、多品种的零件加工问题,是一种柔性的、高效能的自动化机床,代表了现代机床控制技术的发展方向,是一种典型的机电一体化产品。

任务分析

- 知识点:了解数控机床组成及各部分作用、数控机床的分类,掌握数控机床的安装要求。
- 技能点:掌握数控机床安装要求及检修数控机床电气控制线路方法。

任务资讯

　　1. 数控机床的基础知识

　　(1) 数控机床的特点。数控机床的操作和监控全部在数控单元中完成,它是数控机床的大脑。与普通机床相比,数控机床有如下特点:

　　① 加工精度高,具有稳定的加工质量。

　　② 可进行多坐标的联动,能加工形状复杂的零件。

　　③ 加工零件改变时,一般只需要更改数控程序,可节省生产准备时间。

　　④ 机床本身的精度高、刚性大,可选择有利的加工用量,生产率高(一般为普通机床的3~5倍)。

　　⑤ 机床自动化程度高,可以减轻劳动强度。

　　⑥ 对操作人员的素质要求较高,对维修人员的技术要求则更高。

　　(2) 数控机床的基本组成。数控机床一般由输入/输出装置、数控装置、伺服驱动系统、机床电器逻辑控制装置、检测反馈装置和机床主题及辅助装置组成。

　　① 输入/输出装量。键盘、磁盘驱动器是典型的输入设备,它可以用串行通信的方式输入。显示输出设备一般为 CRT 或 LCD(液晶显示器)。

　　② 数控装置。它是数控机床的核心部件,形式可以是由数字逻辑电路构成的专用硬件数控装置(又称 NC 装置)或计算机数控装置(又称 CNC 装置)。

　　③ 伺服驱动系统。伺服驱动系统是数控装置与机床主体的联系环节。它包括进给轴伺服驱动装置和主轴驱动装置。进给轴伺服驱动装置由位置控制单位、速度控制单元、电动

机和测量反馈单元等部分组成。主轴驱动装置主要由速度控制单元控制。

④ 机床电器逻辑控制装置。其形式可以是可编程控制或电器控制线路。它接受数字控制发出的开关命令，主要完成机床主轴选速、启停和方向控制功能；换刀功能、工件装夹、冷却和液压等机床辅助功能。

⑤ 检测反馈装置。它的作用是检测刀具实际位移量，并反馈给数控装置与指令位移量进行比较，若有误差，则调整控制信号，进一步提高控制精度。其中，主要检测元件有：脉冲编码器、旋转变压器、感应同步器、测速发电机、光栅和磁尺等。

⑥ 机床主体。根据不同的加工方式，机床主体可以是车床、铣床、镗床、磨床、加工中心及电加工机床等，其整体布局、传动系统、刀具系统及操作机构等方面都应符合数控的要求。

⑦ 辅助装置。辅助装置主要包括换刀机构、工件自动交换机构、工件夹紧机构、润滑装置、冷却装置、照明装置、排屑装置、液压与气动系统、过载保护与限位保护装置等。

（3）数控机床的分类。其分类方式主要有：按运动轨迹分类、按联动轴数分类、按伺服类型分类、按数控装置功能水平分类。

1）按运动轨迹分类，数控机床可以分为如下几类。

① 点位控制数控机床。其特点是只控制点到点的准确位置，不要求运动轨迹。使用这类控制系统的数控机床有数控钻床、数控坐标镗床、数控冲床、数控电焊机、数控折弯和数控测量机等。

② 直线控制数控机床。其特点是：既要控制起点与终点的准确位置，又要控制刀具在这两点之间运动的速度和轨迹。使用这类控制系统的数控机床有数控车床、数控铣床和数控磨床等。

③ 轮廓切削（连续轨迹）控制数控机床。其特点是：能控制两个或两个以上的轴；坐标方向可以得到同时严格地连续控制，不仅控制每个坐标行程，还要控制每个坐标的运动速度。使用这类控制系统的数控机床有数控车床、数控铣床、数控磨床、数控齿轮加工机床和数控加工中心等。

2）按联动轴数分类。按联动轴数分类，可以分为二轴联动、三轴联动、二周半联动和多轴联动数控机床。

3）按伺服类型分类。按伺服类型分，可以分为开环伺服系统数控机床、半闭环伺服系统数控机床、闭环伺服系统数控机床、混合环伺服系统数控机床。

4）按数控装置功能水平分类。按数控装置功能水平可分为经济型（抵挡）、普及型（中档）、高级型（高档）数控机床。

（4）数控机床的应用。数控机床有普通机床所不具备的许多优点。其应用范围正在不断扩大，但它并不能完全代替普通机床，也还不能以最经济的方式解决机械加工中的所有问题。数控机床最适合加工具有以下特点的零件：

① 多品种、小批量生产的零件。

② 形状结构比较复杂的零件。

③ 需要频繁改型的零件。

④ 价值昂贵、不允许报废的关键零件。

⑤ 设计制造周期短的急需零件。

⑥ 批量较大、精度要求较高的零件。

2．数控机床电气图的识读

先仔细阅读数控机床技术说明书，了解其控制系统的总体结构后再阅读分析原理图。其读图方法和步骤如下：

① 分析数控装置。根据数控装置的组成分析数控系统包括数控装置的硬件和软件组成。

② 分析伺服驱动装。目前常用的有直流伺服驱动和交流伺服驱动两种。

③ 分析测量反馈装置。对机床采用的测量元件和反馈信号的性质（速度、位移等）进行分析。

④ 分析输出/输入装置。对各种外围设备及相应的接口控制部件进行分析，包括键盘、显示器、可编程序控制器等。

⑤ 分析连锁与保护环节。生产机械对于安全性、可靠性要求很高，因此除了采用合理的控制方案外，还可在控制线路中设置一系列的电路保护和必要的电器连锁。

⑥ 总体检查。经过逐步分析每一局部电路的工作原理及各部分之间的控制关系后，还要检查整个控制线路，看是否有遗漏。

3．数控机床电气控制测绘

（1）测绘步骤

① 测绘出机床的安装接线图。主要包括数控系统、伺服系统和机床内、外部电子部分的安装接线图。

② 测绘电子控制原理图。包括数控系统、伺服系统和机床强电控制回路之间的电子控制原理图。

③ 整理草图。进一步检查核实，将所绘出的草图标准化，绘制出数控机床完整安装接线图和电子控制原理图。

（2）测绘方法和内容

在测绘前准备好相关的绘图工具和合适的纸张。首先绘出草图，主要通过直观法，即通过看原件上的标号、导线上的线号、电缆上的标号，必要时可利用万用表进行测量来绘制草图。强电部分和弱电部分可分开绘制，直流部分和交流部分可分开绘制，主回路和控制回路可分开绘制。画出草图后将几部分进行合并整理，经过进一步的核实和标准化后就得到完整的线路图。具体的测绘内容分别为：测绘安装接线图时，首先将配电箱内外各个器件部件的分布和物理位置画出来，其中数控系统和伺服装置分别用一个方框单元代替，找出各方框单元的输入/输出信号，信号的流向及各方框间的相互关系。将各电器部件上的接线线号或装置上的插座号或电缆号依次标注出来即可。绘制电气控制原理图时，应分别绘制出数控系统和伺服装置的方框图和主回路、接触器回路、电源回路。有条件的可以将可编程序控制器（PCL）梯形图读出来并绘制出来，作为原理图的一部分。

（3）测绘时的注意事项

由于数控系统是由大规模的集成电路及复杂电路组成的，所以在测绘时绝对不能在带电的情况下进行拆卸、插拔等活动，也不允许随意去摸电路板，以免静电损坏电子元器件。另外，更不允许使用兆欧表进行测量。拆下的插头和电路要做好标记，在测绘后要将整个机床恢复,并经过仔细检查后方可送电试车。试车正常后,整个测绘工作才算完成。

4. 数控机床电气控制电路设计原则

(1)电气控制电路设计原则

① 最大限度地实现机械设计和工艺的要求。数控机床是机电一体化产品,数控机床的主轴、进给轴伺服控制系统绝大多数是机电式的,其输出都包括含有某种类型的机械环节和元件,它们是控制系统的重要组成部分,其性能直接影响数控机床的品质。这些机械环节和元件一旦制造好,其性能就难以更改,远不如电气部分灵活易变。因此,数控机床的机械与数控系统的设计人员都必须明确地了解机械环节和元件的参数对整机系统的影响,以便密切配合,在设计阶段,就仔细考虑相互之间的各种要求,做出合理的设计。

② 保证数控机床能稳定、可靠运行。数控机床运行的稳定性、可靠性在某种程度上决定于电气靠性。数控机床在加工车间,使用的条件、环境比较恶劣,极易造成数控系统的故障。尤其工业现场,电磁环境恶劣,各种电气设备产生的电磁干扰,要求数控系统对电磁干扰应有足够的抗扰度水平,否则设备无法正常运行。

③ 便于组织生产、降低生产成本、保证产品质量。商品生产的基本要求是以最低的成本,最高的质量,生产出满足用户要求的产品,数控机床的生产也不例外。电气控制电路设计时就应该充分考虑元器件品质,供应,并便于安装、调试和维修,以便于保证产品质量和组织生产。

④ 安全。电气控制电路的设计应高度重视保证人身安全、设备安全,符合国家有关的安全规范和标准。各种指示及信号易识别,操纵机构易操作,易切换。

5. TK1640 数控车床电气控制电路

(1)TK1640 数控车床的功能

TK1640 数控车床如图 14.1 所示,是我国宝鸡机床厂研制、开发的产品,主轴变频调速,三挡无级变速,采用 HNC-21T 车床数控系统实现机床的两轴联动。机床配有四工位刀架,可满足不同需要的加工;可开闭的半防护门,确保操作人员的安全。机床适用于多品种、中小批量产品的加工,对复杂、高精度零件由于机床的自动化而更显示其优越性。

图 14.1 TK1640 数控车床

(2)TK1640 数控车床的组成

TK1640 数控车床传动简图如图 14.2 所示。机床由底座、床身、主轴箱、大拖板(纵向拖板)、中拖板(横向拖板)、电动刀架、尾座、防护罩、电气部分、CNC 系统、冷却、润滑等部分组成。

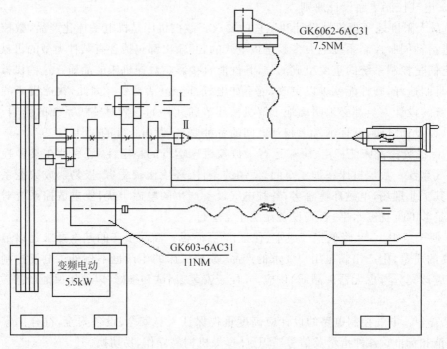

GK6062-6AC31
7.5NM

Ⅰ
Ⅱ

GK603-6AC31
11NM

变频电动
5.5kW

图 14.2 TK1640 数控车床传动简图

机床主轴的旋转运动由 5.5kW 变频主轴电机经皮带传动至Ⅰ轴,经三联齿轮变速将运动传至主轴,并得到低速、中速和高速三种无级变速。

大拖板左右运动方向为 Z 坐标,其运动由 GK6063-6AC31 交流永磁伺服电机与滚珠丝杠直联实现;中拖板前后运动方向为 X 坐标,其运动由 GK6062-6AC31 直流永磁伺服电机通过同步齿形带及带轮带动滚珠丝杠和螺母实现。

(3) TK1640 数控车床的电气控制电路

1) 电气原理图分析的方法与步骤。电气控制电路一般由主回路、控制电路和辅助电路等部分组成。了解了电气控制系统的总体结构、电动机和电气元件的分布状况及控制要求等内容之后,便可以阅读分析电气原理图。

① 分析主回路。从主回路入手,根据伺服电机、辅助机构电机和电磁阀等执行电器的控制要求,分析它们的控制内容,控制内容包括启动、方向控制、调速和制动。

② 分析控制电路。根据主回路中各伺服电机、辅助机构电机和电磁阀等执行电器的控制要求,逐一找出控制电路中的控制环节,按功能不同划分成若干个局部控制线路来进行分析。而分析控制电路的最基本方法是查线读图法。

③ 分析辅助电路。辅助电路包括电源显示、工作状态显示、照明和故障报警等部分,它们大多由控制电路中的元件来控制的,所以在分析时,还要回头来对照控制电路进行分析。

④ 分析连锁与保护环节。机床对于安全性和可靠性有很高的要求,实现这些要求,除了合理地选择元器件和控制方案以外,在控制线路中还设置了一系列电气保护和必要的电

气连锁。

⑤　总体检查。逐步分析了每一个局部电路的工作原理以及各部分之间的控制关系之后,检查整个控制线路,看是否有遗漏。特别要从整体角度去进一步检查和理解各控制环节之间的联系,理解电路中每个元器件所起的作用。

2) TK1640 数控车床电气控制电路分析设备主要器件如下。

①　机床的运动及控制要求。正如前述,TK1640 数控车床主轴的旋转运动由 5.5kW 变频主轴电机实现,与机械变速配合得到低速、中速和高速三种无级变速。Z 轴、X 轴的运动由交流伺服电机带动滚珠丝杠实现,二轴的联动由数控系统控制并协调。螺纹车削由光电编码器与交流伺服电机配合实现。

除上述运动外,还有电动刀架的转位、冷却电机的启、停等。

②　主回路分析。图 14.3 是 380V 强电回路。图中 QF1 为电源总开关。QF3、QF2、QF4、QF5 分别为主轴强电、伺服强电、冷却电机、刀架电机的空气开关,它的作用是接通电源及短路、过流时起保护作用;其中 QF4、QF5 带辅助触头,该触点输入 PLC,作为报警信号,并且该空开的保护电流为可调的,可根据电机的额定电流来调节空开的设定值,起到过流保护作用。KM3、KM1、KM6 分别为主轴电机、伺服电机、冷却电机交流接触器,由它们的主触点控制相应电机;KM4、KM5 为刀架正反转交流接触器,用于控制刀架的正反转。TC1 为三相伺服变压器,将交流 380V 变为交流 200V 供给伺服电源模块;RC1、RC3、RC4 为阻容吸收,当相应的电路断开后,吸收伺服电源模块、冷却电机、刀架电机中的能量,避免产生过电压而损坏器件。

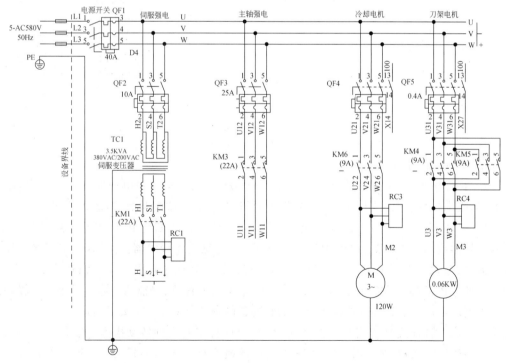

图 14.3　TK1640 数控车床强电回路

③ 电源电路分析。图 14.4 为电源回路图。图中 TC2 为控制变压器,原方为 AC380V,副方为 AC110V、AC220V、AC24V,其中 AC110V 给交流接触器线圈,为强电柜风扇提供电源;AC24V 给电柜门指示灯、工作灯提供电源;AC220V 通过低通滤波器滤波给伺服模块、电源模块、24V 电源提供电源;VC1 为 24V 电源,将 AC220V 转换为 AD24V 电源,给世纪星数控系统、PLC 输入/输出、24V 继电器线圈、伺服模块、电源模块、吊挂风扇提供电源;QF6、QF7、QF8、QF9、QF10 空开为电路的短路保护。

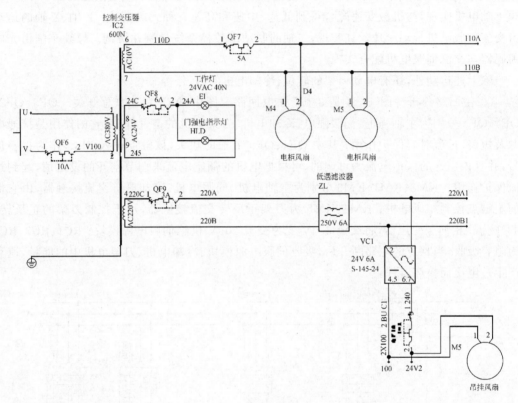

图 14.4　电源回路图

④ 控制电路分析。

a. 主轴电机的控制。先将 QF2、QF3 空开合上,见图 14.3 强电回路,当机床未压限位开关、伺服未报警、急停未压下、主轴未报警时,KA2、KA3 继电器线圈通电,继电器触点吸合,并且 PLC 输出点 Y00 发出伺服允许信号,KA1 继电器线圈通电,继电器触点吸合,KM1 交流接触器线圈通电,交流接触器触点吸合,KM3 主轴交流接触器线圈通电,交流接触器主触点吸合,主轴变频器加上 AC380V 电压,若有主轴正转或主轴反转及主轴转速指令时(手动或自动),PLC 输出主轴正转 Y1.0 或主轴反转 Y1.1 有效、主轴 AD 输出对应于主轴转速的直流电压值(0~10V),主轴按指令值的转速正转或反转;当主轴速度到达指令值时,主轴变频器输出主轴速度到达信号给 PLC 输入 X31(未标出),主轴转动指令完成。

b. 刀架电机的控制。当有手动换刀或自动换刀指令时,经过系统处理转变为刀位信号,这时 PLC 输出 Y06 有效,KA6 继电器线圈通电,继电器触点闭合,KM4 交流接触器线圈通电,交流接触器主触点吸合,刀架电机正转,当 PLC 输入点检测到指令刀具所对应的刀位信号时,PLC 输出 Y06 有效撤销、刀架电机正转停止;PLC 输出 Y07 有效,KA7 继电器线圈通电,继电器触点闭合,KM5 交流接触器线圈通电,交流接触器主触点吸合,刀架电机反转,延时一定时间后(该时间由参数设定,并根据现场情况作调整),PLC 输出 Y07 有效撤销,KM5 交流接触器主触点断开,刀架电机反转停止。选刀完成。为了防止电源短路,在刀架电机正转继电器线圈、接触器线圈回路中串入了反转继电器、接触器常闭触点,见图 14.5。请注意,刀架转位选刀只能一个方向转动,取刀架电机正转。刀架电机反转只为刀架定位。

　　c. 冷却电机控制。当有手动或自动冷却指令时,这时 PLC 输出 Y05 有效,KA8 继电器线圈通电,继电器触点闭合,KM6 交流接触器线圈通电,交流接触器主触点吸合,冷却电机旋转,带动冷却泵工作。

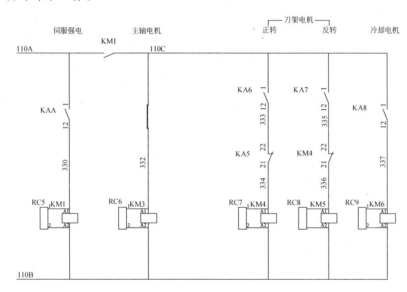

图 14.5　交流控制电路

　　6. 数控机床安装调试的目的

　　其目的是使数控机床恢复和达到出厂时的各项性能指标。

　　7. 检修数控机床的电气控制电路的方法

　　数控系统的品种繁多,不仅外形体积各异,其内部结构差别极大,而且编程格式也有很大不同。无论何种数控系统,当发生故障时,都可遵循下述方法进行综合判断:

　　① 利用问、看、听、摸、嗅的感官功能,注意发生故障时是否有响声及其来源,是否有闪光产生,是否有焦糊味,观察可能发生故障的每块印刷电路板的表面状况等,以进一步缩小检查范围。

　　② 多数系统都具有自诊断程序对系统进行快速诊断,在检测到故障时会立即将诊断以报警号在 CRT 上显示,或点亮操作面板上各种报警指示灯。通常,NC 还能将故障进行分类。一般包括储存工作不正常引起的报警、程序错误或误操作报警、控制单元或电动机过热引起的报警,设定错误报警、超程报警、连接单元(或输入/输出单元)或可编程序控制器故障

报警以及伺服系统报警等。一般数控系统有几十种报警,诊断功能强的有几百种。许多数控系统的控制单元(即主板)、输入单元(电源单元)、连接单元(信号输入/输出单元)以及伺服单元均有报警指示灯。根据报警号和报警指示灯的提示,可以迅速找到故障源。

③ 发生故障时应及时核对系统参数,因为这些参数直接影响着机床的性能。由于受外界干扰或不慎而引起储存器内个别参数发生变化,从而出现故障现象。

④ 检查印制电路板上短路棒的设定。与系统参数一样,设定短路棒是为了保证数控系统与机床相配后能处于正确的工作状态。如在位置检测系统中,可以选择旋转变压器或感应同步器等不同的检测元件。为了适应不同的检测元件,可能有不同的相应的设定。

⑤ 利用印刷电路板的检测端子来测量电路的电压及波形,以检查有关电路的工作状态是否正常。但在利用检测端子进行测量以前,应先熟悉这些检测端子的作用及有关部分的电路或逻辑关系。

⑥ 利用自诊断功能的状态显示来检查数控系统与机床之间的接口信号。也就是说,可以检查数控系统是否已将信号输出给机床,以及机床的开关信号是否输入到数控系统中,从而将故障范围缩小到数控系统一侧或机床一侧。

⑦ 备件置换法。如果有印制电路板,可以用备用的电路板替换认为有故障的印制电路板。采用此法可以迅速找出存在故障的印制电路板。但需注意,置换某些印制电路板之后,需要对系统做某些规定的操作,如储存器初始化、重新设定系统的参数等。另一些印制电路板(如伺服印制电路板、旋转变压器/感应同步器接口板等)置换后,要注意短路设定棒的设定位置,或对电位器进行必要的调整。

8. 数控机床常见故障分析与检修

(1) 数控装置常见故障分析与检修

① 电源不通。首先检查电源变压器是否接有交流电源、电源单元熔丝是否烧断,再检查电源开关是否接触良好、电路负载是否有短路现象。

② CRT 不显示。检查与 CRT 有关的电缆是否连接不良、插件是否插好、控制线路有无报警。可以从以下 3 个方面查找:

• CRT 单元输入电压是否正常。

• CRT 显示单元中调节器是否正常。

• 如无 CRT 视频信号,则故障可能在 CRT 接口线路板或主控板上。

③ 返回基准点时机床停止位置与基准位置不一致,有以下 3 种情况:

• 停止位置偏离基准点一个栅格距离。

其原因是减速挡安装位置不正确或长度太短,可适当调整或更换减速挡。

• 没有规律的随机误差。

其原因是外界干扰—屏蔽接地不良、脉冲编码器信号电缆与电源电缆太近、脉冲编码器电源电压太低、脉冲编码器性能不良、数控系统主板不良等。

• 微小误差。

其原因是接触不良、主板或控制位置单元不良。

④ 不能正常返回基准点且报警。其原因是脉冲编码器第一个脉冲信号没有输入到主印刷电路板、有断线或机床开始移动点与基准点太近。

⑤ 返回基准点过程突然变成"NOT READY"(未准备好)状态而无报警。其原因可能是减速开关失灵,其触头不能恢复。

⑥ 机床不能动作。检查数控系统的复位按钮是否被接通;数控系统是否处于急停状态;如果 CRT 有位置显示而机床不动作,则机床有可能处于锁住状态;还可检查进舱设定是否错误,是否设定为零;系统是否处于报警状态。

⑦ 手摇脉冲发生器不能工作,可从以下两个方面检查:

- 摇手摇脉冲发生器时 CRT 显示不变化且机床不运动,此时可检查机床是否有锁住信号,是否有手摇脉冲发生器方式信号、主板是否有报警信号等,如上述情况皆正常,则可能是手摇脉冲发生器本身或其接口不正常。
- 摇手摇脉冲发生器时 CRT 显示变化且机床不运动,此时,如果机床不处于锁住状态,则故障多出在伺服系统,应检查伺服系统。

(2) 进给系统常见故障与检修

数控机床多采用直流伺服系统,其故障占伺服系统故障率的 1/3,其故障大致分 3 类,即利用软件在 CRT 上显示报警信息(软件报警)、利用速度控制单元软件显示报警(硬件报警)和没有任何报警显示的报警(无报警显示报警)。

① 软件报警。根据软件在 CRT 上显示报警信息判断故障原因,排除伺服单元电压异常和速度控制位置控制故障后,可根据以下情况判断:

- 伺服单元的热继电器动作,先检查保护热继电器设定是否有误,再检查机床工作对切削条件是否接近极限,或机床的摩擦力矩是否过大。
- 变压器热动作开关动作。如电压器不热,可能的原因是热动作开关失灵;如变压器温升过高,则可能是变压器或短路或负载过大。
- 伺服电动机内装的热动作开关动作。此时故障在电动机部分,应先用万用表或兆欧表测量电动机绕组与壳体之间的绝缘电阻是否大于 $1M\Omega$,清扫电动机的换向器,并通过测量电动机的空载电流来检查电动机绕组内部是否短路,若空载时电动机电流随转速成正比增加,可判断为内部短路,这种故障多数是由于电动机换向器附着油污而引起的,应清扫换向器即可排除。

另外,还有引起热开关动作的可能性是电动机的永久磁体去磁和永久磁体粘结不良或内部制动器不良等。

② 硬件报警。硬件报警包括指示灯报警或熔断报警,一般有以下几个方面:

- 过压报警。如输入交流电压超过额定值的 10%,可用调压器调压,另外,其原因可能是伺服电动机电枢绕组和机壳绝缘下降或者伺服单元印制电路板不良。
- 过电流报警。可能是伺服单元功率驱动元件损坏、伺服单元印制电路板故障或电动机绕组内部短路。
- 过载报警。如果不是伺服电动机电流设定值错误,则是机械负载不正常所致,例如,伺服电动机永磁铁脱落,伺服单元印制电路板故障。
- 欠电压报警。先检查输入交流电压是否低于额定值的 15%,如正常,则是伺服变压器二次侧与伺服单元之间连接不良或伺服单元印刷电路板故障。
- 速度反馈线断线报警。伺服单元与电动机间的动力电源线连接不良;伺服单元有关检测元件的设定错误；无加速或反馈信号电缆与连接器接触不良造成断线故障。

- 伺服单元熔丝或断路器跳闸报警。原因是机床负载过大，切削条件恶劣，切削量过大；位置控制部分故障，接线错误或电动机故障；伺服单元设定增益过高或故障位置控制单元或速度控制单元电压过低或过高；外部干扰流经扼流圈的电流延迟，在加减速时频率太高。

③ 无报警显示故障。无软硬件报警的故障，一般是在正常运行过程中出现，常见故障及故障原因如下：

- 机床失控。首先检查位置检测信号连接及电动机与检测器之间的连接是否良好，然后检查主控板或伺服单元印制电路板是否存在故障。
- 机床振动。可能是与位置控制有关的系统参数设定错误或伺服单元的短路棒、电位器设定错误。另外的原因可能是伺服单元印刷电路板存在故障。
- 电动机摇摆。电动机与检测器之间机械连接不良或者速度反馈元件发生故障或连接不良。
- 过冲。伺服系统速度增益太低或数控系统设定的快速移动时间常数太小。在机械方面，电动机和进给丝杠间的刚性太差，如间隙过大也可能引起过冲。
- 低速爬行。一般是伺服系统稳定性不够引起的。
- 圆弧切削时切削表面有条纹，可能是因电动机轴安装不良而造成机械间隙或者伺服系统增益不足，可适当调整增益控制电位器。
- 加工出的圆形不圆。如椭圆在直圆度测量轴的 45°方向上产生，可调整伺服单元的位置增益控制器，如椭圆在横轴上产生，则横向进给精度有误差。
- 电动机噪声过大。这是由于换向器不清洁或有损伤，电动机发生轴向窜动。
- 电动机不转。如用手转不动电动机，则可能是永磁铁脱落。对于带制动器的电动机，制动器及其整流器可能发生故障。

（3）主轴伺服系统的故障与检修

主轴伺服系统也有直流伺服和交流伺服之分，其功率不同则采用的原理和元件也不同。

① 直流主轴伺服系统的故障分析及维修。

- 熔丝易烧断。原因是：伺服单元电缆连接不良，印刷电路板和主控回路太脏造成绝缘下降，电流极限回路故障，电路调整不当，测速发电机接触不良或断线，动力线短路，测速电动机纹波太大。
- 主轴转速不正常。原因是：印制电路板太脏或误差放大器电路故障，D/A 变换器故障，测速电动机故障，速度指令有误。
- 主轴电动机震动或噪声大。原因是伺服单元 50/60Hz 频率开关设定错误，印制电路板增益电路或颤抖电路调整不当，电路反馈电路调整不当与主轴连接的离合器故障，测速发电机波纹太大，电源相序不对或断相，负载太大或主轴齿轮啮合不良。
- 主轴电动机在加速减速时不正常。原因是减速极限电路调整不当，电动机反馈电路不良，负载惯量和加/减速回路时间常数的设定使两者之间的关系不适应，传送带接触不良。
- 主轴不转。原因是印制电路板太脏，触发脉冲电路无脉冲，伺服单元连接不良或动力线断线,高/低挡齿轮切换离合器切换不正常,机床负载太大。

- 主轴发热。原因是负载太大。
- 过电流。原因是:电流极限设定错误,+15V 电源不正常,同步脉冲紊乱,电动机的电枢绕组层间短路,换向器质量不好与电刷接触旋转时产生较大的火花。
- 速度偏差过大。其原因是负载过大,电流零信号没有输出,主轴被制动。
- 速度达不到最高转速。原因是:励磁电流太大,励磁控制回路不动作,整流部分太脏造成绝缘降低。

② 交流主轴伺服系统的故障分析及维修。

- 电动机过热。原因是:负载太大或冷却系统不良,电动机内风扇损坏,电动机与伺服单元间连接断线或接触不良。
- 电动机速度偏离指令值。原因是电动机过载,速度反馈脉冲发生器故障或断线,印制电路板有故障。
- 交流输入电路熔断丝熔断。原因是:交流电源侧阻抗太大,整流桥损坏,交流输入处浪涌吸收器损坏,逆变器晶闸管故障。
- 再生回路熔断丝熔断。可能是加/减速频率太高引起的。
- 电动机速度超过额定值。原因是:参数设定错误或是印制电路板发生故障。
- 电动机震动或噪声过大。如在减速过程中产生,则检查再生回路是否出现故障。如在恒速时产生,则检查反馈回路是否正常,然后突然切断指令观察电动机的噪声,如有异常,则可能是机械故障,否则为印制电路板故障。如反馈电路电压不正常,应检查振动周期是否与速度有关,如有关,应检查主轴电动机的连接以及主轴脉冲发生器是否正常;如无关,则可能是印制电路板不正常或有机械故障。
- 电动机不转或是达不到正常转速。若有报警信号,按报警提示处理检查速度指令是否正常,检查准停传感器的安装是否正常。

📓 任务实施

1. 任务要求

了解数控机床安装调试的目的,掌握数控机床在安装过程中对安装环境的要求,掌握检修数控机床电气控制线路的方法。

2. 仪器、设备、元器件及材料

交直流电压表、万用表、相序表、示波器、测电笔及一些专用的仪器,如红外线热检测仪、逻辑分析仪、电路维修测试仪等,可根据实际需要选用。

3. 任务内容及步骤

(1)任务内容

学习数控机床对安装环境的要求,掌握数控机床开机调试工作的步骤。

(2)任务步骤

数控机床开机调试工作的步骤如下:

① 通电前外观检查。包括机床电器检查、CNC 电器检查、接线质量检查、电磁阀检查、限位开关检查、操作面板上按钮及开关检查、电源相序检查、伺服电机外表检查等。

② 机场总电源接通检查:包括直流电源输出检查、液压系统检查,及检查冷却风扇、照明熔断器保护等是否工作正常。

③ CNC 电器箱通电检查:参数设定值是否符合随机资料中规定的数据;试验各主要操作动作、安全措施、常用指令的执行情况。

④ 外围设备及通信功能检查:包括程序输入与输出的检查。

⑤ 数控机床试运行:数控机床安装完毕,要求在一定负载下,经过一段较长时间的自动运行,全面检查机床功能及工作可靠性。时间一般为 8h 且连续运行 2～3 天或 24h 连续运行 1～2 天。

4. 注意事项

在数控机床安装的过程中,对安装环境有一定的要求,其要求有地基、环境温暖、湿度、电网、地线和防干扰等项目。

(1) 地基要求:重型机床和精密机床,应参照制造厂向用户提供的机床基础地基图制作基础,用户事先做好机床基础,经过一段时间保养等基础已进入稳定阶段后再安装机床。对于中小型数控机床,对地基的要求同普通机床。

(2) 环境稳定和湿度要求:对精密数控机床会提出恒温和湿度要求,以确保机床精度和加工精度。普通和经济型数控机床应尽量保持恒温,以降低故障发生的可能性。对于安装环境,要求保持空气流通和干燥,但要避免阳光直射。

(3) 电网和地线的要求:数控机床对电源供电要求较高,若供电质量低,应在电源上加稳压器。为了安全和抗干扰,数控机床必须要有接地线,一般采用一点接地,接地电阻小于 4 欧姆。

(4) 避免环境干扰等要求:远离锻压设备等震动源,远离电磁场干扰较大的设备,根据需要采取防尘措施等。

(5) 仪器仪表要求:安装维护使用的仪器仪表包括交直流电压表、万用表、相序表、示波器、测电笔及一些专用仪器,如红外线热检查仪、逻辑分析仪、电路维修测量仪等,可根据实际需要选用。

任务考核

针对考核任务,相应的考核评分细则参见表 14.1。

表 14.1 评分细则

序号	考核内容	考核项目	配分	评分标准	得分
1	仪器仪表使用	外形识别;功能作用	30 分	(1) 能正确识别(10 分) (2) 功能用法正确(20 分)	
2	数控机床开机调试工作的步骤及检修数控机床的方法	调试步骤正确;检修方法正确工艺熟练;爱护公物器件;操作严谨细致	60 分	(1) 调试方法、步骤正确,(30 分) (2) 检修方法正确(30 分)	
3	安全文明生产	安全、文明生产	10 分	违反安全文明生产酌情扣分,重者停止实训	
	合计		100 分		

注:每项内容的扣分不得超过该项的配分。

任务结束前,填写、核实制作和维修记录单并存档。

思考与练习

1. 数控机床基本结构组成有哪些?
2. 数控机床的分类方式有哪几种?
3. 数控机床对安装环境有什么样的要求?

项目 15　安装与检修组合机床电气控制线路

 任务描述

  本项目要完成安装与检修组合机床的电气控制线路的任务。组合机床是以通用部件为基础，配以少量的专用部件，对一种或多种工件按预先确定的工序进行加工的机床，它是根据工件的加工工艺要求而设计制造的一种高效自动化的专用加工设备。组合机床兼顾了通用机床和专用机床的优点，在复杂零件的加工中得到越来越广泛的应用。双面铣削组合机床是在工件两相对表面上进行铣削加工的一种高效自动化加工设备，主要用于对铸件、钢件及有色金属件的大平面铣削，其电气控制系统采用可编程控制器（PLC）进行控制，了解双面铣削组合机床 PLC 控制系统的结构与工作原理，掌握双面铣削组合机床 PLC 系统的安装方法，熟悉双面铣削组合机床 PLC 控制系统的检修方法，对双面铣削组合机床的高效运行具有重要意义。

任务分析

- 知识点：了解双面铣削组合机床 PLC 控制系统的结构与工作原理；掌握双面铣削组合机床 PLC 系统的安装方法；熟悉双面铣削组合机床 PLC 控制系统的检修方法。
- 技能点：能对双面铣削组合机床 PLC 控制系统进行正确安装；能对双面铣削组合机床 PLC 控制系统进行有效检修。

任务资讯

1. 组合机床电气控制系统基本知识

组合机床多采用 PLC 进行控制，其电气控制系统多为 PLC 控制系统。

（1）PLC 基本知识。

① PLC 的定义。1980 年，美国电气制造商协会（National Electronic Manufacture Association，NEMA）将可编程控制器正式命名为 Programmable Controller，简称为 PLC 或 PC。

关于可编程控制器的定义，1980 年，NEMA 将其定义为："可编程控制器是一种带有指令存储器，数字的或模拟的输入/输出接口，以位运算为主，能完成逻辑、顺序、定时、计数和算术运算等功能，用于控制机器或生产过程的自动控制装置。"

国际电工委员会（IEC）于 1982 年 11 月颁发了可编程控制器标准草案第一稿，1985 年 1 月又发表了第二稿，1987 年 2 月颁发了第三稿。该草案中对可编程控制器的定义是："可编程控制器是一种数字运算操作的电子系统，专为在工业环境下应用而设计。它采用了可编程序的存储器，用来在其内部存储和执行逻辑运算、顺序控制、定时、计数和算术运算等操作命令,并通过数字式和模拟式的输入和输出,控制各种类型的机械或生产过程。可编程控制器及其有关外围设备,都按易于与工业系统联成一个整体、易于扩充其功能的原则设计。"

　　② PLC 的特点。PLC 是一种面向用户的工业控制专用计算机,它与通用计算机相比具有以下特点。

- 编程简单,使用方便。梯形图是使用得最多的可编程序控制器的编程语言,其符号与继电器电路原理图相似。有继电器电路基础的电气技术人员只要很短的时间就可以熟悉梯形图语言,并用来编制用户程序,梯形图语言形象直观,易学易懂。

- 控制灵活,程序可变,具有很好的柔性。可编程序控制器产品采用模块化形式,配备有品种齐全的各种硬件装置供用户选用,用户能灵活方便地进行系统配置,组成不同功能、不同规模的系统。可编程序控制器用软件功能取代了继电器控制系统中大量的中间继电器、时间继电器、计数器等器件,硬件配置确定后,可以通过修改用户程序,不用改变硬件,方便快速地适应工艺条件的变化,具有很好的柔性。

- 功能强,扩充方便,性能价格比高。可编程序控制器内有成百上千个可供用户使用的编程元件,有很强的逻辑判断、数据处理、PID 调节和数据通信功能,可以实现非常复杂的控制功能。如果元件不够,只要加上需要的扩展单元即可,扩充非常方便。与相同功能的继电器系统相比,具有很高的性能价格比。

- 控制系统设计及施工的工作量少,维修方便。可编程序控制器的配线与其他控制系统的配线比较要少得多,故可以省下大量的配线,减少大量的安装接线时间,开关柜体积缩小,节省大量的费用。可编程序控制器有较强的带负载能力,可以直接驱动一般的电磁阀和交流接触器。一般可用接线端子连接外部接线。可编程序控制器的故障率很低,且有完善的自诊断和显示功能,便于迅速地排除故障。

- 可靠性高,抗干扰能力强。可编程序控制器是为现场工作设计的,采取了一系列硬件和软件抗干扰措施,硬件措施如屏蔽、滤波、电源调整与保护、隔离、后备电池等,软件措施如故障检测、信息保护和恢复、警戒时钟,加强对程序的检测和校验,从而提高了系统抗干扰能力,平均无故障时间达到数万小时以上,可以直接用于有强烈干扰的工业生产现场。可编程序控制器已被广大用户公认为最可靠的工业控制设备之一。

- 体积小、重量轻、能耗低。PLC 采用 LSI 或 VLSI 芯片,其产品结构紧凑、体积小、重量轻、功耗低,是"机电一体化"特有的产品。

　　③ PLC 的应用。目前,可编程序控制器已经广泛地应用在各个工业部门。随着其性能价格比的不断提高,应用范围还在不断扩大,主要有以下几个方面:

- 逻辑控制。可编程序控制器具有"与"、"或"、"非"等逻辑运算的能力,可以实现逻辑运算,用触点和电路的串、并联,代替继电器进行组合逻辑控制、定时控制与顺序逻辑控制。数字量逻辑控制可以用于单台设备,也可以用于自动生产线,其应用领域最为普及,包括微电子、家电行业也有广泛的应用。

- 运动控制。可编程序控制器使用专用的运动控制模块,或灵活运用指令,使运动控制与顺序控制功能有机地结合在一起。随着变频器及电动机启动器的普遍使用,可编程序控制器可以与变频器结合,运动控制功能更为强大,并广泛地用于各种机械,如金属切削机床、装配机械、机器人、电梯等场合。

- 过程控制。可编程序控制器可以接收温度、压力、流量等连续变化的模拟量,通过模拟量 I/O 模块,实现模拟量和数字量之间的 A/D 转换和 D/A 转换,并对被控模拟量实行闭环 PID(比例-积分-微分)控制。现代的大中型可编程序控制器一般都有 PID 闭环控制功能,此功能已经广泛地应用于工业生产、加热炉、锅炉等设备,以及轻工、化工、机械、冶金、电力、建材等行业。

- 数据处理。可编程序控制器具有数学运算、数据传送、转换、排序和查表、位操作等功能,可以完成数据的采集、分析和处理。这些数据可以是运算的中间参考值,也可以通过通信功能传送到别的智能装置,或者将它们保存、打印。数据处理一般用于大型控制系统,如无人柔性制造系统,也可以用于过程控制系统,如造纸、冶金、食品工业中的一些大型控制系统。

- 构建网络控制。可编程序控制器的通信包括主机与远程 I/O 之间的通信、多台可编程序控制器之间的通信、可编程序控制器和其他智能控制设备(如计算机、变频器)之间的通信。可编程序控制器与其他智能控制设备一起,可以组成"集中管理、分散控制"的分布式控制系统。

④ PLC 的分类。虽然国内外生产厂家生产的 PLC 产品型号、规格和性能各不相同,但仍然可按照 I/O 点数和功能、结构形式两种形式分类。

- 按 I/O 点数和功能分类。可编程控制器用于对外部设备的控制,外部信号的输入、PLC 的运算结果的输出都要通过 PLC 输入输出端子来进行接线,输入、输出端子的数目之和被称为 PLC 的输入、输出点数,简称 I/O 点数。根据 I/O 点数的多少可将 PLC 的 I/O 点数分成小型、中型和大型。小型 PLC 的 I/O 点数小于 256 点,以开关量控制为主,具有体积小、价格低的优点。可用于开关量的控制、定时/计数的控制、顺序控制及少量模拟量的控制场合,代替继电器-接触器控制在单机或小规模生产过程中使用。中型 PLC 的 I/O 点数在 256～1024 之间,功能比较丰富,兼有开关量和模拟量的控制能力,适用于较复杂系统的逻辑控制和闭环过程的控制。大型 PLC 的 I/O 点数在 1024 点以上。用于大规模过程控制,集散式控制和工厂自动化网络。

- 按结构形式分类。PLC 可分为整体式结构和模块式结构两大类。

整体式 PLC 是将 CPU、存储器、I/O 部件等组成部分集中于一体,安装在印刷电路板上,并连同电源一起装在一个机壳内,形成一个整体,通常称为主机或基本单元。整体式结构的 PLC 具有结构紧凑、体积小、重量轻、价格低的优点。一般小型或超小型 PLC 多采用这种结构。

模块式 PLC 是把各个组成部分做成独立的模块,如 CPU 模块、输入模块、输出模块、电源模块等。各模块作成插件式,并将组装在一个具有标准尺寸并带有若干插槽的机架内。模块式结构的 PLC 配置灵活,装配和维修方便,易于扩展。一般大中型的 PLC 都采用这种结构。

⑤ PLC 的主要技术指标。PLC 的种类很多,用户可以根据控制系统的具体要求选择不同技术性能指标的 PLC。其技术性能指标主要有以下几个方面:

- 输入/输出点数。PLC 的 I/O 点数指外部输入、输出端子数量的总和。它是描述的

PLC 大小的一个重要参数。

- 存储容量。PLC 的存储器由系统程序存储器、用户程序存储器和数据存储器三部分组成。PLC 存储容量通常指用户程序存储器和数据存储器容量之和,表示系统提供给用户的可用资源,是系统性能的一项重要技术指标。

- 扫描速度。PLC 采用循环扫描方式工作,完成 1 次扫描所需的时间叫做扫描周期。影响扫描速度的主要因素有用户程序长度和 PLC 产品类型。PLC 中 CPU 的类型、机器字长等直接影响 PLC 运算精度和运行速度。

- 指令系统。指令系统是指 PLC 所有指令的总和。PLC 的编程指令越多,软件功能就越强,但掌握应用也相对较复杂。用户应根据实际控制要求选择合适指令功能的可编程控制器。

- 通信功能。通信有 PLC 之间的通信和 PLC 与其他设备之间的通信。通信主要涉及通信模块、通信接口、通信协议和通信指令等内容。PLC 的组网和通信能力也已成为 PLC 产品水平的重要衡量指标之一。

⑥ PLC 的结构。PLC 的类型繁多,功能和指令系统也不尽相同,但结构与工作原理则大同小异,通常由主机、输入/输出接口、电源、编程器扩展器接口和外部设备接口等几个主要部分组成。

PLC 的硬件系统结构如图 15.1 所示。

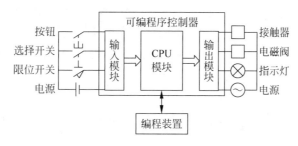

图 15.1 PLC 的硬件系统结构图

- 主机。主机部分包括中央处理器(CPU)、系统程序存储器和用户程序及数据存储器。CPU 是 PLC 的核心,它用以运行用户程序、监控输入/输出接口状态、作出逻辑判断和进行数据处理,即读取输入变量、完成用户指令规定的各种操作,将结果送到输出端,并响应外部设备(如编程器、计算机、打印机等)的请求以及进行各种内部判断等。PLC 的内部存储器有两类,一类是系统程序存储器,主要存放系统管理和监控程序及对用户程序作编译处理的程序,系统程序已由厂家固定,用户不能更改;另一类是用户程序及数据存储器,主要存放用户编制的应用程序及各种暂存数据和中间结果。

- 输入/输出(I/O)接口。I/O 接口是 PLC 与输入/输出设备连接的部件。输入接口接受输入设备(如按钮、传感器、触点和行程开关等)的控制信号。输出接口是将主机经处理后的结果通过功放电路去驱动输出设备(如接触器、电磁阀和指示灯等)。I/O 接口一般采用光电耦合电路,以减少电磁干扰,从而提高了可靠性。I/O 点数即输入/输出端子数是 PLC 的一项主要技术指标,通常小型机有几十个点,中型机有几百个点,大型机将超过千点。

- 电源。图 15.1 中的电源是指为 CPU、存储器、I/O 接口等内部电子电路工作所配置的直流开关稳压电源,通常也为输入设备提供直流电源。
- 编程器。编程器是 PLC 的一种主要的外部设备,用于手持编程,用户可用以输入、检查、修改、调试程序或监控 PLC 的工作情况。除手持编程器外,还可通过适配器和专用电缆线将 PLC 与电脑联接,并利用专用的工具软件进行电脑编程和监控。

图 15.2　PLC 循环扫描的工作过程

- 输入/输出扩展单元。I/O 扩展接口用于连接扩充外部输入/输出端子数的扩展单元与基本单元(即主机)。
- 外部设备接口。此接口可将编程器、打印机、条码扫描仪等外部设备与主机相联,以完成相应的操作。

⑦ PLC 的工作方式。PLC 是采用周期循环扫描的工作方式,CPU 连续执行用户程序和任务的循环序列称为扫描。CPU 对用户程序的执行过程是 CPU 的循环扫描,并用周期性地集中采样和集中输出的方式来完成。其工作过程如图 15.2 所示。

⑧ PLC 的编程语言。PLC 的编程语言多种多样,对不同生产商、不同系列的 PLC 产品采用的编程语言的表达方式是不同的,但基本上可分为两种类型:一是采用字符表示的编程语言,如语句表等;二是采用图形符号表示的编程语言,如梯形图等。

- 梯形图语言。梯形图语言是在传统电气控制系统中常用的接触器和继电器等图形表示符号的基础上演变而来的。它与电气控制线路相似,继承了传统电气控制逻辑中使用的框架结构、逻辑运算方式和 I/O 形式,具有形象、直观和实用的特点。因此,梯形图语言是应用最广泛的 PLC 编程语言。

PLC 的梯形图使用的是内部继电器、定时/计数器等都是由软件实现的,使用方便,修改灵活,与电气控制系统线路硬接线相比优势明显。

- 助记符语言。助记符语言是以汇编指令的格式来表示控制程序的程序设计语言。同微机的汇编指令一样,助记符指令也是由操作码和操作数两部分组成的。操作码用助记符表示,便于记忆,用来表示指令的功能,告诉 CPU 要执行什么操作,如 LD 表示取,OR 表示或。操作数用标识符和参数表示,用来表示参加操作的数的类别和地址。如用 X 表示输入,用 Y 表示输出。操作数是一个可选项,如 END 指令就没有对应的操作数。

编程时,可直接用助记符编写。更方便的方法是先编制梯形图,再用软件将梯形图转化成对应的指令表。

- 流程图语言(SFC)。流程图(Sequential Function Chart)是一种描述顺序控制系统功能的图解表示法。对于复杂的顺序控制系统,内部的互锁关系非常复杂,若用梯形图来编写，其程序步就会很长，可读性也会大大降低。符合 IEC 标准的流程图语言，以流程图形式表示机械动作，即以 SFC 语言的状态转移图方式编程，特别适合编制复杂的顺序控制程序。

用 SFC 语言编制复杂的顺序控制程序的编程思路为：按结构化程序设计的要求，将一个复杂的控制过程分解为若干个工步，这些工步称为状态。状态与状态之间由转移分隔。相邻的状态具有不同的动作。当相邻两状态之间的转移条件得到满足时，就实现转移，即上面状态的动作结束而下一状态的动作开始，可用状态转移图描述控制系统的控制过程，状态转移图具有直观和简单的特点，是设计 PLC 顺序控制程序的有力工具。

- 逻辑图语言。逻辑图是一种类似于逻辑电路结构的编程语言，由与门、或门、非门、定时器、计数器和触发器等逻辑符号组成。
- 高级语言。随着 PLC 技术的发展，近年来推出的大型 PLC 均可采用高级语言编写程序，如 BASIC 语言、C 语言及 PASCAL 语言等。采用高级语言后，用户可以像使用普通计算机一样操作 PLC，使 PLC 的各种功能得到更好的发挥。

在 PLC 的所用编程语言中，梯形图、助记符和流程图三种程序设计语言使用最多，它们各有特点，在 PLC 编程中要根据控制任务来灵活选择。梯形图具有与继电器控制相似的特征，编程直观、形象，易于掌握。助记符语言与汇编语言相似，可以使用功能指令，它特别适合于在现场输入和调试程序。SFC 语言以流程图形式表示机械动作，以状态转移图方式编程，解决了用梯形图和助记符语言编程可读性差、程序步长的缺点，特别适合于编制复杂的顺控程序。

（2）组合机床 PLC 控制系统类型。以 PLC 为主控制器的组合机床控制系统有 4 种控制类型。

① 单机控制系统。这种系统是由 1 台 PLC 控制 1 台设备或 1 条简易生产线，如图 15.3 所示。

单机系统构成简单，所需要的 I/O 点数较少，存储器容量小，可以任意选择 PLC 的机型。

② 集中控制系统。这种系统是由 1 台 PLC 控制多台设备或几条简易生产线，如图 15.4 所示。

图 15.3　单机控制系统　　　　　　图 15.4　集中控制系统

集中控制系统的特点是多个被控对象的位置比较接近，且相互之间的动作有一定的联系。由于多个被控对象通过同一台 PLC 控制，因此各个被控对象之间的数据和状态的变化不需要另设专门的通信线路。集中控制系统的最大缺点是如果某个被控对象的控制程序需要改变或 PLC 出现故障时，整个系统都要停止工作。对于大型的集中控制系统，可以采用冗余系统来克服这个缺点，此时要求 PLC 的 I/O 点数和存储器容量有较大的余量。

③ 远程 I/O 控制系统。这种控制系统是集中控制系统的特殊情况,也是由 1 台 PLC 控制多个被控对象,但是却有部分 I/O 系统远离 PLC 主机,如图 15.5 所示。

远程 I/O 控制系统适用于具有部分被控对象远离集中控制室的场合。PLC 主机与远程 I/O 通过同轴电缆传递信息,不同型号的 PLC 所能驱动的同轴电缆的长度不同,所能驱动的远程 I/O 通道的数量也是不同的。选择 PLC 型号时要重点考察驱动同轴电缆的长度和远程 I/O 通道的数量。

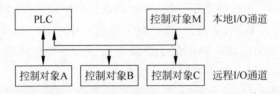

图 15.5   远程 I/O 控制系统

④ 分布式控制系统。这种系统有多个被控对象,每个被控对象由 1 台具有通信功能的 PLC 控制,由上位机通过数据总线与多台 PLC 进行通信。各个 PLC 之间也有数据交换,如图 15.6 所示。

分布式控制系统的特点是多个被控对象分布的区域较大,相互之间的距离较远,每台 PLC 可以通过数据总线与上位机通信,也可以通过通信线与其他的 PLC 交换信息。分布式控制系统的最大好处是某个被控对象或 PLC 出现故障时不会影响其他的 PLC。

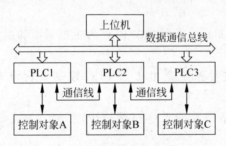

图 15.6   分布式控制系统

PLC 控制系统的发展是非常快的,从简单的单机控制系统,到集中控制系统,再到分布式控制系统,目前又提出了 PLC 的 EIC 综合化控制系统,即将电气控制,仪表控制和计算机控制集成于一体,形成先进的 EIC 控制系统。

(3) 双面铣削组合机床电气控制要求。双面铣削组合机床是两个动力滑台对面布置并安装在底座上,左、右铣削动力头固定在滑台上,中间的铣削工作台是用以完成铣削的通用进给动力部件,与铣削头配套,再配以各种夹具,选择合理的道具和切削参数进行平面铣削。其结构示意图如图 15.7 所示。

双面铣削组合机床的控制过程是顺序控制。工作时,先将工件装入夹具定位并夹紧,按下启动按钮,机床开始自动循环工作。首先两面动力滑台同时快进,此时刀具电动机启动工作,滑台至行程终端停下,接着工件工作台快进和工进,铣削完毕后,左、右动力滑台快速退回原位,到达原位后刀具电动机停止运转,铣削工作台快速退回原位,最后松开夹具取出工件,完成一次加工循环。

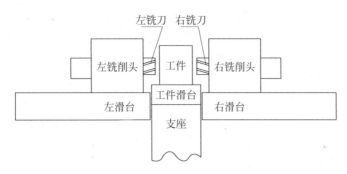

图 15.7 双面铣削组合机床机构示意图

双面铣削组合机床采用电动机和液压系统相结合的驱动方式。由液压系统驱动机床左、右动力滑台和工件工作台滑台。通过电磁阀的通断电实现液压油路控制,进而完成左、右动力滑台和工件工作台滑台的移动控制。

(4) 双面铣削组合机床 PLC 控制系统的安装。

① 安装方式。双面铣削组合机床 PLC 控制系统的安装方法有两种:底板安装和 DIN 导轨安装。底板安装是利用 PLC 机体外壳四个角上的安装孔,用螺钉将其固定在底版上。DIN 导轨安装是利用模块上的 DIN 夹子,把模块固定在一个标准的 DIN 导轨上。导轨安装既可以水平安装,也可以垂直安装。

② 安装环境。PLC 适用于工业现场,为了保证其工作的可靠性,延长 PLC 的使用寿命,安装时要注意周围环境条件:环境温度在 0~55℃ 范围内;相对湿度在 35%~85% 范围内(无结霜),周围无易燃或腐蚀性气体、过量的灰尘和金属颗粒;避免过度的震动和冲击;避免太阳光的直射和水的溅射。

除了环境因素,安装时还应注意:PLC 的所有单元都应在断电时安装、拆卸;切勿将导线头、金属屑等杂物落入机体内;模块周围应留出一定的空间,以便于机体周围的通风和散热。此外,为了防止高电子噪声对模块的干扰,应尽可能将 PLC 模块与产生高电子噪声的设备(如变频器)分隔开。

(5) 双面铣削组合机床 PLC 控制系统的配线。双面铣削组合机床 PLC 控制系统的配线主要包括电源接线、接地、I/O 接线及对扩展单元的接线等。

① 电源接线与接地。PLC 的工作电源有 120/230V 单相交流电源和 24V 直流电源。系统的大多数干扰往往通过电源进入 PLC,在干扰强或可靠性要求高的场合,动力部分、控制部分、PLC 自身电源及 I/O 回路的电源应分开配线,用带屏蔽层的隔离变压器给 PLC 供电。隔离变压器的一次侧最好接 380V,这样可以避免接地电流的干扰。输入用的外接直流电源最好采用稳压电源,因为整流滤波电源有较大的波纹,容易引起误动作。

良好的接地是抑制噪声干扰和电压冲击保证 PLC 可靠工作的重要条件。PLC 系统接地的基本原则是单点接地,一般用独自的接地装置,单独接地,接地线应尽量短,一般不超过20m,使接地点尽量靠近 PLC。

② I/O 接线和对扩展单元的接线。可编程控制器的输入接线是指外部开关设备 PLC的输入端口的连接线。输出接线是指将输出信号通过输出端子送到受控负载的外部接线。

I/O 接线时应注意：I/O 线与动力线、电源线应分开布线，并保持一定的距离，如需在一个线槽中布线时，须使用屏蔽电缆；I/O 线的距离一般不超过 300m；交流线与直流线，输入线与输出线应分别使用不同的电缆；数字量和模拟量 I/O 应分开走线，传送模拟量 I/O 线应使用屏蔽线，且屏蔽层应一端接地。

PLC 的基本单元与各扩展单元的连接比较简单，接线时，先断开电源，将扁平电缆的一端插入对应的插口即可。PLC 的基本单元与各扩展单元之间电缆传送的信号小，频率高，易受干扰。因此不能与其他连线敷设在同一线槽内。

（6）双面铣削组合机床 PLC 控制系统的调试。在双面铣削组合机床 PLC 控制系统投入运行前，一般先作模拟调试。模拟调试可以通过仿真软件来代替 PLC 硬件在计算机上调试程序。如果有 PLC 的硬件，可以用小开关和按钮模拟 PLC 的实际输入信号（如启动、停止信号）或反馈信号（如限位开关的接通或断开），再通过输出模块上各输出位对应的指示灯，观察输出信号是否满足设计的要求。需要模拟量信号 I/O 时，可用电位器和万用表配合进行。在编程软件中可以用状态图或状态图表监视程序的运行或强制某些编程元件。

硬件部分的模拟调试主要是对控制柜或操作台的接线进行测试。可在操作台的接线端子上模拟 PLC 外部的开关量输入信号，或操作按钮的指令开关，观察对应 PLC 输入点的状态。用编程软件将输出点强制 ON/OFF，观察对应的控制柜内 PLC 负载（指示灯、接触器等）的动作是否正常，或对应的接线端子上的输出信号的状态变化是否正确。

在进行联机调试时，先仔细检查 PLC 外部设备的接线是否正确和可靠，各个设备的工作电压是否正常，包括电源的输出电压和各个设备管脚上的工作电压。在确认一切正常后，就可以将程序送入存储器中进行总调试，直到各部分的功能都正常工作，并且能协调一致成为一个正确的整体控制为止。如果在调试过程中发现什么问题或达不到某些指标，则要对硬件和软件的设计作出调整。全部调试完成后，将控制程序保存在有记忆功能的 EPROM 或 E^{2}PROM 中。调试时，主电路一定要断电，只对控制电路进行联机调试。

（7）双面铣削组合机床 PLC 控制系统的自动检测功能及故障诊断。PLC 具有很完善的自诊断功能，如出现故障，借助自诊断程序可以方便地找到出现故障的部件，更换后就可以恢复正常工作。故障处理的方法可参看 FX 系统手册的故障处理指南。实践证明，外部设备的故障率远高于 PLC，而这些设备故障时，PLC 不会自动停机，可使故障范围扩大。为了及时发现故障，可用梯形图程序实现故障的自诊断和自处理。

① 超时检测。机械设备在各工步的所需的时间基本不变，因此可以用时间为参考，在可编程控制器发出信号，相应的外部执行机构开始动作时启动一个定时器开始计时，定时器的设定值比正常情况下该动作的持续时间长 20% 左右。如某执行机构在正常情况下运行 10s 后，使限位开关动作，发出动作结束的信号。在该执行机构开始动作时启动设定值为 12s 的定时器定时，若 12s 后还没有收到动作结束的信号，由定时器的常开触点发出故障信号，该信号停止正常的程序，启动报警和故障显示程序，使操作人员和维修人员能迅速判别故障的种类，及时采取排除故障的措施。

② 逻辑错误检查。在系统正常运行时，PLC 的输入、输出信号和内部的信号（如存储器为的状态）相互之间存在着确定的关系，如出现异常的逻辑信号，则说明出了故障。因此可以编制一些常见故障的异常逻辑关系，一旦异常逻辑关系为 ON 状态，就应按故障处理。如

机械运动过程中先后有两个限位开关动作,这两个信号不会同时接通。若它们同时接通,说明至少有一个限位开关被卡死,应停机进行处理。在梯形图中,用这两个限位开关对应的存储器的位的常开触点串联,来驱动一个表示限位开关故障的存储器的位就可以进行检测。

③ 故障检查流程图。下面以 FX 系列 PLC 为例,给出 PLC 在运行中出现故障时的检查流程图。

- 总体检查。总体检查用于判断故障的大致范围,为进一步详细检查作前期工作,如图 15.8 所示。

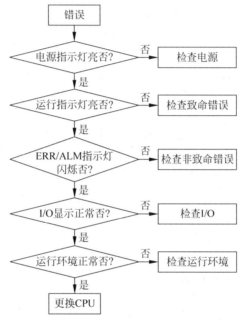

图 15.8 总体检查流程图

- 电源故障检查。如果在总体检查时发现电源指示灯不亮,则需进行电源检查,如图 15.9 所示。
- 致命错误检查。当出现致命错误时,如果电源指示灯会亮,则按图 15.10 所示流程检查。
- 非致命错误检查。在出现非致命错误时,虽然 PLC 会继续运行,但是应尽快查出错误原因并加以排除,以保证 PLC 的正常运行。可在必要时停止 PLC 操作以排除某些非致命错误。非致命错误检查流程如图 15.11 所示。
- 环境条件检查。影响 PLC 工作的环境因素主要有温度、湿度和噪声等,各种因素对 PLC 的影响是独立的,对环境条件检查的流程图如图 15.12 所示。

(8) 双面铣削组合机床 PLC 控制系统的维护与检修。虽然 PLC 的故障率很低,由 PLC 构成的双面铣削组合机床控制系统可以长期稳定和可靠的工作,但对它进行维护和检查是必不可少的。一般每半年应对 PLC 系统进行一次周期性检查。检修内容包括:

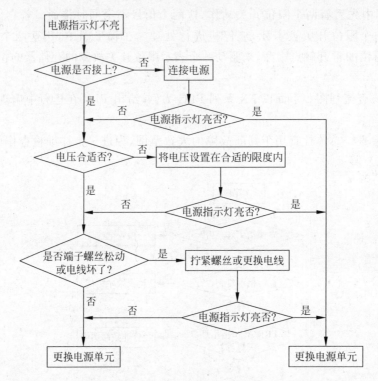

图 15.9　电源检查流程图

① 供电电源。查看 PLC 的供电电压是否在标准范围内。交流电源工作电压的范围为 $85\sim264V$，直流电源电压应为 24V。

② 环境条件。查看控制柜内的温度是否在 $0\sim55℃$ 范围内，相对湿度在 $35\%\sim85\%$ 范围内，以及无粉尘、铁屑等积尘。

③ 安装条件。连接电缆的连接器是否完全插入旋紧，螺钉是否松动，各单元是否可靠固定、有无松动。

④ I/O 端电压。均应在工作要求的电压范围内。

任务实施

1. 任务要求

通过对双面铣削组合机床 PLC 控制系统结构的认知和对其工作原理的了解，掌握双面铣削组合机床 PLC 控制系统的安装与检修方法。

2. 仪器、设备、元器件、工具及技术资料

① 仪器：万用表和 500V 兆欧表。

② 设备：PLC 主机、双面铣削组合机床 PLC 控制系统屏柜。

③ 元器件：胶盖式刀开关、铁壳开关、选择开关、低压断路器、交流接触器、螺旋式熔断器、组合按钮、热继电器、中间继电器、行程开关、控制电磁铁及导线若干。

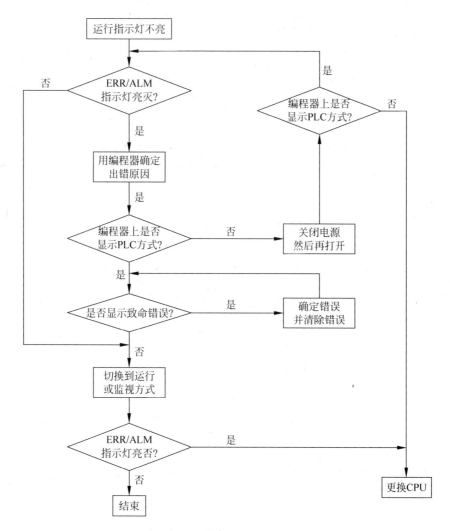

图 15.10 致命错误检查流程图

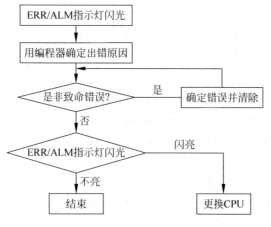

图 15.11 非致命错误检查流程图

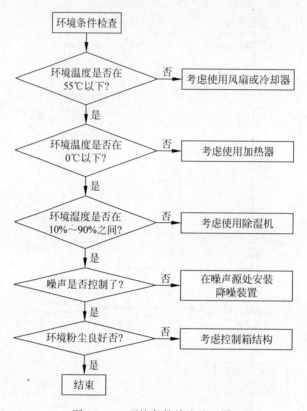

图 15.12　环境条件检查流程图

④ 工具：螺丝刀（一字型和十字型）、测电笔、尖嘴钳、剥线钳、电工刀；检测专用导线。

⑤ 技术资料：双面铣削组合机床 PLC 控制系统原理图。

双面铣削组合机床 PLC 控制系统原理图如图 15.13 所示。

3．任务内容及步骤

① 仔细检测双面铣削组合机床 PLC 控制系统中所需使用的低压电器，确保无质量问题。

② 手工绘制双面铣削组合机床 PLC 控制系统元件布置图，确定元器件及设备的安装位置。

③ 根据所绘制的双面铣削组合机床 PLC 控制系统元件布置图合理配线。

④ 根据双面铣削组合机床 PLC 控制系统原理图进行线路安装。

⑤ 双面铣削组合机床 PLC 控制系统安装完毕后，对照原理图对线路进行仔细检查，确保线路连接正确，触点接触可靠。

⑥ 认真阅读双面铣削组合机床 PLC 控制系统原理图，熟悉其工作原理。

⑦ 合理运用检测仪器和工具对双面铣削组合机床 PLC 控制系统进行常规检修。

⑧ 认真填写双面铣削组合机床 PLC 控制系统检修工单。

4．注意事项

① 严格按照电气线路的安装规范进行布线和接线。

② 禁止带电进行双面铣削组合机床 PLC 控制系统安装与检修作业。

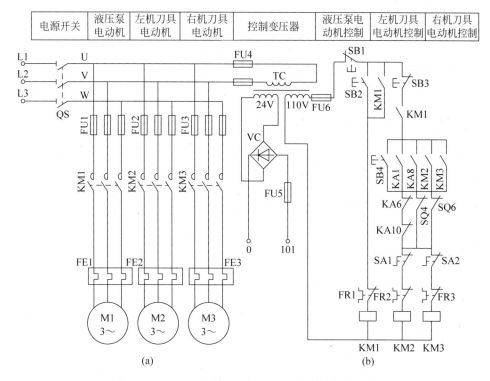

图 15.13 双面铣削组合机床 PLC 控制系统原理图

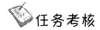任务考核

技能考核任务书如下。

组合机床电气控制系统的安装与检修任务书
1. 任务名称 双面铣削组合机床 PLC 控制系统的安装与检修
2. 具体任务 　　有一台双面铣削组合机床用 3 台三相异步鼠笼式电动机拖动实现运行,由 PLC 控制电机运行及液压系统动作。提供的电路原理图如图 15.13 所示。按要求完成双面铣削组合机床 PLC 控制系统的安装与调试。
3. 工作规范及要求 (1) 手工绘制元件布置图。 (2) 进行系统的安装接线。 　　要求完成主电路、控制电路的线槽安装布线,导线必须沿线槽内走线,接线端加编码套管。线槽出线应整齐美观,线路连接应符合工艺要求,不损坏电气元件,安装工艺符合相关行业标准。 (3) 进行系统调试 (4) 通电试车完成系统功能演示。 (5) 按要求进行双面铣削组合机床 PLC 控制系统常规检修。
4. 考点准备 考点提供双面铣削组合机床 PLC 控制系统所需的元器件、导线及 PLC 主机。
5. 时间要求 本模块操作时间为 180min,时间到立即终止任务。

针对考核任务,相应的考核评分细则参见表15.1。

表 15.1 评分细则

序号	考核内容	考核项目	配分	评分标准	得分
1	双面铣削组合机床PLC控制系统的安装	(1) 元件布置图的绘制 (2) 控制系统线路安装 (3) 通电进行系统调试	40分	(1) 能正确绘制元件布置图(30分) (2) 线路连接正确(40分) (3) 通电调试能满足控制要求(30)	
2	双面铣削组合机床PLC控制系统的检修	(1) 双面铣削组合机床PLC控制系统常规检修项目的确定 (2) 双面铣削组合机床PLC控制系统常规检修项目的实施	30分	(1) 检测项目选用合理(30) (2) 独立完成检修项目(70分)	
3	双面铣削组合机床PLC控制系统的安装与检修资料整理	(1) 双面铣削组合机床PLC控制系统安装资料汇编 (2) 双面铣削组合机床PLC控制系统检修资料汇编	20分	(1) 控制系统安装资料正确完整(50分) (2) 控制系统检修资料正确完整(50分)	
4	安全规范生产	安全、文明生产	10分	违反安全文明生产酌情扣分,重者停止实训	
合计			100分		

注:每项内容的扣分不得超过该项的配分。

任务结束前,填写、核实制作和维修记录单并存档。

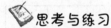 **思考与练习**

1. 简述 PLC 的结构与特点。

2. PLC 有哪些编程语言?各有什么特点?

3. PLC 控制系统怎么配线?

4. 简述 PLC 控制系统调试过程。

5. PLC 控制系统主要检修哪些项目?

6. 组合机床 PLC 控制系统有哪些类型?

7. 简述双面铣削组合机床 PLC 控制系统的控制要求。

8. 简述双面铣削组合机床 PLC 控制系统的安装过程。

9. 简述双面铣削组合机床 PLC 控制系统的调试过程。

项目 16　安装与检修电梯电气控制线路

任务 16.1　安装电梯电气控制线路

任务描述

随着科学技术和社会经济的发展，高层建筑已成为现代城市的标志。电梯（这里主要指垂直梯）作为垂直运输工具，承担着大量的人流和物流的输送，其作用在建筑物中至关重要。

随着经济和技术的发展，电梯的使用领域越来越广，电梯已成为现代物质文明的一个标志。电梯作为载人载物运行设备，其安全可靠性，涉及到电梯的设计、制造、安装、检验、维护、使用等环节。作为一个合格的电梯专业工作人员必须掌握电梯的相关专业知识和技能，能正确的识图与安装电梯电气控制线路，是电梯安全技术中的最为重要的环节。

任务分析

- 知识点：了解电梯的定义与分类、电梯的结构和工作状态，掌握常用电梯电气控制线路的工作原理。
- 技能点：能识读常用电梯类型电气控制线路原理图，能完成常用电梯电气控制线路的布线安装。

任务资讯

1. 电梯的定义与分类

（1）电梯的定义。电梯指用电力作为动力拖动，具有乘客或载货轿厢，运行于垂直或与垂直方向倾斜小于 15°角的两侧刚性导轨之间，运送乘客或货物的固定设备。

（2）电梯的分类。

① 我国的 GB/T 7024.1《电梯、自动扶梯、自动人行道术语》中定义了电梯的分类，主要有：乘客电梯（为运送乘客而设计的电梯）、载货电梯（通常有人伴随，主要为运送货物而设计的电梯）和客货电梯（以运送乘客为主，但也可运送货物的电梯）。

② 按驱动方式不同，电梯可分为强制驱动、液压驱动、曳引驱动、其他驱动。

- 强制驱动。

——齿轮齿条式：主要用于建筑工地（速度提不高，震动和噪音大）

——卷筒式：类似于卷扬机（提升高度及重量有限）

- 液压驱动：轿厢上升靠液压缸推动，下降靠轿厢自身和载重的重量
- 曳引驱动：利用曳引钢丝绳和曳引轮缘上的绳槽之间的摩擦力来传递力
- 其他驱动：

——直线电机驱动,其动力源是直线电机。

——气动驱动,其动力源是气压。

——曾用蒸汽机、内燃机作为动力驱动,现已基本绝迹。

2. 电梯的结构

常见电梯主要由曳引机、控制柜、轿厢、门、导轨、限速器、缓冲器、对重装置、随行电缆和曳引机、钢丝绳等部件组成。各种不同型号的电梯的具体结构会略有不同,按照其所在的位置将其分为四部分:电梯机房、电梯轿厢、对重和门厅、井道和底坑,常见电梯整体结构如图 16.1 所示。

电梯机房是电梯的大脑和心脏,电梯的控制系统和动力系统均安装在这里。机房内安装了曳引机、导向轮、控制框、限速器、电源开关等主要设备。电梯机房的具体布置如图 16.2 所示。

3. 电梯的安装施工工艺流程图

电梯安装的施工进度的安排通常分为机械设备和电气控制线路两部分内容,但两部分不能单独地分开而应平行地同时进行,施工时严禁上下垂直交叉作业。图 16.3 为电梯安装施工工艺流程图。

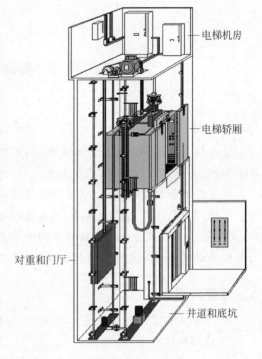

图 16.1 电梯的结构

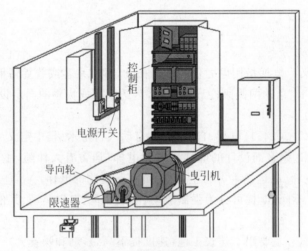

图 16.2 电梯机房的常见布局

4. 电梯应具备的工作状态

电梯运行性能好坏以及它的功能是否完善,主要决定于控制线路是否完善齐全合理。

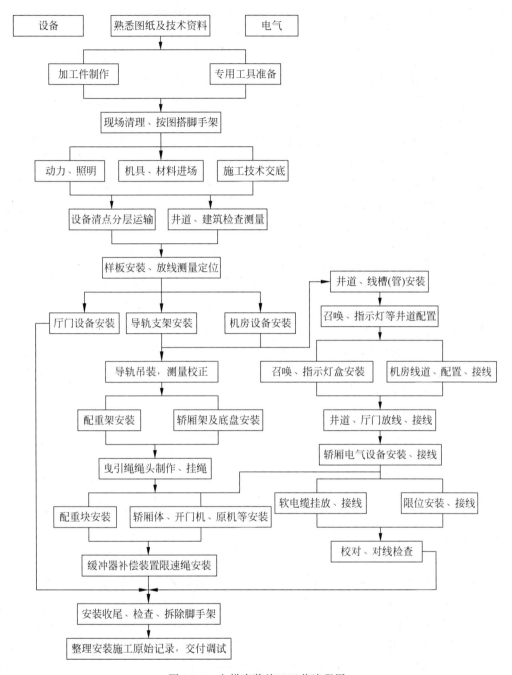

图 16.3　电梯安装施工工艺流程图

一部电梯的电气控制线路的繁简,是根据电梯性能及功能多少而定的,但基本的电气控制线路是不可缺少的。这些线路一般由以下部分组成:主线路、安全保护线路、轿内指令线路、层站召唤线路、自动开关门线路、平层线路等。通过继电器、接触器的逻辑线路进行自动控制时,一般要求电梯具备下述工作状态。

　　(1)自动工作状态。轿厢操纵盘内的检修开关置于"正常"、自动开关置于"运行"位置时,电梯应处于自动工作状态。处于自动工作状态的电梯应能自动的开关门并响应内选或外呼的信号,自动地运行。

(2)司机工作状态。当轿厢操纵盘内的检修开关置于"正常",司机开关处于"运行"位置时,电梯进入司机工作状态,此时电梯不会自动关门启动。当有内选时司机按住按钮点动关门启动运行,但到站时会自动开门。外呼不能决定电梯运行方向,完全由司机决定。

(3)检修工作状态。电梯分别在轿顶检修箱、轿厢操纵箱和机房控制柜内设置了三只检修开关。当电梯的检修开关闭合后,自动门机构和自动平层装置都失效,电梯只能凭检修上/下行按钮点动开慢车,电梯可在并道内任意位置停止,便于检修人员查找故障和维修。在上述三只检修开关中,轿顶"检修"具有优先权。当轿顶"检修"开关闭合后,为保证检修人员的安全,轿厢和机房都无法启动电梯。

(4)消防工作状态。如通火警信号,消防员将一楼大厅的消防开关置于运行位置,若此时电梯正在上行,则电梯就近层站换速停车,反向自动返基站,停车开门后,进入消防状态。消防员进入电梯后,按内选按钮点动关门,门锁闭合后电梯运行,停车后点动开门,释放开门按钮时电梯自动关门。当营救工作结束后,消防开关置于停止位置时,电梯即进入"自动"或"司机"运行状态。

(5)锁梯工作状态。在自动状态执行锁梯时,可将电梯开到基站,也可在电梯自动运行中锁梯,只要基站锁置"ON"时,电梯会响应。方向内选外呼信号返基站后电梯开门,待门关闭。若此时门没有关闭,则电梯不会断电,延时一段时间自动关,当门关闭收到锁门信号(门到位信号 ON)时,电梯断电。

(6)开梯工作状态。开梯时应将基站钥匙开关置于"运行"位置,厅轿门自动开启,轿厢照明点亮,显示正常,即可选择"自动"或"司机"状态,电梯开始运行。

5. 电梯的主线路分析

电梯的启动和制动回路是电梯的主回路,是电梯电气控制线路中的核心功能线路。图 16.4 所示的是电梯主回路图。当电梯开始向上启动运行时,快车接触器 K 吸合,向上方向接触器 S 吸合。因为刚启动时接触器 1A 还未吸合,所以 380V 通过电阻电抗 RQA、XQ 接通电动机快车绕阻,使电动机降压启动运行。约经过 2 秒左右延时,接触器 1A 吸合,短接电阻电抗,使电动机电压上升到 380V。电梯再经过一个加速最后达到稳速快车运行状态。电梯运行到减速点时,上方向接触器 S 仍保持吸合,而快车 K 释放,1A 释放,慢车 M 吸合。因为此时电动机仍保持高速运转状态,电机进入发电制动状态。如果慢车绕阻直接以 380V 接入,则制动力矩太强,而使电梯速度急速下降,舒适感极差,所以必须要分级减速。最先让电源串联电阻电抗,减小慢车线圈对快速运行电动机的制动力。经过一定时间,接触器 2A 吸,短接一部分电阻,使制动力距增加一些。然后再 3A、4A 也分级吸合,使电梯速度逐级过渡到稳速慢车运行状态。电梯进入平层点,S、M、2A、3A、4A 同时释放,电动机失电,制动器抱闸,使电梯停止运行。

6. 电梯的安全保护线路分析

电梯的安全回路是为防止电梯的剪切、挤压、坠落、和撞击事故的发生而设置的电气控制线路,是电梯通常设置的一整套的安全保护装置,它们的主要作用就是当某一安全开关动作时,电梯可以切断电源或控制回路部分的线路,使电梯停止运行。

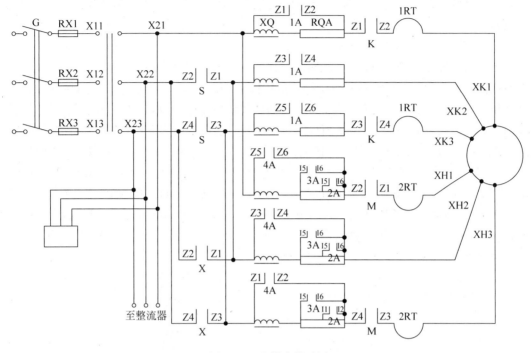

图 16.4　电梯主线路图

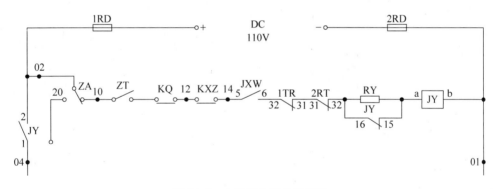

图 16.5　电梯安全保护线路图

图 16.5 所示的是电梯安全保护线路图。由整流器出来的 110V 直流电源,正极接通过熔断丝 1RD 接到 02 号线,负极通过熔断丝 2RD 接到 01 号线。把电梯中所有安全部件的开关串联一起,控制电源继电器 JY,只要安全部件中有任何一只起保护,将切断 JY 继电器线圈电源,使 JY 释放。02 号线通过 JY 继电器的常开点接到 04 号线,这样,当电梯正常有电时,04 号与 01 号之间应用 110V 直流电,否则切断 04 号线,使后面所有通过 04 号控制的继电器失电。串联的一个电阻 RY 起到一个欠电压保护。大家知道,当继电器线圈得到 110V 电吸合后,如果 110V 电源降低到一定范围,继电器线圈仍能维持吸合。这里,当电梯初始得电时,通过 JY 常闭触点(15、16)使 JY 继电器有 110V 电压吸合,JY 一旦吸合,其常闭触点(15、16)立即断开,让电阻 RY 串入 JY 线圈回路,使 JY 在一个维持电压下吸合。这

样当外部电源出现电压不稳定时,如果 01、02 两端电压降低,JY 继电器就先于其他继电器率先断开,起一个欠电压保护作用。

7. 电梯的轿内指令线路分析

当我们站在电梯轿厢内时,从轿厢内部往外看,可以看到操纵箱安装在其右边。操作箱上对应每一层楼设一个带灯的按钮,称内指令按钮。按下其中一个层楼拉钮,只要电梯不在该层楼,按钮便亮,表示内选指令登记,当电梯到达该层楼停止时,该指令消除,按钮灯熄灭。轿内指令线路构成有不同形式,下面以图 16.6 所示电梯的轿内指令线路图为例进行介绍。

图中设计为 5 层楼,对应每一层楼设置一个指令按钮 1AJ～5AJ、一个层楼继电器 1JZ1～5JZ1,一个轿内指令继电器 J1J～J5J。假如电梯在 2 楼,司机按下 5 楼指令 A5J,则 5 楼指令继电器 J5J 吸合,电梯立即定为上方向(见定向选层回路),通过 JKS1(17)、J5J(12、6),J5J 自保持,信号被登记。当电梯向上运行到 5 楼 5JZ1 动作,进入减速时,1A 释放,通过 5JZ1(11、12),1A(7、8)把 J5J 继电器线圈两端短路,J5J 释放,实现消号。电梯停靠在本层时,按本层指令不被接受。

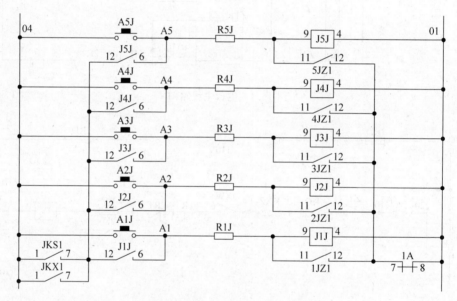

图 16.6　电梯的轿内指令线路线图

8. 电梯的层站召唤线路分析

电梯各个层门上方或侧方一般装有厅外召唤按钮,首层和顶层各装一个按钮,其余各层装两个,一个为上行呼叫,一个为下行呼叫,按钮是自动复位式的。按钮通常接有指示灯,电压为直流 6V、12V、24V,指示灯用来指示召唤有效时。电梯的厅召唤信号通过门口的按钮来实现。在电气线路上,每一个按钮对应一只继电器,现在以四层电梯为例,说明其工作原理及其工作过程。

图 16.7 所示的是电梯的层站召唤线路图。图中 1SA～3SA 为 1～3 楼的上行呼叫按钮,2XA～4XA 为 2～4 楼的下行呼叫按钮,SJ 是上召唤继电器,XJ 是下召唤继电器,FJ 是方向继电器,SFJ 是上行方向继电器,XFJ 是下行方向继电器,SR、XR 是限流电阻,ZSJ 是

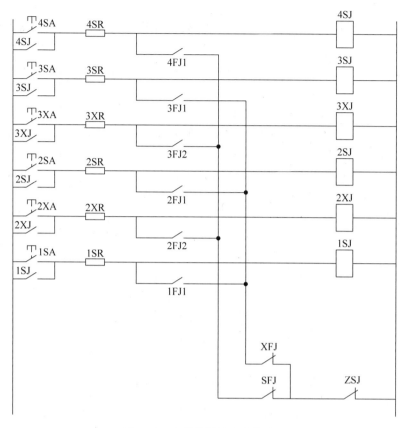

图 16.7　电梯的层站召唤线路图

直驶继电器。

工作原理如下：假如在二楼想坐电梯前往四楼,则按下 2SA,电流经过 2SA→限流电阻 2SR→使二层上召唤继电器 2SJ 得电→2SJ 常开触点闭合使 1SJ 自保持,二楼上呼信号被登记。当电梯上行到达二楼时,二楼层楼继电器 2FJ 吸合(层站到达继电器),电流经过 2FJ→XFJ→ZSJ→使继电器 2SJ 线圈短路→使 2SJ 释放、消号(消除记忆)。

9. 电梯的自动开关门线路分析

为了实现自动开关门,电梯对自动开、关机构(或称自动门机系统)的功能有确定的要求,同时为了减少开、关门的噪声和时间,往往要求门机系统进行速度调节。

(1)电梯自动门机系统的功能。自动门机构必须随电梯轿厢移动,即要求把自动门机构安装于轿箱顶上,除了能带动轿箱门启闭外,还应能通过机械的方法,使电梯轿厢在各个层楼平面处时,能方便地使各个层站的层门也能随着电梯轿厢门的闭合同步启闭。当轿厢门和某层楼的层门闭合后,应由电气机械设备的机械钩子和电气接点予以反映和确认。

(2)门机速度调节方法。为了使电梯的轿箱门和某层层门在启闭过程中达到快、稳的要求,必须对自动门机系统进行速度调节,以满足对自动门机系统的要求。一般凋速方法有：

① 用小型直流伺服电动机作自动门机驱动力时,常用电阻的"串、并联"调速方法,或称

电枢分流法。

② 用小型三相交流转矩电动机作自动门机的驱动力时,常用施加与电机同轴的涡流制动器的调速方法。

直流电机调速方法简单,低速时发热较少,交流门机在低速时电机发热厉害,对三相电机的堵转性能及绝缘要求均较高。

下面主要介绍直流门电动机的控制系统。

直流门电动机控制系统,是采用小型直流伺服电动机作为驱动装置。这种控制系统,使开门机系统具有传动结构简单、调速简便等优点。图 16.8 所示的是一种常见的直流门电动机主控制电路。门机的工作状态有三种分别是快速、慢速、停止,对开关门电路的要求是:

• 关门时,快速—慢速—停止。

• 开门时,快速—慢速—停止。

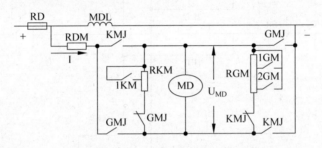

图 16.8　电梯的直流门机线路图

图 16.8 中,MD 是开关门直流电动机,MDL 是开关门直流电动机励磁绕组,RD 是熔断器,RDM 是可调电阻,KMJ 是开门继电器(开关),GMJ 是关门继电器(开关),RKM 是低速开门分流电阻,RGM 是低速关门分流电阻,KM 是开门限制开关,GM 是关门限制开关,MD 和 MDL 流过的电流大小和方向是不变的,因此要改变门电机旋转方向,只要改变门电机 MD 的电枢极性便可实现,从而完成开门和关门的功能。

门的自动开关过程的操纵可分以下三种情况:

① 有司机操作。在有电梯运行方向情况下,司机按下轿内操纵箱上已亮的方向按钮,即可使电梯自动进入关门控制状态。在电梯门尚未完全闭合之前,如发现有乘客进入电梯轿箱,司机只要按下轿内操纵箱上的开关按钮即可使门重新开启。

② 无司机操作。电梯到达某层站后一定时间(时间事先设定),则自动关门,若该层有乘客需用梯,只需按下层站按钮即可使电梯门开启(电梯在当时五指令,关门停在该层楼)。无司机操作状态,当无内指令、外召唤时,轿厢应当"闭门候客"。

③ 检修状态下操作。检修状态下电梯的开关门动作和操作程序不同于正常时动作程序。最大的区别在于电梯门的开和关均是点动断续的。

10. 电梯的平层控制线路分析

电梯的平层是指电梯轿箱地坎与层站厅门地坎平面达到同一平面的动作,平层控制过程决定了电梯的平层准确度。在电梯电气控制系统完成了拖动系统的制动换速过程以后,就进入了自动平层停车过程。这一过程中控制系统需要适时而准确地发出平层停车信号,从而使电梯轿箱准确地停靠在目的层站上,同时满足国家标准 GB/T 7588—2003 对平层的要求。

为了保证电梯的平层准确度,通常在轿顶设置平层器。平层器由三个干簧感应器构成,如图 16.9 所示。

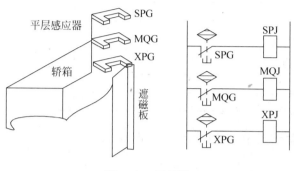

图 16.9　平层器

图 16.9 中,SPG 是上平层感应器,MQG 是门区感应器,XPG 是下平层感应器,SPJ 是上平层继电器,MQJ 是门区继电器,XPJ 是下平层继电器。当电梯处于平层位置时,遮磁板处于三个感应器内,三个感应器的间距可在安装调试中调整,在直流电梯上约为 15 厘米左右,遮磁板安装在井道内。三个感应器分别称上平层感应器 SPG、门区感应器 MQG 和下平层感应器 XPG。电梯上行时,井道内遮磁板依次插入上平层感应器 SPG、门区感应器 MQG、下平层感应器 XPG 三个感应内。电梯下行时插入次序相反。在电梯平层时,遮磁板同时插入三个感应器中。线路上用感应器触点驱动三个继电器,即上、下平层继电器 SPJ 和 XPJ、门区继电器 MQJ。在平层位置,遮磁板插入三个干簧感应器中,三个触点 SPG、MQG、XPG 闭合,SPJ、MQJ 和 XPJ 吸合。当遮磁板不在感应器中时,感应器的接点断开,继电器释放。

任务实施

电梯电气控制线路识图与安装

1. 任务要求

通过识读电梯电气控制线路图,掌握图纸中线路的工作原理,判断线路作用,并能根据原理图进行局部接线。

2. 仪器、设备、元器件及材料

按钮开关、转换开关、熔断器、交流接触器、热继电器、速度继电器、时间继电器、行程开关。万用表、螺丝刀(一字型和十字型)、连接导线。

3. 任务原理与说明

参考任务资讯中图 16.4～图 16.8 中某电梯控制线路图中进行安装调试,并说明工作原理和动作流程。

4. 任务内容及步骤

① 从任务资讯中图 16.4～图 16.8 中选定要进行安装和调试的线路图。仔细识读图中所需设备,分析设备型号及数量,填写入表 16.1 中。

表 16.1　所需设备清单

序号	设备名称	型号及数量	备注

② 根据线路原理图,绘制布置图,绘于下面空格中。

线路布置图

③ 进行设备安装和线路接线。

④ 完成线路安装后进行调试。

⑤ 对线路工作原理和动作流程进行说明,并做好记录。

线路工作原理和动作流程说明

任务考核

技能考核任务书如下：

电梯_____线路的安装与调试任务书
1. 任务名称 电梯_____线路的安装与调试。 2. 具体任务 　按照任务 16.1 任务资讯中图_____进行电梯_____线路的安装与调试，并说明该线路的工作原理和动作流程。 3. 工作规范及要求 （1）识读线路原理图，选择设备，手工绘制元件布置图。 （2）进行系统的安装接线。 　要求根据线路原理图完成对应电气控制线路的安装和布线，设备布局应合理，布线应整齐美观，线路连接应符合工艺要求，不损坏电器元件，安装工艺符合相关行业标准。 （3）进行线路调试，通电试车完成线路功能演示。 （4）分析线路工作原理，记录工作流程。 4. 考点准备 　考点提供线路原理图所需设备与材料、工具。 5. 时间要求 　本模块操作时间为 40min，时间到立即终止任务。

针对考核任务，相应的考核评分细则参见表 16.2。

表 16.2　评分细则

序号	考核内容	考核项目	配分	评分标准	得分
1	线路原理图的识别	功能识别；判断原理图的功能作用	20 分	（1）能正确识别（5分） （2）功能作用分析正确（15分）	
2	线路安装	设备选择正确；线路布局步骤正确；接线工艺熟练；爱护公物器件；操作严谨细致	80 分	（1）设备选择正确（5分） （2）线路布局正确（15分） （3）接线步骤正确，未遗失零件和损坏元件，工艺标准（20分） （4）能正确安装和调试线路，并能简述工作原理（40分）	
3	安全文明生产	安全、文明生产		违反安全文明生产酌情扣分，重者停止实训	
4	时间			定额时间 40min，每超时 5min 扣 10	
合计			100 分	得分	
开始时间		结束时间		实际时间	

注：每项内容的扣分不得超过该项的配分。

任务结束前，填写、核实制作和维修记录单并存档。

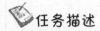思考与练习

1. 电梯的定义是什么？常见电梯的结构由哪几部分组成？
2. 电梯的常见电气控制线路主要有哪些？
3. 电梯的安全保护线路的作用是什么？根据原理图分析它的工作过程。

任务 16.2　检修电梯电气控制线路

任务描述

根据国家标准 GB/T 7588—2003 的规定,各种型号的电梯均设有检修(慢速)运行线路,其操纵由设在轿箱顶的控制开关来实现,在实际电梯设备中常常通过在轿箱顶、轿箱内以及控制柜上设置的检修开关来实现。

电梯电气控制线路故障是指由于电梯电气控制电路系统中的元器件发生异常,导致电梯不能正常工作或严重影响乘坐舒适感,甚至造成人身伤害或设备事故的现象。

为保障电梯的正常运行,必须定期对电梯进行检修并在发生电梯故障时及时进行处理。

任务分析

- 知识点:了解电梯检修的相关规定,熟悉常见电梯故障的处理方法
- 技能点:能识读常用电梯检修线路原理图,能完成常见电梯故障的判断和处理。

任务资讯

1. 电梯电气控制线路的检修

为保证电梯电气控制线路的正常运行,必须定期对相关设备进行检修。电梯的正常检修周期分为半月、月、季度、半年、年保养。检修人员应按计划按时保质保量对电梯进行相应的检修,维护。

电梯检修人员每半月对电梯各易损运动安全部件及基本功能进行一次较为全面的清洁、检查、润滑、调整、更换零部件等保养工作。在每半月保养的基础上,分别于每月、季度、半年、年再对上述部件进行更深入的检修以及对其他部件按时进行清洁、检查、润滑、调整、更换等检修工作。检修完成后的电梯应处于良好安全的运行状态,各部位符合相应的国家标准及企业标准。在周期性巡视或检修过程中,若发现有异常情况但不易进行即时处理的,在不影响正常安全使用的情况下可先予以详细记录,随后尽快及时的安排处理并做好记录。

电梯检修的主要内容包括:

① 安全保护开关应灵活可靠、每月检查一次,拭去表面尘垢,核实触头接触的可靠性、弹性触头的压力与压缩裕度,清除触头表面的积尘,烧蚀地方应锉平滑,严重时,应予以更换。转动和磨损部分可用凡士林润滑。

② 极限开关应灵敏可靠,每月进行一次越程检查,检查其能否可靠地断开主电源,迫使电梯停止运行。

　　③ 应经常检查控制柜里的接触器、继电器触头的工作情况。保证其接触良好可靠,导线和接线柱应无松动现象。动触头连接的导线接头应无断裂现象、应注意清理电气元件的灰尘。

　　④ 交流 220V、二相交流 380V 的主电路,检修时必须分开处理,防止发生短路而损坏电气元件。

　　⑤ 接触器和继电器触头烧蚀部分,如不影响使用性能时,不必修理。如烧伤严重凹凸不平很显著时,可用细目挫刀修平(切忌用砂布修光),以保证接触面积,并将屑木擦净。

　　⑥ 更换熔丝时,应使其熔断电流与该回路相匹配,对一般控制回路,熔丝的额定电流应与该回路额定电流相一致。对电动机回路、熔丝的额定电流应为该电机额定电流的 2.5～3 倍。

　　⑦ 电气控制线路发生故障时,应根据其现象按电气原理图分区分段查找并排除。

　　⑧ 整流器熔丝应选用合适,以防止整流堆的过负荷和短路。

　　⑨ 检查变压器是否过热,电压是否正常,绝缘是否良好,响声是否过大。

　　针对电梯电气控制线路检修,我国国家有关标准规定,要求电梯轿厢顶应有检修开关。在检修运行时通过检修继电器切断内指令、厅外上、下召唤回路、平层回路、减速回路、高速运行回路,有些电梯还切断厅外指层回路。图 16.10 所示的是一种常见的交流双速梯的检修线路。

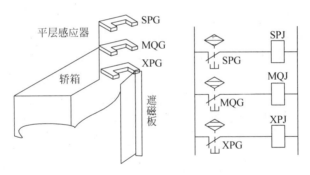

图 16.10　交流双速梯的检修线路

　　图 16.10 中 JXK 是检修开关,JXJ 是检修继电器,DXK 是轿顶检修开关(1 为轿内检修、3 为轿顶检修),JSA、JXA 分别是轿内上、下行按钮,SFJ、XFJ 分别是上、下方向继电器,SC、XC 分别是上、下行接触器,MSJ 是门锁继电器,MA 是门按钮,TMK 是厅门门联锁开关,JMK 是轿门联锁开关,DSA 是轿顶慢上按钮,DXA 是轿顶慢下按钮。

　　该电路操作过程如下:

　　合上检修开关 JXK→JXJ 得电接通检修按钮电源;DXK 置于 1→处在轿内检修状态;按下轿内检修开关 JSA→电源经 JXJ→JSA→XC→XFJ→使上方向继电器 SFJ 得电,电梯以检修速度上行;按下轿内检修开关 JXA→电源经 JXJ→JXA→SC→SFJ→使下方向继电器 XFJ 得电,电梯以检修速度下行。

　　DXK 置于 3→处在轿顶检修状态;按下 DSA→电源经→JXJ→DXK→DXA→DSA→XC→XFJ→使上方向继电器 SFJ 得电,电梯以检修速度上行;按下 DXA→电源经 JXJ→

DXK→DSA→DXA→SC→SFJ→使下方向继电器 XFJ 得电,电梯以检修速度下行。

  2. 电梯电气控制线路故障及处理

  绝大多数电梯故障是电气控制系统的故障。造成电气控制系统故障的原因是多方面的,其主要原因是电气元件质量和维护保养质量不合格。此外,由于电梯在我国是近年来才迅速发展起来的产品,而且电梯的自动化程度比较高、电气控制环节比较多,元器件安装位置比较分散。因此,与一般机床设备的电气控制系统比较,要掌握电梯电气控制系统的工作原理,排除故障的技能是较为困难的。从电梯电气控制线路故障发生的范围看,最常见的是门机系统故障和电器组件接触不良引起的。造成门机系统和电器组件故障多的原因,主要有元器件的质量、安装调试的质量、维护保养质量等。

  (1) 按故障现象划分。

  ① 自动开关门机构及门联锁电路的故障。因为关好所有厅、轿门是电梯运行的首要条件,门联锁系统一旦出现故障电梯就不能运行。这类故障多是由包括自动门锁在内的各种电气元件触点不良或调整不当造成的。

  ② 电气元件绝缘引起的故障。电子电气元件绝缘在长期运行后总会由老化、失效、受潮或者其他原因引起绝缘击穿,造成电气系统的断路或短路引起电梯故障。

  ③ 继电器、接触器、开关等元件触点断路或短路引起的故障。由继电器、接触器构成的控制电路中,其故障多发生在继电器的触点上,如果触点通过大电流或被电弧烧蚀,触点被粘连就会造成短路。如果触点被尘埃阻断或触点的簧片失去弹性就会造成断路,触点的断路或短路都会使电梯的控制环节电路失效,使电梯出现故障。

  ④ 电磁干扰引起的故障。随着计算机技术的迅猛发展,特别是成本大大降低的微型计算机广泛应用到电梯的控制部分,甚至采用多微机控制以及串行通信传输呼梯信号等,驱动部分采用变频变压(VVVF)调速系统已经成为电梯流行的标准设计。近几年来变频门机也成为时尚,取代原来用电阻调速的直流门机。微机的广泛应用对其构成的电梯控制系统的可靠性要求越来越高,主要是抗干扰的可靠性。电梯运行中遇到的各种干扰,主要外部因素有:温度、湿度、灰尘、振动、冲击、电源电压、电流、频率的波动,逆变器自身产生的高频干扰,操作人员的失误及负载的变化等。在这些干扰的作用下,电梯会产生错误和故障,电梯电磁干扰主要有以下三种形式。

  • 电源噪声:它主要是从电源和电源进线(包括地线)侵入系统。

  特别是当系统与其他经常变动的大负载共用电源时会产生电源噪声干扰。当电源引线较长时,传输过程发生的压降,感应电势也会产生噪声干扰,影响系统的正常工作,电源噪声会造成微机丢失一部分或大部分信息,产生错误或误动作。

  • 从输入线侵入的噪声。当输入线与自身系统或其他系统存在着公共地线时,就会侵入此噪声,有时即使采用隔离措施,仍然会受到与输入线相耦合的电磁感应的影响,如果输入信号很微小时,极易使系统产生差错和误动作。

  • 静电噪声:它是由摩擦所引起的,摩擦产生的静电,是很微小的但是电压可高达数万伏。

  (2) 按故障性质划分。从电气控制线路故障的性质看,主要是短路和断路两类。

  短路就是由于某种原因,使不该接通的回路连通或接通后线路内电阻很小。电梯常见短路故障原因有方向接触器或继电器的机械和电子连锁失效,可能产生接触器或继电器抢动作而造成短路接触器的主接点接通或断开时,产生的电弧使周围的介质电器组件的介质被击穿而短路;电器组件的绝缘材料老化、失效、受潮造成短路;由于外界原因造成电器组件的绝缘破坏以及外材料入侵造成短路。

断路就是由于某种原因,造成应连通的回路不通。引起断路的原因主要有电器组件引入/引出线松动;回路中作为连接点的焊接虚焊或接触不良;继电器或接触器的接点被电弧烧毁;接点表面有氧化层;接点的簧片被接通或断开时产生的电弧加热,冷却后失去弹力,造成接点的接触压力不够;继电器或接触器吸合或断开时由于抖动使触点接触不良等。断路和短路在工作电压比较高,而且以继电器和接触器为主要控制元件的电梯电气控制系统中,是最常见的故障。随着电子工业的发展,对于无触点化的电梯电气控制系统,如采用PLC或微机控制电梯,则还会出现其他类型的故障。例如外界干扰信号的入侵而造成系统误动作,元器件击穿烧毁,引出/引入线虚焊或开焊等等。

(3) 电气故障查找方法。当电梯控制线路发生故障时,首先要问、看、听、闻,做到心中有数。所谓"问",就是询问操作者或报告故障的人员故障发生时的现象情况,查询在故障发生前有否作过任何调整或更换元件工作。所谓"看",就是观察每一个零件是否正常工作,看控制电路的各种信号指示是否正确,看电气元件外观颜色是否改变等。所谓"听",就是听电路工作时是否有异声。所谓"闻",就是闻电路元件是否有异常气味。在完成上述工作后,便可采用下列方法查找电气控制线路的故障。

① 序检查法。电梯是按一定程序运行的,每次运行都要经过选层、定向、关门、启动、运行、换速、平层、开门的循环过程,其中每一步称为一个工作环节,实现每一个工作环节,都有一个独立的控制电路。程序检查法就是确认故障具体出现在哪个控制环节上,这样排除故障的方向就明确了,有了针对性对排除故障很重要。这种方法不仅适用于有触点的电气控制系统,也适用于无触点控制系统,如PC控制系统或单片机控制系统。

② 静态电阻测量法。静态电阻法就是在断电情况下,用万用表电阻挡测量电路的阻值是否正常,因为任何一个电子元件都是一个PN结构成的,它的正反向电阻值是不同的,任何一个电气元件也都有一定阻值,连接着电气元件的线路或开关,电阻值不是等于零就是无穷大,因而测量它们的电阻值大小是否符合规定要求就可以判断其好坏。检查一个电子电路好坏有无故障也可用这个方法,而且比较安全。

③ 电位测量法。上述方法无法确定故障部位时,可在通电情况下进行测量各个电子或电气元器件的两端电位,因为在正常工作情况下,电流闭环电路上各点电位是一定的,所谓各点电位就是指电路元件上各个点对地的电位,而且它是有一定大小要求,电流是从高电位流向低电位,顺电流方向去测量电子电气元件上的电位大小应符合这个规律。所以用万用表去测量控制电路上有关点的电位是否符合规定值,就可判断故障所在点,然后再判断是为何引起电流值变化的,是电源不正确,还是电路有断路,还是元件损坏造成的。

④ 短路法。控制环节电路都是开关或继电器,接触器触点组合而成的。当怀疑某个或某些触点有故障时,可以用导线把该触点短接,此时通电若故障消失,则证明判断正确,说明该电气元件已坏。但是要牢记,当发现故障点做完试验后应立即拆除短接线,不允许用短接线代替开关或开关触点。短路法主要用来查找电气逻辑关系电路的断点,当然有时测量电

子电路故障也可用此法。下面介绍短路法查找门锁电路故障的方法。

由两个人在轿顶,用检修点动电梯运行,用检修速度运行到某一层楼,打开自动门锁防护盘,用短接线一端接 01 号线,另一端检查触点是否正常,当短接线碰 B 点 C 吸合,而碰 A 点 C 不吸合,说明该门层锁触点断开了。松开短接线,修复触点或更换门锁开关。但是采用短接法,只能查找"与"逻辑关系触点的断点,而不能查找继电器线圈是否短接,否则会烧坏电源。

⑤ 断路法。控制电路还可能出现一些特殊故障,如电梯在没有内选或外呼指示时就停层等。这说明电路中某些触点被短接了,查找这类故障的最好办法是断路法,就是把怀疑产生故障的触点断开,如果故障消失了,说明判断正确。断路法主要用于"与"逻辑关系的故障点。

⑥ 替代法。根据上述方法,发现故障处于某点或某块电路板,此时可把认为有问题的元件或电路板取下,用新的或确认无故障的元件或电路板代替,如果故障消失则认为判断正确。反之则需要继续查找,往往维修人员对易损的元器件或重要的电子板都备有备用件,一旦有故障马上换上一块就解决了问题,故障件带回来再慢慢查找修复,这也是一种快速排故方法。

⑦ 经验排故法。为了能够做到迅速排故,除了不断总结自己的实践经验。还要不断学习别人的实践经验。实践经验往往使电梯的故障有一定规律的总结,有的经验是用血汗换来的重要教训,往往这些经验可以快速排除故障,减少事故和损失。

⑧ 电气系统排故基本思路。电气控制系统有时故障比较复杂加上现在电梯都是微机控制,软硬件交叉在一起,遇到发生小故障时首先思想不要紧张,排故时坚持,先易后难、先外后内、综合考虑、有所联想。

电梯运行中比较多的故障是开关接点接触不良引起的故障,所以判断故障时应根据故障及柜内指示灯显示的情况,先对外部线路、电源部分进行检查。即门触点、安全回路、交直流电源等,只要熟悉电路,顺藤摸瓜很快即可解决。

有些故障不像继电器线路那么简单直观,如 PC 电梯的许多保护环节都隐含在它的软硬件系统中,其故障和原因正如结果和条件是严格对应的,找故障时有秩序地对它们之间的关系进行联想和猜测,逐一排除疑点直至排除故障。

维修人员在通过各种手段和方法,把故障的性质和可能发生效障的范围大致确定之后,可把电梯开到两端站以外的各停靠站(最好是上端站的下一站,不能快速开梯的可用慢速开梯)。然后可把司机或一名助手留在轿厢内,自己上机房并打开控制柜的门,再通知轿厢内的司机或维修人员控制电梯上下运行,自己仔细观察控制柜内各电气元件的动作情况和动作程序,以便进一步掐清楚故障的现象,进一步确定故障的性质和范围,确定查找故障的方法。

总而言之,要迅速排除故障必须掌握电气控制线路的电路原理图,搞清楚电梯工作全过程各环节的工作原理,理清各电器组件之间相互控制关系和各电器组件、继电器/接触器及其触点的作用等。在判断电梯电气控制故障之前,必须彻底了解故障现象,才能根据电路图和故障现象,迅速准确地分析判断故障的原因并找到故障点。常见电梯电气控制线路故障现象及一般排除方法见表 16.3。

表 16.3 常见电梯电气控制线路故障现象及一般排除方法

故 障 现 象	故 障 原 因	处 理 方 法
主回路保险丝经常烧断(或主回路开关经常调闸)	该组件或导线碰地 某继电器绝缘垫击穿 保险丝容量过小 启动、制动时间设定过长或过短 启动、制动电抗器(电阻)接头压片松动	查出碰地点酌情处理 加强绝缘片绝缘或更换继电器 按额定电流选用适当保险丝 按电梯技术说明书调整启动、制动时间 紧固接点
局部回路保险丝经常烧断	该组件或导线碰地 某继电器绝缘垫击穿 保险丝容量过小	查出碰地点酌情处理 加强绝缘片绝缘或更换继电器 按额定电流选用适当保险丝
闭合基站钥匙开关,基站电梯不能开门	厅外开关门钥匙开关接触不良或损坏 开门第一限位开关的接点接触不良 基站厅外开关门控制开关接点接触不良或损坏 开门继电器损坏或其控制电路有故障	更换钥匙开关 更换限位开关 更换开关门控制开关 更换继电器或检查故障线路
电梯到基站后不能开门	开关回路保险丝烧断 开门限位开关接点接触不良或损坏 开门继电器损坏或其控制回路故障	更换保险丝 更换限位开关 更换继电器或检查回路
开关门时冲击声很大	开关门粗调电阻器调整不当 开关门细调电阻调整不当或电环接触不良 开关门回路保险丝烧断	调整电阻器电环位置 调整电阻环位置或调整其接触压力
按开关按钮不能自动关门	开关门回路保险丝烧断 关门继电器损坏或关门回路有故障 关门第一限位开关触点接触不良 安全触板卡死或开关损坏 门区光电保护装置故障	更换保险丝 更换继电器或检查关门回路并修复 更换限位开关 调整安全触板或更换触板开关 修复或调整
关门后电梯不能启动	厅、轿门连锁开关接触不良或损坏 电源电压过低或缺相 制动器抱闸未松开 直流电梯励磁装置故障	检查修复连锁开关 检查并修复电压 调整制动器 检查并修复励磁装置
电梯启动困难或运行速度减慢	电源电压过低或缺相 制动器抱闸未松开 直流电梯励磁装置故障	检查并修复电压 调整制动器 检查并修复励磁装置

任务实施

电梯层站控制线路故障处理

1. 任务要求

掌握电梯层站控制线路故障的分析和处理方法

2．工具、设备及技术资料

① 工具：测电笔、螺钉旋具、尖嘴钳、剥线钳和电工刀等常用电工工具；检测用专用导线。

② 仪表：500V 兆欧表和万用表。

③ 设备及技术资料：电梯层站控制线路原理图（见图 16.11）。

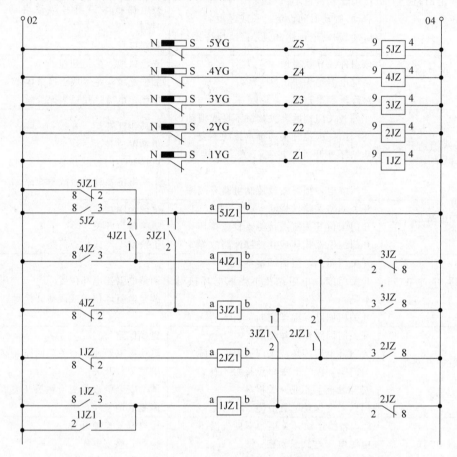

图 16.11　电梯的层站控制线路

3．任务内容及步骤

（1）判断故障现象

电梯楼层信号紊乱。

（2）判断可能造成故障的原因

原因有：楼层继电器或永磁感应器损坏、接触不良。

（3）故障分析步骤

① 电气原理分析：在判断故障前，首先要根据原理图分析正常工作状态。在图 16.10 中，在电梯井道内每层都装有一只永磁感应器，分别为 1YG、2YG、3YG、4YG、5YG，而在轿厢侧装有一块长条的隔磁铁板，假如电梯从 1 楼向上运行，则隔磁铁板依次插入感应器。当

隔磁铁板插入感应器时,该感应器内干簧触点闭合,控制相应的楼层继电器 1JZ～5JZ 吸合。根据 1JZ～5JZ 的动作,控制 1JZ1～5JZ1 相应的动作。从电路中看出 1JZ1～5JZ1 都有吸合自保持功能,所以电路正常时,1JZ1～5JZ1 始终有且只有一只继电器得电吸合,从而保证电梯正常运行时有且只有一个对应电梯楼层控制继电器工作,显示该楼层信号。

② 分析现象,查找故障。

- 电梯到任何一楼层时,均无该层楼信号显示,则说明:原因可能是电梯轿厢隔磁铁板损坏或者电梯层站控制电路断路。

- 电梯到任何一楼层时,该楼层信号显示,但电梯一离开该楼层,该楼层信号就消失,则说明该楼层信号不能自保持,其楼层继电器自保持触头损坏或接触不良。

- 电梯到任何一楼层时,该楼层信号显示,但电梯到了相邻楼层时,该楼层信号仍不消失,则说明相邻楼层继电器损坏或断线。

③ 确定故障点、排除故障。

4. 注意事项

① 检测故障时要按照测量对象及时转换万用表挡位,严禁用电阻挡带电测量。

② 查找故障时要根据原理图开展,分区分段进行,提高查找故障效率。

任务考核

技能考核任务书如下:

电梯层站控制线路故障处理任务书
1. 任务名称 电梯层站控制线路故障处理。 2. 具体任务 分析电梯楼层信号紊乱故障现象原因,并进行故障处理。 3. 工作规范及要求 (1) 识读线路原理图,分析正常工作状态。 (2) 选择合适的故障检查和处理方法。 选用正确的工具进行故障检查,不损坏电器元件。 (3) 确定故障点,排除故障,并进行线路调试,通电试车完成线路正常功能演示。 (4) 总结故障形成原因,记录故障处理流程。 4. 考点准备 考点提供线路原理图所需设备与材料、工具。 5. 时间要求 本模块操作时间为 40min,时间到立即终止任务。

针对考核任务,相应的考核评分细则参见表 16.4。

表 16.4　评分细则

考核内容	配分	评分标准		扣分
故障分析	30	(1) 标不出故障线段或错误标注,每个故障点	扣 15 分	
		(2) 不能标出最小故障范围,每个故障点	扣 5~10 分	
		(3) 不能有效地总结故障形成原因	扣 5~10 分	
故障排除	70	(1) 停电不验电	扣 5 分	
		(2) 测量仪器和工具使用不正确,每次	扣 5 分	
		(3) 故障排除方法不正确	扣 10 分	
		(4) 损坏电器元件,每个	扣 40 分	
		(5) 不能排除故障点,每个	扣 30 分	
		(6) 扩大故障范围或产生新故障,每个	扣 40 分	
安全文明生产		违反安全文明生产	扣 10~70 分	
定额时间 40min		每超时 5min	扣 10 分	
开始时间		结束时间		实际时间
总成绩				

注:每项内容的扣分不得超过该项的配分。

任务结束前,填写、核实制作和维修记录单并存档。

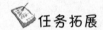 **任务拓展**

GB/T 7588—2003《电梯制造与安装安全规范》标准中"14.1.1 故障分析"章节中列出了可能出现的电梯电气控制线路故障,主要有:"a. 无电压;b. 电压降低;c. 导线(体)中断;d. 对地或对金属构件的绝缘损坏;e. 电气元件的短路或断路以及参数或功能的改变,如电阻器、电容器、晶体管、灯等;f. 接触器或继电器的可动衔铁不吸合或吸合不完全;g. 接触器或继电器的可动衔铁不释放;h. 触点不断开;i. 触点不闭合;j. 错相。"上述故障中"c. 导线(体)中断"不太容易理解,原因是它所指的不是某个具体故障,而是非常广泛的一种状态,使设计人员往往顾此失败。试举例如下。

① 电梯中都有一个相序保护继电器,可以同时起到缺相和错相保护作用,这个继电器通常都是放在变频器输入端前面的。而输入电源缺一相时驱动主机回路有电压,并且电压也不会降低,因此只能说是导线发生了中断故障。但是实践中一般电梯设计人员却没有考虑到变频器输出端到驱动主机之间如果缺相或者说导线中断了怎么办。在现场模拟此故障时,有的电梯一有内外召唤就会发生溜车现象,这就完全符合 CEN 的"危险故障"定义了。实际上,变频器中都有输出缺相的保护功能,只不过大多数变频器厂家出厂默认值都将该保护功能设为无效,电梯设计人员了解了这一点,只要把相应的参数设为有效就行了。

② 电梯都有超载保护装置。当电梯超载时,该装置的一个继电器动作,将信号输入主控 PLC 或者微机,电梯就不再运行。至于是将该继电器的常闭触点信号输入,还是将常开触点信号输入,一些设计人员并未考虑。如果我们考虑到一旦该信号线发生中断,则电梯超载时设计为常开触点信号输入的电梯将仍能正常运行,这显然是出于操作者意志之外的,也属于 CEN 定义的"危险故障"。而设计为常闭触点信号输入的电梯,一旦导线中断,控制系统就认为是超载,电梯就不再运行了,从而有利于及时发现故障。

③ 至于错相故障,对以前的交流变极调速(交流双速)电梯是非常危险的,它会导致电梯朝着与操作者预期相反的方向运行。因此电梯必须要装设相序保护继电器。但是,随着交流变压变频调速(VVVF)电梯的普及,电梯系统的工作与电源的相序无关,则错相就不会导致危险故障了。这种电梯是否要装相序保护继电器,设计人员可以自由决定。

GB/T 7588—2003《电梯制造与安装安全规范》标准中对检修运行控制的要求如下:

为便于检修和维护,应在轿顶装一个易于接近的控制装置。该装置应由一个能满足14.1.2电气安全装置要求的开关(检修运行开关)操作。该开关应是双稳态的,并应同时应满足下列条件:

- 一经进入检修运行,应取消:正常运行控制(包括任何自动门的操作;紧急电动运行;对接操作运行),只有再一次操作检修开关才能使电梯重新恢复正常运行。

如果取消上述运行的开关装置不是与检修开关机械组成一体的安全触点,则应采取措施,防止 14.1.1.1 列出的其中一种故障出现在电路中时轿厢的一切误运行。

- 轿厢运行应依靠持续揿压按钮,此按钮应有防止无意识操作的保护,并应清楚地标明运行方向。
- 控制装置也应包括一个符合 14.2.2 规定的停止装置。
- 轿厢速度不应大于 0.63m/s。
- 不应超过轿厢的正常的行程范围。
- 电梯运行应仍依靠安全装置。

控制装置也可以与防止误操作的特殊开关结合,从轿顶上控制门机构。

思考与练习

1. 电梯故障按故障现象划分可以分为那几类?
2. 常见电梯电气故障查找方法有哪些?
3. 电梯电气控制线路故障现象及一般排除方法有哪些?

参考答案

任务 1.1

1. 小明用试电笔接触某导线后,发现试电笔的氖灯不亮,于是,小明就认为此导线没有电,小明得出的结论不对。

原因是:首先要确认小明是按照正确的方法进行验电的,即:①使用前,必须在有电源处对验电器进行测试,以证明该验电器确实良好,方可使用。②验电时,手指必须触及笔尾的金属体,否则带电体也会误判为非带电体。

2. 试电笔的验电原理是:当试电笔的笔尖触及带电体时,带电体上的电压经试电笔的笔尖(金属体)、氖泡、安全电阻、弹簧及笔尾端的金属体,再经过人体接入大地形成通电回路。若带电体与大地之间的电压超过 60 伏,试电笔中的氖泡便会发光,指示被测带电体有电。当然,这个电流是很小的,不会造成伤害,稀有气体电阻是很大的。

氖泡发光的原来是因为氖灯中充有惰性气体,当有电流通过时,发生电子跃迁,所以会发光。

任务 1.2

1. 万用表共分为指针式万用表和数字式万用表两种。

指针式万用表需要根据指针的摆动进行测量和读数,数字式万用表则可以直接读取显示的数据。

指针式万用表读取精度较差,但指针摆动的过程比较直观,其摆动速度幅度有时也能比较客观地反映了被测量的大小。数字万用表读数直观,但数字变化的过程看起来很杂乱,不太容易观看。

2. 兆欧表就是绝缘电阻表,它是一种常用的测量高电阻的直读式仪表。

使用注意事项:

① 绝缘电阻表测量时要远离大电流导体和外磁场,

② 不能在设备带电情况下测量其绝缘电阻。已用绝缘电阻表测量过的设备如要再次测量,也必须先接地放电。

③ 用绝缘电阻表测试高压设备的绝缘时,应由两人进行。

④ 绝缘电阻表使用的测试导线必须是绝缘线,且不宜采用双股绞合绝缘线,其导线的端部应有绝缘护套。

⑤ 测试过程中两手不得同时接触两根线。

⑥ 测量过程中,如果出现指针指"0",表示被测设备短路,就不能再继续摇动手柄,以防损坏绝缘电阻表。

⑦ 测试完毕应先拆线,后停止摇动绝缘电阻表。以防止电气设备向绝缘电阻表反充电导致摇表损坏。

3. 小明家电能表月初显示是 246.8 度,月末显示是 287.3 度,小明家在这段时间内共用了 40.5 度电。如果一度电 0.6 元,这段时间要交 24.3 元钱的电费。

4. 在使用钳形电流表测量电流时,用最小量程测量被测线路,发现钳形电流表的指针偏转仍然很小,在不更换钳形电流表的前提下,可以将穿过钳口的导线再绕一圈,改变线圈匝数比,即可测量到被测线路的电流。

任务 2.1

1. 三相异步电动机主要有定子和转子两部分组成。

定子由定子铁芯,定子绕组和机座三部分组成。转子由转子铁芯、转子绕组和转轴三部分组成,定子的主要作用是产生磁场,使转子受磁力而转动。转子的主要作用是产生感应电流,形成电磁转矩,通过转轴带动负载转动,以实现机电能量的转换。

2. 三相绕组根据需要可接成星(Y)形和三角(△)形,由接线盒的端子板引出。采用星(Y)形联结时,将接线板中的 U2、W2、V2 连在一起,采用三角(△)形联结时,将 U1 与 W2、V1 与 U2、W1 与 U2 分别连在一起即可。

3. 拆卸电动机前应做好如下标记:

① 标记电源线在接线盒中的位置,以免组装时造成相序错误。

② 标记联轴器与轴台的距离。

③ 标记端盖、轴承、轴承盒的负荷端与非负荷端。

④ 标记机座在基础上的准确位置。

4. 拆卸电动的的主要步骤为:

① 切断电源,拆下电动机与电源的连接线,并将电源线的线头进行绝缘处理。

② 拆卸皮带轮或联轴器。拧松地脚螺栓和接地线螺栓。

③ 拆卸前轴承外盖、端盖和风扇。

④ 拆卸后轴承外盖、端盖,抽出转子。

⑤ 用拉具拆卸前后轴承及轴承内盖。

5. 带轮或联轴器的拆卸方法如下:

① 用粉笔标示皮带轮或联轴器的正反面,以免安装时装反。

② 用尺子量一下皮带轮或联轴器在轴上的位置,记住皮带轮或联轴器与前端盖之间的距离。

③ 旋下压紧螺丝或取下销子。

④ 在螺丝孔内注入煤油。

⑤ 装上拉具,拉具有两脚和三脚,各脚之间的距离要调整好。

⑥ 拉具的丝杆顶端要对准电动机轴的中心,转动丝杆,使皮带轮或联轴器慢慢地脱离转轴。

6. 电动机转子的拆卸方法如下。

① 拆卸小型电动机的转子时,要一手握住转子,把转子拉出一些,随后用另一只手托住转子铁芯渐渐往外移。注意不能碰伤定子绕组。

② 拆卸中型电动机的转子时,要一人抬住转轴的一端,另一人抬住转轴的另一端,渐渐地把转子往外移。

③ 拆卸大型电动机的转子时,要用起重设备分段吊出转子。具体方法如下:首先用钢

丝绳套住转子两端的轴颈,并在钢丝绳与轴颈之间衬一层纸板或棉纱头。然后起吊转子,当转子的重心移出定子时,在定子与转子的间隙中塞入纸板垫衬,并在转子移出的轴端垫支架或木块搁住转子。最后将钢丝绳改吊转子,在钢丝绳与转子之间塞入纸板垫衬,就可以把转子全部吊出。

7. 轴承拆卸的常用方法如下:

① 用拉具拆卸。应根据轴承的大小,选好适宜的拉力器,夹住轴承,拉力器的脚爪应紧扣在轴承的内圈上,拉力器的丝杆顶点要对准转子轴的中心,扳转丝杆要慢,用力要均。

② 用铜棒拆卸。轴承的内圈垫上铜棒,用手锤敲打铜棒,把轴承敲出。敲打时,要在轴承内圈四周的相对两侧轮流均匀敲打,不可偏敲一边,用力不要过猛。

③ 搁在圆桶上拆卸。在轴承的内圆下面用两块铁板夹住,搁在一只内径略大于转子外径的圆桶上面,在轴的端面垫上铜块,用手锤敲打,着力点对准轴的中心。圆桶内放一些棉纱头,以防轴承脱下时摔坏转子。当敲到轴承逐渐松动时,用力要减弱。

④ 轴承在端盖内的拆卸。在拆卸电动机时,若遇到轴承留在端盖的轴承孔内时,把端盖止口面朝上,平滑地搁在两块铁板上,垫上一段直径小于轴承外径的金属棒,用手锤沿轴承外圈敲打金属棒,将轴承敲出。

⑤ 加热拆卸。因轴承装配过紧或轴承氧化不易拆卸时,可用 100 ℃ 左右的机油淋浇在轴承内圈上,趁热用上述方法拆卸。

8. 装配电动机前应做好如下的准备工作:

① 将轴承和轴承盖用煤油清洗后,检查轴承有无裂纹,滚道内有无锈迹等。

② 再用手旋转轴承外圈,观察其转动是否灵活、均匀。来决定轴承是否要更换。

③ 如不需要更换,再将轴承用汽油洗干净,用清洁的布擦干待装。更换新轴承时,应将其放在 70~80 ℃ 的变压器油中,加热 5min 左右,待全部防锈油溶去后,再用汽油洗净,用洁净的布擦干待装。

9. 电动机装配完成后,应做如下的检验。

① 检查电动机的转子转动是否轻便灵活,如转子转动比较沉重,可用紫铜棒轻敲端盖,同时调整端盖紧固螺栓的松紧程度,使转子转动灵活。

② 检查电动机的绝缘电阻值,用兆欧表摇测电动机定子绕组相与相之间、各相对机壳之间的绝缘电阻。其绝缘电阻值不能小于 $0.5M\Omega$。

③ 根据电动机的铭牌标示检查电源电压接线是否正确,并在电动机外壳上安装好接地线,用钳形电流表分别检测三相电流是否平衡。

④ 用转速表测量电动机的转速。

⑤ 让电动机空转运行半个小时后,检测机壳和轴承处的温度,观察振动和噪声。

任务 2.2

1. 三相异步电动机的工作原理是:定子绕组通电后产生旋转磁场;转子绕组在旋转磁场中产生感应电流;转子绕组中的感应电流受旋转磁场作用产生电磁转矩而转动。

2. 三相异步电动机常见的故障现象有:通电后不能启动;通电后烧保险;启动困难,加上负载后不转或转速下降;转动过程中有异常响声;电动机过热或冒烟;电动机轴承过热等。

3. 电动机启动困难或加上负载就急剧变慢的原因是：

① 电源电压过低。

② △接法电动机误接为丫。

③ 笼形转子开焊或断裂。

④ 定转子局部线圈错接、接反。

⑤ 修复电动机绕组时增加匝数过多。

⑥ 电动机过载。

4. 电动机运行时响声不正常,有异响的原因是：

① 转子与定子绝缘纸或槽楔相擦。

② 轴承磨损或油内有砂粒等异物。

③ 定转子铁芯松动。

④ 轴承缺油。

⑤ 风道填塞或风扇擦风罩。

⑥ 定转子铁芯相擦。

⑦ 电源电压过高或不平衡。

⑧ 定子绕组错接或短路。

5. 运行中电动机振动较大的原因是：

① 由于磨损轴承间隙过大。

② 气隙不均匀。

③ 转子不平衡。

④ 转轴弯曲。

⑤ 铁芯变形或松动。

⑥ 联轴器(皮带轮)中心未校正。

⑦ 风扇不平衡。

⑧ 机壳或基础强度不够。

⑨ 电动机地脚螺丝松动。

⑩ 笼形转子开焊断路,绕线转子断路,或定子绕组故障。

6. 电动机过热甚至冒烟的原因：

① 电源电压过高,使铁芯发热大大增加。

② 电源电压过低,电动机又带额定负载运行,电流过大使绕组发热。

③ 修理拆除绕组时,采用热拆法不当,烧伤铁芯。

④ 定转子铁芯相擦。

⑤ 电动机过载或频繁启动。

⑥ 笼形转子断条。

⑦ 电动机缺相,两相运行。

⑧ 重绕后定子绕组浸漆不充分。

⑨ 环境温度高电动机表面污垢多,或通风道堵塞。

⑩ 电动机风扇故障,通风不良,定子绕组故障(相间、匝间短路;定子绕组内部连接

错误)。

7. 轴承过热的原因是：

① 滑脂过多或过少。

② 油质不好含有杂质。

③ 轴承与轴颈或端盖配合不当(过松或过紧)。

④ 轴承内孔偏心,与轴相擦。

⑤ 电动机端盖或轴承盖未装平。

⑥ 电动机与负载间联轴器未校正,或皮带过紧。

⑦ 轴承间隙过大或过小。

⑧ 电动机轴弯曲。

8. 电动机日常检查维护的内容是：

① 值班工作人员必须做好巡回检查,监视电动机运行情况,及早发现问题,减少或避免故障的发生。

② 检测电机温度,外壳温度一般不应超过 75℃。

③ 检测电动机电流、电压,电动机各相电流与平均值的误差不应超过 10%。

④ 检查轴承的工作情况,有无左右窜动现象或不正常响声,两端轴承是否有漏油等现象,检测轴承温度,一般不应超过 65℃。

⑤ 认真观察电动机的运行状况,注意观测电动机的振动、响声和气味是否异常。

⑥ 电动机停止运行时,及时清除电动机外部灰尘、油泥,保持电机清洁,防止油、水等污物进入电动机内部,清洁时严禁用水直接喷冲。

⑦ 电动机停止运行后,必须检查加热器的工作状况,确保加热器工作良好。长期不运行的电动机不得关掉加热器。

⑧ 指导岗位操作人员正确操作电器,在维护保养过程中,应注意用电安全及机械传动安全,严禁违章操作。

⑨ 每班巡回检查不得少于两次,并准确、详细记录巡检情况。

9. 运行中的三相异步电动机的维护：

① 电动机应经常保持清洁,不允许有杂物进入电动机内部;进风口和出风口必须保持畅通。

② 用仪表监视电源电压、频率及电动机的负载电流。电源电压、频率要符合电动机铭牌数据,电动机负载电流不得超过铭牌上的规定值,否则要查明原因,采取措施,不良情况消除后方能继续运行。

③ 采取必要手段检测电动机各部位温升。

④ 电动机运行后定期维修,一般分小修、大修两种。小修属一般检修,对电动机启动设备及整体不作大的拆卸,约一季度一次,大修要将所有传动装置及电动机的所有零部件都拆卸下来,并将拆卸的零部件作全面的检查及清洗,一般一年一次。

任务 3.1

1. 低压电器是指工作在交流额定电压 1200V 及以下、直流额定电压 1500V 及以下的电路中起保护、控制、调节、转换和通断作用的电器设备。低压电器的主要作用有:①控制作用；②保护作用；③测量作用；④调节作用；⑤指示作用；⑥转换作用。

低压电器的基本结构由电磁机构和触头系统组成。

（1）电磁机构由电磁线圈、铁芯和衔铁三部分组成。电磁线圈分为直流线圈和交流线圈两种。直流线圈需通入直流电,交流线圈需通入交流电。

（2）触头系统。触头的形式主要有：点接触式,常用于小电流电器中；线接触式,用于通电次数多、电流大的场合；面接触形式,用于较大电流的场合。

2. 低压电器常见故障现象、故障原因以及基本的修理方法可参考表答 3.1 所示。

表答 3.1　低压电器常见故障基本的修理方法一览表

故 障 现 象	故 障 原 因	修 理 方 法
触头过热	（1）触头接触压力不足(弹簧变形,变软) （2）触头接触电阻大(触头表面氧化,积尘或积垢,电弧灼伤)	（1）用纸条检查触头压力,根据情况调整,更换弹簧或触头 （2）用小刀或小锉刀整修触点,清洁触头
触头磨损	（1）电磨损(电弧,点火花的高温使触头金属气化或蒸发) （2）机械磨损(接触撞击,接触面相对滑动摩擦)	根据磨损情形,修理或更换
触头熔焊	（1）触头弹簧损坏 （2）触头容量太小	（1）更换弹簧,同时更换触头 （2）选用规格大一些的电器
衔铁噪声大	（1）衔铁与铁芯的接触面接触不良,铁芯吸面有污物或衔铁歪斜 （2）短路环损坏 （3）机械方面的原因,例如,弹簧压力过大,活动部件卡住	（1）若有油污应清洗,极面变形或磨损,可用细沙布平铺在铁板上,来回拖动铁芯,予以修复 （2）更换短路环 （3）检查弹簧压力,检查活动部件,予以修理
衔铁吸不上	（1）线圈故障(短路,烧毁) （2）活动部位卡住 （3）电压过低	（1）检查线圈是否短路或烧毁,予以修理或更换 （2）排除轰动部件卡住的原因,予以修理 （3）提高回路电压
线圈故障	（1）匝间短路 （2）线圈开路	重绕线圈或用新品更换

3. 低压电器按用途分类为控制电器(用于控制电路和控制系统的电器,如接触器、控制器、启动器)和配电电器(用于电能输送和分配的电器,如断路器、转换开关、刀开关等)；按工作原理分类为电磁式电器(即依据电磁感应原理来工作的,如交直流接触器、各种电磁式继电器等)和非电量控制电器(其工作是靠外力或某种非电物理量的变化而动作的,如刀开关、速度继电器、压力继电器、温度继电器等)。

任务 3.2

1. 常用的刀开关有胶盖闸刀开关(即开启式负荷开关)和铁壳开关(即封闭式负荷开关)两种。胶盖闸刀开关主要用作照明电路和小容量(5.5kW 及以下)动力电路不频繁启动的控制开关；铁壳开关可用于不频繁地接通和分断负荷电路,也可用作 15kW 以下电动机不频繁启动的控制开关。

2. 转换开关是一个多触头、多位置,可以控制多个回路的开关电路,它具有体积小、寿命长、结构简单、操作方便、灭弧性能较好等特点。用它来控制电动机时,其所控制的电动机的功率应在 5kW 以下,每小时的接通次数不宜超过 15～20 次,其额定电流一般取电动机额定电流的 1.5～3.5 倍。

3. 自动开关具有欠压、失压、过载、短路等保护功能。选用自动开关时,其额定电压和额定电流应不小于电路正常工作的电压和电流。热脱扣器及过电流脱扣器整定电流与负载额定电流一致。

4. 可能产生的原因有:①夹座弹性消失或开口过大;②熔丝熔断或接触不良;③夹座、动触头氧化或有污垢;④电源进线或出线头氧化。

5. 可能产生的原因有:①外壳接地线接触不良;②电源线绝缘损坏碰壳。

6. 可能产生的原因有:①电源电压太低;②热脱扣器的双金属片尚未冷却复原;③欠电压脱扣器无电压或线圈损坏;④储能弹簧变形,导致闭合力减小;⑤反作用弹簧力过大。

任务 3.3

1. 熔断器在低压配电线路中主要作为短路和严重过载时的保护用。其类型及常用产品有瓷插式、螺旋式和封闭管式三种。

2. 在照明和电热电路中,选用的熔断器的额定电流应等于或略大于电器设备的额定电流。在电动机电路中,为了防止电动机启动时电流过大而将熔丝熔断,熔断器的额定电流一般大于或等于电动机启动电流的 40%。

3. 三间办公室用电器总功率为 $100 \times 2 \times 3 + 1600 \times 3 = 5400(W)$。负载电流额定值为 $I_f = P/U = 5400/220 = 24.55A$,熔体电流额定值 $I_e = 1.1I_f = 1.1 \times 24.55 = 27A$。

4. 可能产生的原因有:①熔体规格选择太小;②负载侧短路或接地;③熔体安装时有损伤。

任务 3.4

1. 主令电器主要用于切换控制电路,用它来命令电动机和其他控制对象的启动、停止或工作状态的变换,因此,称这类发布命令的电器为主令电器。常用的主令电器有控制按钮、行程开关、万能转换开关和接近开关等。行程开关在机床控制中通常用于限制生产机械的运动方向、行程大小,使运动机械按一定位置或行程,自动停止、反向运动,变速运动或自动往返运动等。

2. 行程开关的作用和工作原理与按钮开关相同,均属于控制电器,区别在于行程开关触点的动作不靠手动操作,而是利用机械运动部分的碰撞而使其动作,按钮则是通过人力使其动作,从而实现接通或分断控制电路。刀开关是一种配电电器,在供配电系统和设备自动控制系统中通常用于电源隔离,有时也可用于不频繁接通和断开小电流配电电路或直接控制小容量电动机的启动和停止。由于按钮允许持续通过电流一般不超过 5A,所以它一般不能直接控制三相异步电动机,而是通过控制电路的接触器、继电器等来操纵主电路。

3. 在选用行程开关时,要根据应用场合及控制电路的要求选择。同时,根据机械与行程开关的传动与位移关系,选择适合的操作形式。

4. 万能转换开关是一种多挡式控制多回路的开关电器。它是依靠操作手柄带动转轴和凸轮转动,使触头动作或复位,从而按预定的顺序接通与分断电路,同时由定位机构确保其动作的准确可靠。它主要用于各种配电装置的远距离控制,也可作为电气测量仪表的换相开关或用作小容量电动机的启动、制动、调速和换向的控制。

5. 可能产生的原因有:① 开关位置安装不当;② 触头接触不良;③ 触头联接线脱落。

6. 行程开关安装时,应注意滚轮方向不能装反,与生产机械撞块碰撞位置应符合线路要求,滚轮固定应恰当,有利于生产机械经过预定位置或行程时能较准确地实现行程控制。

7. 按钮的颜色可参考表答 3.2 选择。

表答 3.2　按钮颜色选择表

按钮颜色	代 表 意 义	典 型 用 途
红色	停车、开断	一台或多台电动机的停车;机器设备的一部分停止运行;磁力吸盘或电磁铁的断电;停止周期性的运行
	紧急停车	紧急开断;防止危险性过热的开断
绿色或黑色	启动、工作、点动	辅助功能的一台或多台电动机开始启动;机器设备的一部分启动;点动或缓行
黄色	返回的启动、移动出界、正常工作循环或移动一开始去抑止危险情况	在机械已完成一个循环的始点,机械元件返回;按黄色按钮可取消预置的功能
白色或蓝色	以上颜色所未包括的特殊功能	与工作循环无直接关系的辅助功能控制;保护继电器的复位

任务 3.5

1. 接触器是一种自动的电磁式开关电器,它不仅能实现远距离操作和自动控制,而且具有欠压和失压释放功能,能够频繁地启动和控制电动机,也可用来控制其他电力负载,如电焊机、电炉等。接触器主要由电磁系统、触点系统和灭弧装置 3 部分组成。直流接触器的工作原理与交流接触器基本相同,仅在电磁机构方面不同。对于直流电磁机构,因其铁芯不发热,只有线圈发热,所以通常直流电磁机构的铁芯是用整块钢材或工程纯铁制成;它的励磁线圈做成高而薄的瘦高型,且不设线圈骨架,使线圈与铁芯直接接触,易于散热。而对于交流电磁机构,由于其铁芯存在磁滞和涡流损耗,这样铁芯和线圈都发热,所以通常交流电磁机构的铁芯用硅钢片叠铆而成;它的励磁线圈设有骨架,使铁芯与线圈隔离,并将线圈制成短而厚的矮胖型,这样有利于铁芯和线圈的散热。

2. 接触器的工作原理是:当线圈通电后,在铁芯中产生磁通及电磁吸力,电磁吸力克服弹簧反力使得衔铁吸合,带动触头机构动作,使常闭触头分断,常开触头闭合,互锁或接通线路。线圈失电或线圈两端电压显著降低(低于线圈额定电压的 85%)时,电磁吸力小于弹簧反力,使得衔铁释放,触头机构复位,使得常开触头断开,常闭触头闭合。交流接触器的吸合电压与释放电压是不相同的。例如,CJ20 系列交流接触器的吸合电压为 $80\% \sim 110\% U_N$ (U_N 为接触器的额定工作电压),释放电压为 $70\% \sim 75\% U_N$。

3. 不能。对于同样的主触头额定电流的接触器,直流接触器线圈的阻值较大,而交流接触器的阻值较小。当交流接触器的线圈接入交流回路时,产生一个很大的感抗,此数值远大于接触器线圈的阻值,因此线圈电流的大小取决于感抗的大小。如果将交流接触器的线圈接入直流回路,通电时,线圈就是纯电阻,此时流过线圈的电流很大,使线圈发热,甚至烧坏。所以通常交流接触器不能作为直流接触器使用。

4. 接触器的主要技术参数有极数、电流种类、额定电压、额定电流、额定通断能力、线圈额定电压、允许操作频率、机械寿命、电气寿命、使用类别等。交流接触器的选择需要考虑主触头的额定电压、额定电流、辅助触头的数量与种类、吸引线圈的电压等级以及操作频率。可根据下列情况选择交流接触器的额定电流:①对于无感或微感负载(如电阻炉),可按负载工作电流选用相应额定电流的接触器;②对于笼形电动机,则可按下式来选用:$I_e \geqslant 1.3I_{de}$,式中,I_e 为接触器额定电流(A),I_{de} 为电动机额定电流(A);③对于反复短时工作和环境散热条件较差的,应适当降低容量使用。

5. 交流接触器的线圈电压在 85%~105% 额定电压时能可靠地工作。当把线圈电压为 220V 的交流接触器,误接到交流为 380V 的电源上时,由于电压过高,交流接触器磁路趋于饱和,线圈电流将显著增大,将会把线圈烧毁。

6. 出现故障 1 的可能原因有:①电源电压过低;②线圈断路;③线圈技术参数与使用条件不符;④铁芯机械卡阻。

出现故障 2 的可能原因有:①触头熔焊;②铁芯表面有油污;③触头弹簧压力过小或反作用弹簧损坏;④铁芯机械卡阻。

出现故障 3 的可能原因有:①电源电压过低;②短路环断裂;③铁芯极面有油垢或磨损不平;④铁芯机械卡阻;⑤触头弹簧压力过大。

出现故障 4 的可能原因有:①线圈匝间短路;②操作频率过高;③线圈参数与实际使用条件不符;④铁芯机械卡阻。

7. 接触器的维护项目主要包括:①定期检查接触器的可动部分,要求可动部分灵活,坚固件无松动;②保持触点表面的清洁,不允许粘有油污;③接触器不允许在去掉灭弧罩的情况下使用,因为这样很容易发生短路。

任务 3.6

1. 因为热继电器是利用电流的热效应,使双金属片受热弯曲,推动动作机构切断控制电路起保护作用的,双金属片受热弯曲需要一定的时间。当电路中发生短路时,虽然短路电流很大,但热继电器可能还未来得及动作,就已经把热元件或被保护的电气设备烧坏了,因此,热继电器不能用作短路保护。

2. 双金属片式热继电器由双金属片、加热元件、触头系统及推杆、弹簧、整定值(电流)调节旋钮、复位按钮等组成。

3. 当热继电器所保护的回路中出现过载时,三相电流都会增大,即使是单相运行造成的过载,一般地说也有两相电流增大。由于两相保护式在热继电器的制造上节省材料和加工费,故应尽量选用两相保护式。只有在下列情况下,才不宜选用两相保护式,而采用三相保护式:①电源电压明显不平衡。②电动机定子绕组一相断线。③多台电动机的共用电源断相,并且电动机的功率差别明显。④Y/△(或△/Y)联结的电源变压器一次侧断线。

4. 热继电器的整定电流是指热继电器长期不动作的最大电流,超过此电流就会动作。整定电流的调整方法如下:热继电器中凸轮上方是整定旋钮,刻有整定电流值的标尺;旋动旋钮时,凸轮压迫支撑杆绕交点左右移动,支撑杆向左移动时,推杆与连杆的杠杆间隙加大,热继电器的热元件动作电流增大,反之动作电流减小。

5. 时间继电器按动作原理,可分为电磁式、电动式、空气阻尼式(又称气囊式)、晶体管式等。电磁式时间继电器结构简单,价格也便宜,但延时较短,只能用于直流电路的断电延时,且体积和质量较大;空气阻尼式时间继电器利用气囊中的空气通过小孔节流的原理来获得延时动作的,延时范围较大,有 0.4~60s 和 0.4~180s 两种,可用于交流电路,更换线圈后也可用于直流电路。结构简单,有通电延时和断电延时两种,但延时误差较大;电动式时间继电器的延时精度较高,延时可调范围大,但价格较贵;晶体管式时间继电器也称半导体时间继电器或电子式时间继电器,其延时可达几分钟到几十分钟,比空气阻尼式长,比电动式短。延时精度比空气阻尼式好,比电动式略差。随着电子技术的发展,它的应用也日益广泛。目前,在交流电路中应用较广泛的是空气阻尼式时间继电器。

6. 速度继电器主要由转子(一块永久磁铁)、定子(能独自偏摆,由硅钢片叠成,并装有笼形绕组)和触头三部分组成。它主要用于电动机反接制动控制电路中,当反接制动的转速下降到接近零时能自动及时切断电源。其工作原理是:速度继电器的轴与电动机轴相连,当电动机旋转时,转子随之一起转动,形成旋转磁场。笼形绕组切割磁力线而产生感应电流,此电流与旋转磁场作用产生电磁转矩,使定子随转子的转动方向偏摆,带动摆杆推动相应触头动作。在摆杆推动触头的同时也压缩反力弹簧,其反作用阻止定子继续转动。当转子的转速下降到一定数值时,电磁转矩小于反力弹簧的反作用力矩,定子便返回原来位置,对应的触头恢复到原来状态。

7. 可能原因是:①整定电流偏大;②热元件烧断或脱焊;③导板脱出。

8. 可能原因是:①电流整定值调得过小;②热继电器与负载不配套;③电动机启动时间过长或连续启动次数太多;④线路或负载漏电、短路;热继电器受强烈冲击或振动等。

9. 空气阻尼时间继电器是利用气囊中的空气通过小孔节流来获得延时动作的。其优点是:延时范围大,结构简单,寿命长,价格低廉。缺点是:延时误差大,无调节刻度指示,难以精确地整定延时时间,所以对延时精度要求高的场合不宜用这种时间继电器。

10.(1)类型选择:一般情况下,可选用两相结构的热继电器,但当三相电压的均衡性较差,工作环境恶劣或无人看管的电动机,宜选用三相结构的热继电器。对于三角形接线的电动机,应选用带断相保护装置的热继电器。(2)热继电器额定电流选择:热继电器的额定电流应大于电动机额定电流。然后根据该额定电流来选择热继电器的型号。(3)热元件额定电流的选择和整定:热元件的额定电流应略大于电动机额定电流。当电动机启动电流为其额定电流的 6 倍及启动时间不超过 5S 时,热元件的整定电流调节到等于电动机的额定电流;当电动机的启动时间较长、拖动冲击性负载或不允许停车时,热元件整定电流调节到电动机额定电流的 1.1~1.15 倍。

任务 4.1

1. 绘制电路图时应遵循以下原则。

① 电路图一般分电源电路、主电路和辅助电路三部分绘制。

• 电源电路画成水平线,三相交流电源相序 L1、L2、L3 自上而下依次画出,中线 N 和保护地线 PE 依次画在相线之下。直流电源的"+"端画在上边,"-"端在下边画出。电源开关要水平画出。

- 主电路是指受电的动力装置及控制、保护电器的支路等,它是由主熔断器、接触器的主触头、热继电器的热元件以及电动机等组成。主电路通过的电流是电动机的工作电流,电流较大。主电路图要画在电路图的左侧并垂直电源电路。
- 辅助电路一般包括控制主电路工作状态的控制电路,显示主电路工作状态的指示电路,提供机床设备局部照明的照明电路等。它是由主令电器的触头、接触器线圈及辅助触头、继电器线圈及触头、指示灯和照明灯等组成。辅助电路通过的电流都较小,一般不超过 5A。画辅助电路图时,辅助电路要跨接在两相电源线之间,一般按照控制电路、指示电路和照明电路的顺序依次垂直画在主路图的右侧,且电路中与下边电源线相连的耗能元件(如接触器和继电器的线圈、指示灯、照明灯等)要画在电路图的下方,而电器的触头要画在耗能元件与上边电源线之间。为读图方便,一般应按照自左至右、自上而下的排列来表示操作顺序。

② 电路图中,各电器的触头位置都按电路未通电或电器未受外力作用时的常态位置画出。

③ 电路图中,不画各电器元件实际的外形图,而采用国家统一规定的电气图形符号画出。

④ 电路图中,同一电器的各元件不按它们的实际位置画在一起,而是按其在线路中所起的作用分别画在不同电路中,但它们的动作却是相互关联的,因此,必须标注相同的文字符号。若图中相同的电器较多时,需要在电器文字符号后面加注不同的数字,以示区别,如 KM1、KM2 等。

⑤ 画电路图时应尽可能减少线条和避免线条交叉。对有直接电联系的交叉导线联接点,要用小黑圆点表示;无直接电联系的交叉导线则不画小黑圆点

⑥ 电路图采用电路编号法,即对电路中的各个接点用字母或数字编号。

- 主电路在电源开关的出线端按相序依次编号为 U11、V11、W11。然后按从上至下、从左至右的顺序,每经过一个电器元件后,编号要递增,如 U12、V12、W12;U13、V13、W13……单台三相交流电动机(或设备)的三根引出线按相序依次编号为 U、V、W。对于多台电动机引出线的编号,为了不致引起误解和混淆,可在字母前用不同的数字加以区别,如 1U、1V、1W;2U、2V、2W……
- 辅助电路编号按"等电位"原则从上至下、从左至右的顺序用数字依次编号,每经过一个电器元件后,编号要依次递增。控制电路编号的起始数字必须是 1,其他辅助电路编号的起始数字依次递增 100,如照明电路编号从 101 开始;指示电路编号从 201 开始等。

绘制接线图应遵循以下原则。

① 接线图中一般标出如下内容:电气设备和电器元件的相对位置、文字符号、端子号、导线号、导线类型、导线截面积、屏蔽和导线绞合等。

② 所有的电气设备和电器元件都按其所在的实际位置绘制在图纸上,且同一电路的各元件根据其实际结构,使用与电路图相同的图形符号画在一起,并用点画线框上,其文字符号以及接线端子的编号应与电路图中的标注一致,以便对照检查接线。

③ 接线图中的导线有单根导线、导线组(或线扎)、电缆等之分,可用连续线和中断线来

表示。凡导线走向相同的可以合并,用线束来表示,到达接线端子板或电器元件的联接点时再分别画出。在用线束来表示导线组、电缆等时可用加粗的线条表示,在不引起误解的情况下也可采用部分加粗。另外,导线及管子的型号、根数和规格应标注清楚。

布置图绘制原则为:根据电器元件在控制板上的实际安装位置,采用简化的外形符号(如正方形、矩形、圆形等)而绘制,主要用于电器元件的布置和安装。图中各电器的文字符号必须与电路图和接线图的标注相一致。

在实际应用中,电路图、接线图和布置图要结合起来使用。

2. 电阻测量法是在线路断电的情况下,通过对各部分电路通断和电阻值的测量来查找故障点。这种方法对查找断路和短路故障特别适用,也是故障检修中的重要方法。

任务 4.2

1. 三相异步电动机的启动是指电动机通电后转速从零开始逐渐加速到正常运转的过程。三相笼形异步电动机的启动方法有:(1)直接启动;(2)降压启动:①定子绕组电路中串联电阻或电抗器启动;②星形—三角形降压启动;③自耦变压器降压启动;④延边三角形启动。三相绕线式异步电动机的启动方法有:(1)转子绕组电路串联启动电阻器启动;(2)转子绕组电路串联频敏变阻器启动。

2. 三相异步电动机的直接启动是利用闸刀开关或接触器将笼形异步电动定子绕组直接接到具有额定电压的电源上进行启动。这种启动方法优点是启动设备简单、控制电路简单、维修量小。缺点是启动电流大,会造成电网电压明显下降,影响在同一电网工作的其他电气设备的正常工作。对于启动频繁的电动机,允许直接启动的电动机容量应不大于供电变压器容量的 20%;对于不经常启动者,直接启动的电动机容量应不大于供电变压器容量的 30%。通常容量小于 11kW 的笼形电动机可采用直接启动。

3. 短路保护(用熔断器)、过载保护(用热继电器)、失压(零压)、欠压保护(接触器)。

4. 当启动按钮松开后,接触器通过自身的辅助常开触头使其线圈保持得电的作用叫自锁,主要用于电动机的连续运行控制。

5. (1)可能 FU2 保险烧断或 FR(3-4)接错。(2)可能 FU1 保险烧断。(3)KM(2)端接到了 SB1(1)端。(4)电源电压过低或线圈断路或铁芯机械卡阻。(5)电源电压过低或短路环断裂或铁芯机械卡阻或铁芯极面有油污或磨损不平或触头弹簧压力过大。(6)线圈匝间短路或电源电压参数与实际使用不符(如线圈电压为 220V 的误接成 380V 的)。(7)电源缺相运行。

6. 主电路是强电流通过的部分,即电源向负载(用电器)提供电能的电路。由主熔断器、接触器的主触头、热继电路的热元件以及电动机等组成。主电路流过的电流是电动机的工作电流,电流较大。控制电路是指控制主电路工作状态的电路,它是由主令电器的触头、接触器的线圈及辅助触头、继电器线圈等组成的。

7. (略)

任务 4.4

1. (略)

任务 4.5

1. (略)

2. 两个接触器同时通电会造成的电源短路事故。可采用接触器互锁和按钮互锁解决此问题。

3. 改变三相电源接入电动机的相序。

4. 见图 4.16。

5. 见图 4.16。

任务 4.6

1. 可根据使用场合和控制电路的要求进行选用。当机械运动速度很慢,且被控制电路中电流较大时,可选用快速动作的行程开关;如被控制的回路很多,又不易安装时,可选用带有凸轮的转动式行程开关;再有要求工作频率很高,可靠性也较高的场合,可选用晶体管式的无触点行程开关。

2.(略)

任务 5.1

1. 故障分析:空操作试验时线路工作正常,说明控制电路接线正确。带负荷试车时,电动机的故障现象是缺相启动引起的。

可能原因:KM3 主触点的Y形连接的中性点的短接线接触不良,使电动机一相绕组末端引线未接入电路,电动机形成单相启动,大电流引起电弧。

检修方法:接好 KM3 主触点中性点的接线,紧固好各接线端子,重新通电试车,故障排除。

2. 三相鼠笼形感应电动机降压启动方法有:星形—三角(Y—△)变换降压启动、定子串电阻或电抗器降压启动、自耦变压器降压启动、延边三角形降压启动等。

3. 笼形异步电动机能否直接启动,取决于下列条件。

① 电动机本身要允许直接启动。对于惯性较大,启动时间较长或启动频繁的电动机,过大的启动电流会引起电动机老化,甚至损坏。

② 所带动的机械设备能承受直接启动时的冲击转矩。

③ 电动机直接启动时所造成的电网电压下降不致影响电网上其他设备的正常运行,具体要求是经常启动的电动机,引起的电网电压下降不大于 10%;不经常启动的电动机,引起的电网电压下降不大于 15%;当能保证生产机械要求的启动转矩,且在电网中引起的电压波动不致破坏其他电气设备工作时,电动机引起的电网电压下降允许为 20%或更大;由一台变压器供电给多个不同特性负载,而有些负载要求电压波动小时,允许直接启动的异步电动机的功率要小一些。

④ 电动机启动不能过于频繁,因为启动越频繁给同一电网上其他负载带来的影响越大。

4. 安装电动机的基本控制电路,一般应按以下步骤进行:

① 识读电路图,明确电路所用电器元件及其作用,熟悉电路的工作原理。

② 根据电路图和元件明细表配齐电器元件,并进行质量检验。

③ 根据电器元件选配安装工具和控制板。

④ 根据电路图绘制布置图和接线图,然后按要求在控制板上固装电器元件(电动机除外),并贴上醒目的文字符号。

⑤ 根据电动机的功率大小选配主电路导线的截面积。

⑥ 根据接线图布线,同时将剥去绝缘层的两端线头套上标有与电路图相一致的编码套管。

⑦ 安装电动机。

⑧ 连接电动机和所有电器元件金属外壳保护接地线。

任务 5.2

1. 绕线转子三相异步电动机主要适用于以下情况使用。

① 需要比笼形转子电动机有更大的启动转矩。

② 供电网络容量不足以启动笼形转子电动机。

③ 启动时间较长和启动比较频繁。

④ 需要小范围调速。

⑤ 联成"电轴"作同步传动等。如压缩机、榨油机、纺织机、卷扬机、拉丝机、传输带等机械。

总之,带有周期性变化的负载的机械(通常装有飞轮储能),要求有较大的起、制动转矩时,对大中功率,应采用绕线转子电动机。

2. 布线时应符合平直、整齐、紧贴敷设面、走线合理及接点不得松动等要求。具体地说,应注意以下几点:

① 走线通道应尽可能少,同一通道中的沉底的导线按主、控电路分类集中,单层平行密排,并紧贴敷设面。

② 同一平面的导线应高低一致或前后一致,不能交叉。当必须交叉时,该根导线应在接线端子引出,水平架空跨越,但必须走线合理。

③ 布线应横平竖直,变换走向时应垂直转向。

④ 导线与接线端子或线桩连接时,应不压绝缘层,不反圈及不露铜过长。并做到同一元件,同一回路的不同接点的导线间距离应保持一致。

⑤ 一个电器元件接线端子上的连接导线不得超过两根,每节接线端子板上的连接导线一般只允许连接一根。

⑥ 布线时,严禁损伤线芯和导线绝缘。导线裸露部分应适当。

⑦ 为方便维修,每一根导线的两端都要套上编号套管。

3. 绕线转子三相异步电动机常用的启动方法有以下两种:转子回路串入变阻器启动和转子回路串入频敏变阻器启动。

任务 5.3

1. 继电器与接触器的主要区别是:接触器的主触点可经通过大电流,驱动各种功率元件,而继电器的触点只能小电流,所以继电器只能用于控制电路中提供控制信号,对于小功率器件(如灯泡、信号灯、小电机),可以直接用适当的继电器来驱动。

2. 常用的保护电路有:短路保护、过载保护、过电压保护、欠电压保护、失电压保护、过电流保护、欠电流保护等。

3. 使用频敏变阻器时应注意以下问题:

① 启动电动机时,启动电流过大或启动太快时,可换接线圈接头,因匝数增多,启动电

流和启动转矩便会同时减小。

② 当启动转速过低,切除频敏变阻器冲击电流过大时,则可换接到匝数较少的接线端子上,启动电流和启动转矩就会同时增大。

③ 频敏变阻器在使用一段时间后,要检查线圈对金属外壳的绝缘情况。

④ 如果频敏变阻器线圈损坏,则可用 B 级电磁线按原线圈匝数和线径重新绕制。

4. 转子串电阻或频敏变阻器启动的优点是启动性能好,可以重载启动,且可获得较平滑的启动过程。但缺点是价格昂贵、结构复杂。因此只适用于在启动控制、速度控制要求高的各种升降机、输送机、行车等行业使用。

5. 频敏变阻器的调整主要包括以下两点:①线圈匝数的改变。频敏变阻器线圈大多留有几组抽头。增加或减小匝数将改变频敏变阻器的等效阻抗,可起到调整电动机启动电流和启动转矩的作用。如果启动电流过大、启动过快,应换接匝数多的抽头;反之,则换接匝数较少的抽头。②磁路的调整。电动机刚启动时,启动转矩过大,有机械冲击;启动结束后,稳定转速低于额定转速较多,短接频敏变阻器时冲击电流又过大。这时可增加上下铁芯间的气隙,使启动电流略有增加,而启动转矩略有减小,但启动结束后的转矩有所增加,于是稳定运行时的转速得以提高。

任务 6.1

1. 故障原因是停车时没有制动作用,处理方法是首先断电,再将控制电路中的速度继电器 KS 的触点换成未使用的一组,重新试车。

2. 故障原因是由于速度继电器 KS 的常开触点在转速较高时(远大于 100 r/min)就复位,致使电动机制动过程结束,接触器断电时,电动机转速仍然较高,不能很快停车。处理方法是:切断电源,松开触点反力弹簧的锁紧螺母,将反力弹簧的压力调小后再将螺母锁紧。重新试车观察制动情况,反复调整几次,直到故障排除。

3. 故障原因是由于速度继电器 KS 的常开触点分断过迟,即转速降低到 100r/min 时还没有分断,造成接触器 KM1 释放过晚,在电动机制动过程结束后,电动机又反转。

4. 电力制动常用的方法有电磁抱闸制动器、反接制动、能耗制动、电容制动和再生发电制动等。

任务 6.2

1. 故障原因可能是①接触器 KM2 线圈断路或接触不良;②接触器的自锁触点断开;③整流变压器 TC 接线接触不良或断路;④桥式整流电路烧毁或断路。可根据上述可能原因按控制电路逐一检查并排除。

2. 故障原因是桥式整流电路的某一桥臂的二极管烧毁,使之桥式整流变成单相半波整流,使流入定子绕组的直流励磁电流减小一半,制动转矩随之减小,造成制动时间延长。更换损坏的二极管即可。

3. 制动就是给电动机一个与转动方向相反的转矩使它迅速停转(或限制其转速)。在需要电动机停车时,依靠改变三相异步电动机定子绕组中三相电源的相序产生制动力矩,迫使电动机迅速停转,称为反接制动。能耗制动就是当电动机切断交流电源后,立即在定子绕组的任意两相中通入直流电,迫使电动机迅速停转。

任务 7.1

1. 改变电动机转速的方法有变极调速、变转差率调速和变频器调速三大类。

2. △/YY联结的双速电动机,电动机变极调速前后的输出功率基本上不变,故适用于近恒功率情况下的调速,多用于拖动金属切削机床上。Y/YY联结的双速电动机,变极调速前后的输出转矩基本不变,故适用于负载转矩基本恒定的恒转矩调速,例如起重机等机械。

3. 因为变极前后定转子的极数要对应,所以变极调速的电动机均为笼形异步电动机。

4. 因为变极后绕组的相序发生变化,为了使电动机的转向不发生变化,在绕组改接时,应对接到电动机端子上的电源相序作相应改变

5. 双速电动机、三速电动机是变极调速中最常用的两种形式。

6. 变极调速的特点如下:①具有较硬的机械特性,稳定性良好;②无转差损耗,效率高;③接线简单、控制方便、价格低;④有级调速,级差较大,不能获得平滑调速。在机床中常用减速齿轮箱来扩大调速范围,经济简单。

7. 变极调速的基本原理是:变极调速的基本原理是如果电网频率不变,电动机的同步转速与它的极对数成反比。因此,变更电动机绕组的接线方式,使其在不同的极对数下运行,其同步转速便会随之改变。异步电动机的极对数是由定子绕组的连接方式来决定,这样就可以通过改换定子绕组的连接来改变异步电动机的极对数。

8. (1) 此线路为双速异步电动机低速启动高速运转电路。

(2) 电路的工作原理如下。

首先合上电源开关 QS。

按SB2→KT线圈得电→KT常开闭合→KM1线圈得电→{KM1主触点闭合动、KM1常闭断开互锁→KM2线圈不能得电、KM1常开闭合→KA线圈得电}电动机低速启动

与KM1并联的KA常开闭合自锁、与SB2并联的KA常开闭合自锁

KA常闭断开→KT断电→KT常开延时断开→KM1线圈断电{KM1主触点断开、KM1常闭复位闭合→KM2线圈得电}

{KM2主触点闭合、KM1常开断开互锁→KM1线圈不能得电}电动机高速运行

(3)

① 按下启动按钮 SB2,电动机不能启动。故障原因在于时间继电器 KT 被卡住或线圈断线,致使其常开触点不能瞬时吸合,使得三角形连接接触器不通电,电动机不能启动,修复时间继电器 KT 后,便可排除故障。

② 按下启动按钮 SB2,电动机低速启动,松开 SB2,电动机便停车。产生此故障的原因可能是并联于 SB2 的中间继电器 KA 常开触点脱落;或者按下 SB2 时间过短所造成。因为按下 SB2 的时间应比 KM1 和 KA 吸合的时间之和长时电动机才能正常工作。修复 KA 或按下 SB2 时间延长后,电路就能正常工作。

③ 电动机能在低速下运行却不能转换到高速运行。故障原因是在于中间继电器 KA 串联于 KM2 线圈的常开触点脱落。修复 KA 后,电动机就可转换到高速运行了。

任务 8.1

一、选择题

1. （A）　2.（C）、（B）、（D）　3.（A）　4.（D）　5.（C）

二、填空题

1. 齿轮箱进行机械有级、几条三角皮带将动力传递到变速箱进行

2. 机械方法、采用多片摩擦离合器

3. 主轴的正、反转控制来

4. 三、主轴、主轴、刀具进给

5. 直接、串电阻反接

三、简答题

1. 可能原因有：①M1 正向启动按钮 SB3 出线端，常开触点 KA 的出线端，常开触点 KM1 的出线端中有脱落或断路；②SB3 接触不良；③常开触点 KA 接触不良。检修方法有：用万用表电阻挡检查相关部位。

2. 可能原因有：①常闭触点 KM2 的出线端，KM1 线圈的接线端中脱落或断路；②常闭触点 KM2 接触不良（分断）；③KM1 线圈断路。检修方法：用万用表电阻挡检查相关部位。

3. 可能原因有：三相制动电阻器 R 中有一个电阻器开路。检修方法：用万用表电阻挡检查相关部位。

任务 9.1

一、选择题

1.（B）　2.（A）　3.（C）　4.（A）

二、填空题

1. 孔加工、钻孔、扩孔、铰孔、镗孔、刮平面、攻螺纹

2. 液压技术、液压油、正转、反转、停止制动、空挡、变速、夹紧、放松、主轴箱、立柱

3. 立式、台式、多轴、摇臂、摇臂

4. 调速范围

5. 操作机构、夹紧机械

三、简答题

1. Z3040 型摇臂钻床的看图要点如下：①主电路有 4 台电动机；②由按钮 SB1、SB2 与接触器 KM1 控制主轴电动机 M1 的单向启动与停止，M1 启动后，指示灯 HL3 点亮；③由摇臂上升按钮 SB3、下降按钮 SB4 以及正、反转交流接触器 KM2、KM3 组成摇臂升降电动机 M2 的控制电路，具有双重互锁的电动机正、反转点动控制功能；④液压泵电动机 M3 由正、反转接触器 KM4、KM5 控制。拖动双向液压泵送出压力油，然后经二位六通阀送至摇臂夹紧机构，实现夹紧与松开；⑤冷却泵电动机 M4 由开关 SA 直接控制。

2. 可能原因有：夹紧限位开关 SQ4 安装位置不当或松动移位，过早地被活塞杆压上动作，造成夹紧力不够。检修方法：重新调整或安装开关 SQ4。

3. 可能原因有：接触器的主触点熔焊在一起。检修方法：更换熔焊的接触器主触点或更换新的接触器。

4. 故障可能原因有：①引入电源的低压断路器 QS 有故障；②熔断器 FU1 熔体熔断；③电源电压过低；④接触器 KM1 的触点接触不良、接线松脱等。检修方法：①检查 QS 的触点是否良好,如果 QS 接触不良,应更换或修复；②更换熔断器 FU1 的熔体；③调整电压电压到合适值；④修复和清洁接触器触点,紧固接线。

5. 主要原因可能有：①接触器 KM3 主触点闭合接触不良；②摇臂下降启动按钮 SB3 压合接触不良；③行程开关 SQ1-2 接触不良；④按钮 SB3 常闭触点接触不良；⑤接触器 KM2 常闭触点接触不良,接触器 KM3 线圈损坏。重点检测对象或检测点如下：①接触器 KM3 主触头,行程开关 SQ1-2 常闭触头；②按钮 SB3 常闭触头；接触器 KM2 常闭触头。

任务 10.1

一、选择题

1.（B）　2.（B）　3.（A）　4.（A）　5.（B）

二、填空题

1. 刀具的切削运动、横向、纵向、垂直、圆工作台回转

2. 圆柱、圆片、成形、端面、平、斜、螺旋、成形

3. 水平、垂直

4. 转换开关

5. 惯性轮、电磁离合器

三、简答题

1. 在主轴更换铣刀时,通过将 SA2(7-8)断开,切断控制回路电源,铣床不能通电运转,保证了上刀或换刀时,机床没有任何动作,确保人身安全。

2. X6132 铣床的工作台可以在前后、左右和上下 6 个方向进行进给。

3. YC1 用于主轴制动,YC2 用于工作台工作进给,YC3 用于工作台快速进给。

4. 设置变速冲动是为了使变速时齿轮组能够很好地重新啮合。

5. 主轴电动机的控制包括启动控制、制动控制、换刀控制和变速冲动控制。

6. 故障原因是圆工作台转换开关 SA3 拨到了"接通"位置造成的。只要将 SA3 拨到"断开"位置,就可以正常进给。

7.（1）主运动与进给运动的顺序连锁；（2）工作台 6 个方向（上下、前后、左右）的连锁；（3）长工作台与圆工作台的连锁；（4）工作台进给运动与快速运动的连锁；（5）具有完善的保护：①熔断器的短路保护；②热继电器的过载保护；③断路器的过电流、欠电压保护；④工作台 6 个运动方向的限位保护；⑤打开电气控制箱门断电的保护。

8. 能。因为进给变速冲动只有在主轴启动后,纵向进给操作手柄,垂直与横向操作手柄置于中间位置才可进行。

9. 在主轴停止时进行。因为主轴变速时,将主轴变速手柄拉出时,压下了 SQ5,使触头 SQ5(8-10)断开,于是断开了主轴电动机的正转或反转接触器线路电路,主轴电动机自然停车,然后再进行主轴变速操作。

任务 11.1

一、选择题

1.（A）　2.（A）、（B）　3.（A）　4.（C）

二、填空题

1. 卧式、立式、坐标、专用

2. 孔、端面

3. 三角、KM4、双星、KT、KM3、KM5

4. 未受压、受压

三、简答题

1. T68 镗床主轴反转低速时的制动过程如下。

按SB1→
- KA2(-)→KM3(-)→KM2(-)→KM4(-)
- SB1闭合通过KS2→KM1(+) → { KM1闭合→KM4(+)→KM4主闭 } → { KM1主闭 } →

→ 使M1反接串电阻低速状态下制动，速度下降＜120r/min时，KS2复位→KM1(-)→KM4(-)→M1停止运转，制动结束。

2. T68 镗床的主运动为镗轴的旋转运动与平旋盘的旋转运动。T68 镗床的进给运动为镗轴的轴向进给，平旋盘刀具溜板的径向进给，镗头架的垂直进给，工作台的横向进给与纵向进给。T68 镗床的辅助运动为工作台的回转，后立柱的轴向移动及尾架的垂直移动。

任务 12.1

1. 电磁吸盘与机械夹紧装置相比，它的优点是不损伤工件，操作快速简便，磨削中工件发热可自由伸缩、不会变形。缺点是只能对导磁性材料的工件(如钢、铁)才能吸持，对非导磁性材料的工件(如铜、铝)没有吸力。电磁吸盘的线圈不能用交流电，因为通过交流电会使工件产生振动并且使铁芯发热。

2. 磨床电磁吸盘是一个用来吸牢工件，使工件能被安全加工的一个重要装置。因而吸盘对工件吸力不足(或失去吸力)会导致工件飞出，造成工件损坏或人身事故。为防止出现这种现象，磨床的电磁吸盘电路采用欠电流继电器 KA 作欠电流保护。

3. 放电电阻 R3 和欠电流继电器 KA 在 M7130 平面磨床中起保护作用。

① 放电电阻 R3。由于电磁吸盘的电感很大，在断电瞬间，线圈两端会产生很大的自感电动势，易使线圈或其它电器由于过电压而损坏。放电电阻 R3 就是在电磁吸盘断电瞬间给线圈提供放电回路，吸收线圈释放的磁场能量。

② 欠电流继电器 KA。在加工过程中，若电源电压不足或电路故障，则电磁吸盘吸力不足(即失磁)，会导致工件被高速旋转的砂轮碰击高速飞出，造成事故。因此，设置了欠电流继电器，将其线圈串联在电磁吸盘电路中，若电源电压不足，欠电流继电器释放，使串联在接触器 KM1 和 KM2 线圈电路中的欠电流继电器常开触头分断，KM1 和 KM2 线圈失电，使砂轮电动机 M1、冷却泵电动机 M2 和液压泵 M3 都停转，以保证安全。

若在启动时电压过低或电路有故障，则欠电流继电器不会动作，其常开触头不会闭合。这时虽按下启动按钮 SB1 或 SB3，电动机也不会运转。

4. M7130 型平面磨床的电磁吸盘退磁不好的原因有：QS2"退磁"位置触点接触不良，使退磁回路不能接通，退磁电阻 R2 接触不良，全反向电流太小，退磁不好，退磁电阻 R2 短路，使退磁电流太大，电磁吸盘反向磁化。

5. 原因有多方面，具体为：

① 过载保护,由于切入量太大,轴承润滑不良,轴承调整过紧等。

② 电路故障,热继电器调整不当,线路接触不良。

任务 13.1

1. 20/5t 桥式起重机的保护措施有:

① 总电源及各电动机过载和过流保护分别采用过电流继电器 KI1~KI5 来实现。

② 为保障操作人员及维修人员的安全,在驾驶室舱门上装有安全开关 SQ7;在横梁两侧栏杆门上分别装有安全开关 SQ8、SQ9;为了在发生紧急情况时操作人员能立即切断电源,防止事故扩大,在保护柜上还装有一只紧急停机按钮 SB3。

③ 各移动部分均采用位置开关作为行程限位保护。SQ1、SQ2 是小车横向限位保护;SQ3、SQ4 是大车纵向限位保护;SQ5、SQ6 分别是主钩和副钩提升的限位保护。当移动部件超过极限位置时,安装在移动部件上的挡铁会碰撞相应的位置开关,使电动机断电并制动,保证设备安全运行。

④ 起重机上的移动电动机和提升电动机分别采用电磁抱闸制动器 YB1~YB5 制动。

2. 当用主令控制器控制电动机时,为防上突然停电时手柄在工作位置上,突然来电时,使电动机意外转动而采用的一种保护电路叫零位保护。由零位继电器或接触器来实现。只有将手柄放在零位时,零位继电器动作,其接点闭合才能接通正反转接触器的控制回路,进行正常操作。

3. 可能的故障原因有:

① 线路无电压;

② 熔断器 FU1 熔断;

③ 紧急按钮在按下位置或安全开关 SQ7、SQ8、SQ9 未闭;

④ 主接触器 KM 线圈断路;

⑤ 各凸轮控制器手柄没在零位;

⑥ 过电流继电器 KI0~KI4 动作后未复位。

任务 14.1

1. 数控机床一般由输入/输出装置、数控装置、伺服驱动系统、机床电器逻辑控制装置、检测反馈装置和机床主题及辅助装置组成。

2. 其分类方式主要有:按运动轨迹分类、按联动轴数分类、按伺服类型分类、按数控装置功能水平分类。

3. 在数控机床安装的过程中,对安装环境有一定的要求,其要求有地基、环境温暖、湿度、电网、地线和防干扰等项目。

(1)地基要求:重型机床和精密机床,参照制造厂向用户提供的机床基础地基图制作基础,且安装是基础已进入稳定阶段。对于中小型数控机床,对地基的要求同普通机床。

(2)环境稳定和湿度要求:对精密数控机床会提出恒温和湿度要求,以确保机床精度和加工精度。普通和经济型数控机床应尽量保持恒温,以降低故障发生的可能性。对于安装环境,要求保持空气流通和干燥,但要避免阳光直射。

(3)电网和地线的要求:数控机床对电源供电要求高,若供电质量低,应在电源上加稳压器。为了安全和抗干扰,数控机床必须要有接地线,一般采用一点接地,接地电小于 4

～7A。

(4) 避免环境干扰等要求：远离锻压设备等震动源，远离电磁场干扰较大的设备，根据需要采取防尘措施等。

(5) 仪器仪表要求：安装维护使用的仪器仪表包括：交直流电压表、万用表、相序表、示波器、测电笔及一些专用仪器，如红外线热检查仪、逻辑分析仪、电路维修测量仪等，可根据实际需要选用。

任务 15.1

PLC 由主机、输入/输出接口、电源、编程器扩展器接口和外部设备接口等几个主要部分组成。PLC 具有编程简单、控制灵活、可靠性高、功能强、能耗低及维护方便等特点。

2. PLC 的编程语言主要有梯形图语言、助记符语言、流程图语言、逻辑图语言和高级语言。梯形图语言具有形象、直观和实用的特点；助记符语言具有程序修改方便的特点；流程图语言具有编程方便的特点；逻辑图语言具有编程简单的特点；而高级语言具有编程方便，易于阅读的特点。

3. PLC 控制系统的配线主要包括电源接线、接地、I/O 接线及对扩展单元的接线等。

(1) 电源接线与接地

PLC 的工作电源有 120/230V 单相交流电源和 24V 直流电源。系统的大多数干扰往往通过电源进入 PLC，在干扰强或可靠性要求高的场合，动力部分、控制部分、PLC 自身电源及 I/O 回路的电源应分开配线，用带屏蔽层的隔离变压器给 PLC 供电。PLC 系统接地的基本原则是单点接地，一般用独自的接地装置，单独接地，接地线应尽量短，一般不超过 20m，使接地点尽量靠近 PLC。

(2) I/O 接线和对扩展单元的接线

I/O 接线时应注意：I/O 线与动力线、电源线应分开布线，并保持一定的距离，如需在一个线槽中布线时，须使用屏蔽电缆；I/O 线的距离一般不超过 300m；交流线与直流线，输入线与输出线应分别使用不同的电缆；数字量和模拟量 I/O 应分开走线，传送模拟量 I/O 线应使用屏蔽线，且屏蔽层应一端接地。

PLC 的基本单元与各扩展单元的连接比较简单，接线时，先断开电源，将扁平电缆的一端插入对应的插口即可。PLC 的基本单元与各扩展单元之间电缆传送的信号小，频率高，易受干扰。因此不能与其他连线敷设在同一线槽内。

4. PLC 控制系统投入运行前，一般先作模拟调试。模拟调试可以通过仿真软件来代替 PLC 硬件在计算机上调试程序。如果有 PLC 的硬件，可以用小开关和按钮模拟 PLC 的实际输入信号（如启动、停止信号）或反馈信号（如限位开关的接通或断开），再通过输出模块上各输出位对应的指示灯，观察输出信号是否满足设计的要求。需要模拟量信号 I/O 时，可用电位器和万用表配合进行。在编程软件中可以用状态图或状态图表监视程序的运行或强制某些编程元件。

硬件部分的模拟调试主要是对控制柜或操作台的接线进行测试。可在操作台的接线端子上模拟 PLC 外部的开关量输入信号，或操作按钮的指令开关，观察对应 PLC 输入点的状态。用编程软件将输出点强制 ON/OFF，观察对应的控制柜内 PLC 负载（指示灯、接触器等）的动作是否正常，或对应的接线端子上的输出信号的状态变化是否正确。

在进行联机调试时,先仔细检查 PLC 外部设备的接线是否正确和可靠,各个设备的工作电压是否正常,包括电源的输出电压和各个设备管脚上的工作电压。在确认一切正常后,就可以将程序送入存储器中进行总调试,直到各部分的功能都正常工作,并且能协调一致成为一个正确的整体控制为止。

5. PLC 控制系统主要检修供电电源、安装环境温度与湿度、连接部位紧固情况和输入输出端口电压等项目。

6. 组合机床 PLC 控制系统有单机控制系统、集中控制系统、远程 I/O 控制系统和分布式控制系统。

7. 双面铣削组合机床的控制过程是顺序控制。工作时,先将工件装入夹具定位并夹紧,按下启动按钮,机床开始自动循环工作。首先两面动力滑台同时快进,此时刀具电动机启动工作,滑台至行程终端停下,接着工件工作台快进和工进,铣削完毕后,左、右动力滑台快速退回原位,到达原位后刀具电动机停止运转,铣削工作台快速退回原位,最后松开夹具取出工件,完成一次加工循环。

双面铣削组合机床采用电动机和液压系统相结合的驱动方式。由液压系统驱动机床左、右动力滑台和工件工作台滑台。通过电磁阀的通断电实现液压油路控制,进而完成左、右动力滑台和工件工作台滑台的移动控制。

8. 先将 PLC 按要求安装在控制柜中,然后根据电气安装图合理安装电气元器件,再根据 PLC 控制系统的要求合理配线,按照规范走线。安装完毕后检查安装是否正确可靠。

9. 在熟悉双面铣削组合机床控制要求前提下,对双面铣削组合机床 PLC 控制系统进行调试。调试前准备相关仪器与工具,先进行模拟调试,在确定没有问题后再进行联机调试,联机调试前需认真检查电气线路是否安装正确。联机调试需先对每个动作进行单独调试,没有问题后再进行整体调试。调试后填写调试报告。

任务 16.2　电梯电气控制线路的识图与安装

1. 电梯指用电力作为动力拖动,具有乘客或载货轿厢,运行于垂直或与垂直方向倾斜小于 15°角的两侧刚性导轨之间,运送乘客或货物的固定设备。

常见电梯主要由曳引机,控制柜,轿厢,门,导轨,限速器,缓冲器,对重装置,随行电缆和曳引机、钢丝绳等部件组成。各种不同型号的电梯的具体结构会略有不同,按照其所在的位置将其分为四部分:电梯机房,电梯轿厢,对重和门厅、井道和底坑。

2. 电梯运行性能好坏以及它的功能是否完善,主要决定于控制线路是否完善齐全合理。一部电梯的电气控制线路的繁简,是根据电梯性能及功能多少而定,但基本的电气控制线路是不可缺少的。这些线路一般由以下部分组成:主线路、安全保护线路、轿内指令线路,层站召唤线路,自动开关门线路,平层线路等。

3. 电梯的安全回路是为防止电梯的剪切、挤压、坠落、和撞击事故的发生而设置的电气控制线路,是电梯通常设置的一整套的安全保护装置,他们的主要作用就是当某一安全开关动作时,电梯可以切断电源或控制回路部分的线路,使电梯停止运行。原理图参考图 16.1.5 进行分析。

任务 16.2　电梯电气控制线路的检修与故障处理

1. 按故障现象划分:①自动开关门机构及门联锁电路的故障;②电气元件绝缘引起的

故障；③继电器、接触器、开关等元件触点断路或短路引起的故障；④电磁干扰引起的故障主要有三种形式：电源噪声；从输入线侵入的噪声；静电噪声；电气电子元件损坏或位置调整不当引起的故障。

2. ①序检查法；②静态电阻测量法；③电位测量法；④短路法；⑤断路法；⑥替代法；⑦经验排故法。

3. 可参考表"16.3 常见电梯电气控制线路故障现象及一般排除方法"。

参考文献

[1]　陈斗,刘志东.维修电工国家职业资格培训教材(初级、中高级)[M].北京:电子工业出版社,2013.
[2]　陈斗.电工电路的分析与应用[M].北京:中国水利水电出版社,2010.
[3]　陈斗.电工与电子技术[M].北京:化学工业出版社,2010.
[4]　李树元,孟玉茹.电气设备控制与检修[M].北京:中国电力出版社,2009.
[5]　华满香,刘小春,唐亚平.电气自动化技术[M].长沙:湖南大学出版社,2012.
[6]　孙增全,丁海明,童书霞.维修电工增训读本[M].北京:化学工业出版社,2010.
[7]　吴关兴,金国砥,鲁晓阳.维修电工中级实训[M].北京:人民邮电出版社,2009.
[8]　殷培峰.电气设备安装工培训教程[M].北京:化学工业出版社,2011.
[9]　李向东,张广明.电梯安装维修技巧与禁忌[M].北京:机械工业出版社,2007.
[10]　杨永奇.电梯系统运行与维护技术[M].北京:中国铁道出版社,2013
[11]　鲍锌焱.电梯安装维修工培训教程[M].北京:机械工业出版社,2006.
[12]　GB7588—2003 电梯制造与安装安全规范[S].北京:中国标准出版社,2003.
[13]　GB16899—2011 自动扶梯与自动人行道的制造与安装安全规范[S].北京:中国标准出版社,2011.
[14]　白玉岷.电梯安装调试及运行维护[M].北京:机械工业出版社,2010.
[15]　何利民,尹全英.怎样查找电气故障[M].北京:机械工业出版社,2002.
[16]　商福恭.电工基本操作技巧[M].北京:中国电力出版社,2004.
[17]　易磊,黄鹏.PLC与单片机应用技术[M].上海:复旦大学出版社,2012.
[18]　张接信.组合机床及其自动化[M].北京:人民交通出版社,2009.
[19]　王广仁.机床电气维修技术[M].北京:中国电力出版社,2009.
[20]　周辉林.维修电工技能实训教程[M].北京:冶金工业出版社,2009.
[21]　吴文琳.电工实用电路 300 例(第 2 版)[M].北京:中国电力出版社,2013.
[22]　杨清德.零起步巧学低压电控系统(第二版)[M].北京:中国电力出版社,2012.
[23]　刘丽等.电气控制技术[M].北京:电子工业出版社,2013.
[24]　李长军,关开芹.电动机控制电路一学就会[M].北京:电子工业出版社,2012.
[25]　范国伟.电机原理与电力拖动[M].北京:人民邮电出版社,2012.
[26]　《电工手册》编写组.电工手册[M].上海:上海科学技术出版社,1985.
[27]　刘康等.维修电工:高级[M].北京:中国劳动社会保障出版社,2013.
[28]　孙正根.维修电工从业上岗一本通[M].北京:机械工业出版社,2012.
[29]　孙克军.图解电动机使用入门与技巧[M].北京:机械工业出版社,2013.
[30]　黄海平.精选电动机控制电路 200 例[M].北京:机械工业出版社,2013.
[31]　王建明.电机及机床电气控制[M].北京:北京理工大学出版社,2012.
[32]　李良洪,陈影.电气控制线路识读与故障检修[M].北京:电子工业出版社,2013.
[33]　杨清德.图解电工技能入门[M].北京:机械工业出版社,2012.
[34]　王玉梅.数控机床电气控制[M].北京:中国电力出版社,2011.
[35]　黄立君.常见机床电气控制线路的安装与调试[M].北京:机械工业出版社,2013.
[36]　孙余凯.快速培训电气维修技能[M].北京:电子工业出版社,2012.
[37]　陈永斌.常用电气设备故障查找方法及排除典型实例[M].北京:中国电力出版社,2012.
[38]　蒋文详.低压电工控制电路一本通[M].北京:化学工业出版社,2013.
[39]　吴奕林,宋庆烁.工厂电气控制技术[M].北京:北京理工大学出版社,2012.
[40]　贾智勇.电工操作技能[M].北京:中国电力出版社,2012.
[41]　贺哲荣,肖峰.机床电气控制线路故障维修[M].西安:西安电子科技大学出版社,2012.

［42］ 崔晶.电机与电气控制技术［M］.北京：中国铁道出版社,2010.

［43］ 于建华.电工电子技术与技能(非电类少学时)［M］.北京：人民邮电出版社,2010.

［44］ 林嵩,王刚.电气控制线路安装与维修［M］.北京：中国铁道出版社,2012.

［45］ 凌智勇等.组合机床操作工［M］.北京：化学工业出版社,2004.

［46］ 张万奎等.机床电气控制技术［M］.北京：北京大学出版社,2006.

［47］ 王建,庄建源,施立春.维修电工(技师、高级技师)国家职业资格证书取证问答［M］.北京：机械工业出版社,2006.

［48］ 杨兴.数控机床电气控制［M］.北京：化学工业出版社,2010.

［49］ 叶永春.电工技术应用［M］.北京：人民邮电出版社,2009.

［50］ 田玉丽,王广,刘东晓.电工技术［M］.北京：中国电力出版社,2009.